全国高职高专机械设计制造类工学结合"十三五"规划系列教材

U0325349

机 械 制 图

主　编　顾吉仁　张红利　赫焕丽

副主编　刘永东　程　敏　冯　琴　赵　欣　张勇华

参　编　谢小江　周斌斌

华中科技大学出版社

中国·武汉

内 容 简 介

  本书是根据教育部制定的高等工科院校《画法几何及工程制图课程教学基本要求》和最新颁布的有关国家标准,在充分总结各院校机械制图课程教学改革研究与实践的成果和经验的基础上编写而成的。内容包括机械制图的基本知识、正投影的基础知识、立体的投影、组合体、轴测图、机件的常用表达方法、标准件和常用件、零件图、装配图、AutoCAD 2015 绘图基础。全书以培养学生读图和绘图能力为主,将精选的制图内容与计算机绘图软件相结合,力求适时、精练、实用。

  本书可作为高等职业技术学院、高等专科学校机械类和近机械类专业教材,也可供有关的工程技术人员参考。

图书在版编目(CIP)数据

机械制图/顾吉仁,张红利,赫焕丽主编.—武汉:华中科技大学出版社,2018.6
全国高职高专机械设计制造类工学结合"十三五"规划系列教材
ISBN 978-7-5680-3689-4

Ⅰ.①机…　Ⅱ.①顾…　②张…　③赫…　Ⅲ.①机械制图-高等职业教育-教材　Ⅳ.①TH126

中国版本图书馆 CIP 数据核字(2018)第 123502 号

机械制图　　　　　　　　　　　　　　　　顾吉仁　张红利　赫焕丽　主编
Jixie Zhitu

策划编辑:汪　富
责任编辑:戢凤平
责任校对:李　琴
责任监印:周治超
出版发行:华中科技大学出版社(中国·武汉)　　　电话:(027)81321913
　　　　　武汉市东湖新技术开发区华工科技园　　　邮编:430223
录　　排:武汉三月禾文化传播有限公司
印　　刷:武汉市华工鑫宏印务有限公司
开　　本:787mm×1092mm　1/16
印　　张:16.25
字　　数:410 千字
版　　次:2018 年 6 月第 1 版第 1 次印刷
定　　价:39.80 元

前　　言

本书是根据教育部制定的高等工科院校《画法几何及工程制图课程教学基本要求》和最新颁布的有关国家标准,在充分总结各院校机械制图课程教学改革研究与实践的成果和经验的基础上编写而成的,具有以下特色:

(1) 坚持基础理论教学以应用为目的,教材内容的选择及体系结构完全适应高职高专的教学需要,力求体现高职高专的教学特色。

(2) 为适应机械类各专业的教学需要,不仅在教学内容的选择上有一定的广泛性,而且所选图例尽量涵盖各专业需要,以满足不同专业、不同学时的教学需求。

(3) 计算机绘图采用 AutoCAD 2015 最新版本,并精选内容,做到在允许的学时范围内,使学生能绘制二维图形。

(4) 在组合体和零件图中,增加了构形设计内容,旨在激发学生的学习兴趣,又利于培养学生勤于思考和创新的精神。

(5) 标准新。本书采用技术制图与机械制图最新国家标准及与制图有关的其他标准。

本书内容包括:机械制图的基本知识、正投影的基础知识、立体的投影、组合体、轴测图、机件的常用表达方法、标准件和常用件、零件图、装配图、AutoCAD 2015 绘图基础。

本书由顾吉仁、张红利、赫焕丽任主编。全书共有 10 个项目:项目 1 和项目 2 由随州职业技术学院张红利编写;项目 3 和项目 10 由江西新能源科技职业学院刘永东编写;项目 4 由湖北职业技术学院冯琴编写;项目 5 和项目 6 由咸宁职业技术学院赫焕丽编写;项目 7 由鄂州职业大学程敏编写;项目 8 由广州番禺职业技术学院赵欣编写;项目 9 由江西新能源科技职业学院顾吉仁编写。参与本书编写的还有仙桃职业技术学院张勇华,嘉兴技师学院周斌斌,吉安职业技术学院谢小江,在此对他们表示衷心的感谢。

在编写本书的过程中,得到了许多领导和同仁的关心和支持,在此表示真诚的感谢。

本书可作为高职高专机械类各专业的教材,也可供有关工程技术人员参考。由于编者水平有限,书中难免存在疏漏和欠妥之处,敬请各位专家、学者不吝赐教,欢迎广大读者批评指正。

编　者
2018 年 6 月

目 录

绪　　论

0.1　机械制图课程的研究对象

在现代工业生产中,无论是加工单个零件,还是装配部件或机器,都是依据图样而进行的。在新产品设计时,首先从画图开始,设计人员需要用图样表达设计思想和要求;在使用和维护机器过程中,要通过图样来了解机器的结构和性能;另外,人们还可以通过图样来进行技术交流。可见图样是产品设计、制造、使用、维护、技术交流的重要技术资料。因此,人们常把图样称作"工程界的语言"。每一个工程技术人员都应该很好地掌握这种"语言"。

0.2　机械制图课程的任务和主要内容

本课程的主要任务

(1)学习投影法的基本理论及其应用。

(2)培养对三维形状与相关位置的空间逻辑思维和形象思维能力。

(3)培养空间几何问题的图解能力和将工程技术问题抽象为几何问题的初步能力。

(4)培养绘制和阅读机械图样(主要是零件图和部件装配图)的基本能力。

(5)培养利用计算机绘制图形的初步能力。

(6)在教学过程中培养学生的自学能力、分析问题和解决问题的能力以及创造性思维能力;培养认真负责的工作态度和严谨细致的工作作风,提高学习者的素质。

本课程的主要内容

(1)用投影法在二维平面上表达三维空间几何元素和形体,以及在二维平面上图解空间几何问题的基本理论和方法(图示法和图解法)。

(2)绘制和阅读一般机械零件图、部件装配图的理论和方法,以及国家标准的有关规定。

(3)计算机绘图基础知识。

(4)使用仪器绘图、徒手绘图和计算机绘图的基本方法和技能。

0.3　本课程的特点和学习方法

本课程既有理论又重实践,是一门实践性很强的技术基础课。因此,学习本课程应坚持理论联系实际的学风。在学好基本理论、基本方法的基础上,应通过大量的作业练习和绘图、看图及上机实践,加深对课程知识的理解与掌握。只有通过多画图、看图,才能培养扎实的绘图基本功,提高画图、读图的能力。

此外,由于图样是生产的依据,绘图和读图中的任何一点疏忽,都可能给生产造成严重的损失。因此,在学习中还应注意养成认真负责、耐心细致和一丝不苟的良好作风。

项目 1

制图的基本知识及作图基本技法

知识目标
- 了解机械制图国家标准有关图幅、格式、比例、字体的基本规定;
- 学习图线的画法及应用;
- 了解尺寸的标注规则,掌握尺寸的标注方法;
- 学习绘图工具的正确使用方法,以及一般的等分、圆弧连接和椭圆绘制的基本方法。

技能目标
- 能正确地选择图幅、比例、图线抄画图形;
- 能正确地标注一般线性尺寸和角度尺寸;
- 能正确地使用绘图工具,进行圆周的等分作图及一般的圆弧连接作图;
- 能够对平面图形进行尺寸分析和线性分析,并按照正确的步骤进行绘图;
- 初步养成认真负责的工作态度和一丝不苟的工作作风。

任务 1 制图的基本规定

图样是生产过程中的重要技术资料和主要依据。要完整、清晰、准确地绘制出机械图样,除需要有耐心细致和认真负责的工作态度外,还要掌握正确的作图方法、熟练地使用绘图工具。同时还必须遵守技术制图与机械制图国家标准中的各项规定。

为了便于技术交流、档案保存和各种出版物的发行,使制图规格和方法统一,国家质量技术监督局颁布了一系列有关制图的国家标准(简称"国标"或"GB")。在绘制技术图样时,涉及各行各业必须共同遵守的内容,如图纸及格式、图样所采用的比例、图线及其含义以及图样中常用的数字、字母等,这些均属于基本规定范畴。

1.1 图纸幅面和图框格式(GB/T 14689—2008)

1.1.1 幅面

绘制技术图样时,应优先采用表 1-1 所规定的基本幅面尺寸。必要时也允许加长幅面,但应按基本幅面的短边整数倍增加。各种加长幅面参见图 1-1。其中粗实线部分为基本幅面;细实线部分为第一选择的加长幅面;虚线为第二选择的加长幅面。加长后幅面代号记作:基本幅面代号×倍数。如 A3×3,表示按 A3 图幅短边 297 mm 加长至其 3 倍,加长后图纸尺寸为 420 mm×891 mm。

表 1-1 图纸基本幅面尺寸 （单位：mm）

幅面代号		A0	A1	A2	A3	A4
尺寸 $B×L$		841×1189	594×841	420×594	297×420	210×297
边框	a	25				
	c	10			5	
	e	20			10	

基本幅面图纸中，A0 图纸的面积为 $1\ m^2$，长边是短边的 $\sqrt{2}$ 倍，因此 A0 图纸长边 $L=1189\ mm$，短边 $B=841\ mm$，A1 图纸的面积是 A0 的一半，A2 图纸的面积是 A1 的一半，其余如此类推，其关系如图 1-1 所示。

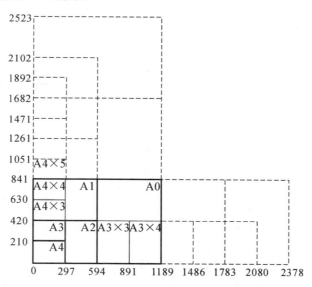

图 1-1 基本幅面与加长幅面尺寸

1.1.2 图框格式和尺寸

在图纸上必须用粗实线画出图框。图框有两种格式：不留装订边和留有装订边。同一产品中所有图样均应采用同一种格式。两种图框格式如图 1-2 所示，尺寸按表 1-1 确定。

1.1.3 标题栏（GB/T 10609.1—2008）

为使绘制的图样便于管理及查阅，每张图都必须有标题栏。通常，标题栏应位于图框的右下角。若标题栏的长边置于水平方向并与图纸长边平行，则构成 X 型图纸，若标题栏的长边垂直于图纸长边，则构成 Y 型图纸，如图 1-2 所示。看图的方向应与标题栏的方向一致。GB/T 10609.1—2008《技术制图 标题栏》规定了两种标题栏的格式，如图 1-3 所示。推荐使用第一种格式。

第一种标题栏的格式、分栏及各部分尺寸如图 1-4 所示。这种格式与 ISO 7200—2004 一致。标题栏各栏填写内容及要求见表 1-2。

3

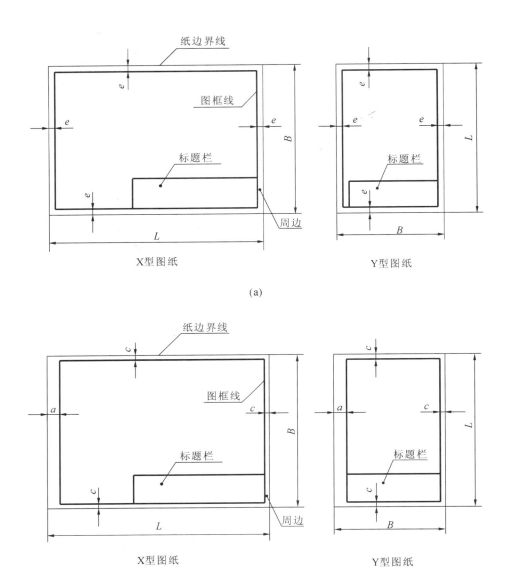

图 1-2　图框格式

（a）不留装订边　（b）留装订边

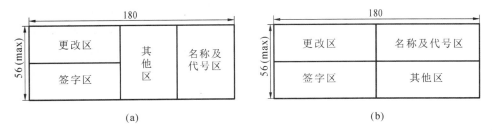

图 1-3　标题栏格式

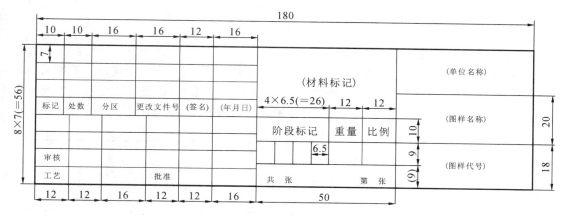

图 1-4　标题栏格式、分栏及尺寸

表 1-2　标题栏填写内容及要求

区　名		填 写 要 求
更改区	标记	按要求或有关规定填写更改标记
	处数	同一标记所表示的更改数量
	分区	必要时,按照有关规定填写
	更改文件号	更改所依据的文件号
	签名	更改人姓名、时间
签字区	设计	设计人员签名、时间
	审核	审核人员签名、时间
	工艺	工艺人员签名、时间
	标准化	标准化人员签名、时间
	批准	负责人员签名、时间
其他区	材料标记	按相应标准或规定填写所使用的材料
	阶段标记	按有关规定从左到右填写图样各生产阶段
	重量	所绘制图样相应产品的计算重量,以千克为单位可不写计量单位
	比例	绘制图样所采用的比例
	共张　第张	同一图样中图样的总张数及该张所在的张数
名称与代号区	单位名称	绘制图样单位的名称或代号,也可不填写
	图样名称	绘制对象的名称
	图样代号	按有关标准或规定填写图样的代号

1.2 比例(GB/T 14690—1993)

比例是指图中的图形与其实物相应要素的线性尺寸之比。比例分为原值、缩小、放大三种。画图时,应尽量采用1:1的比例画图。所用比例应符合表1-3中的规定。不论缩小或放大,在图样上标注的尺寸均为机件的实际大小,而与比例无关,如图1-5所示。比例一般应注写在标题栏中的比例栏内。必要时,可在视图名称的下方或右侧标注比例。

表 1-3 比例系列

种　类	比　　例	
	第一系列	第二系列
原值比例	1:1	
缩小比例	1:2　1:5　1:10　$1:1×10^n$ $1:2×10^n$　$1:5×10^n$	1:1.5　1:2.5　1:3　1:4　1:6 $1:1.5×10^n$　$1:2.5×10^n$ $1:3×10^n$　$1:4×10^n$　$1:6×10^n$
放大比例	2:1　5:1　$1×10^n$　$2×10^n$ $5×10^n$	2.5:1　4:1　$2.5×10^n:1$ $4×10^n:1$

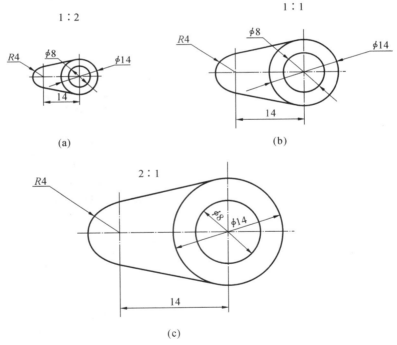

图 1-5 用不同比例画出的图形

(a)缩小至原图的1/2　(b)原值比例　(c)放大一倍

1.3 字体(GB/T 14691—1993)

1.3.1 汉字

图样上的汉字应采用长仿宋体字,字的大小应按字号规定,字体号数代表字体的高度。高度(h)尺寸为 1.8 mm,2.5 mm,3.5 mm,5 mm,7 mm,10 mm,14 mm 和 20 mm 等,字体高度按$\sqrt{2}$的比率递增,写汉字时汉字的高度不能小于 3.5 mm。字宽一般为 $h/\sqrt{2}$。

长仿宋体汉字的特点是:横平竖直,起落有锋,粗细一致,结构匀称。图 1-6 所示的是长仿宋体汉字示例。

10号字

字体工整　笔画清楚　间隔均匀　排列整齐

7号字

横平竖直　注意起落　结构均匀　填满方格

5号字

技术制图机械电子汽车航空船舶土木建筑矿山井坑港口纺织服装

图 1-6　长仿宋体汉字示例

1.3.2　字母和数字

图样中,字母和数字可写成斜体或直体,斜体字字头向右倾斜,与水平基准线成 75°。在技术文件中字母和数字一般写成斜体。字母和数字分 A 型和 B 型,B 型的笔画宽度比 A 型宽。用作指数、分数、极限偏差、脚注等的数字及字母的字号一般应采用小一号字体。图样中字母和数字按 ISOCP 字体书写。图 1-7 所示的是字母和数字书写示例。

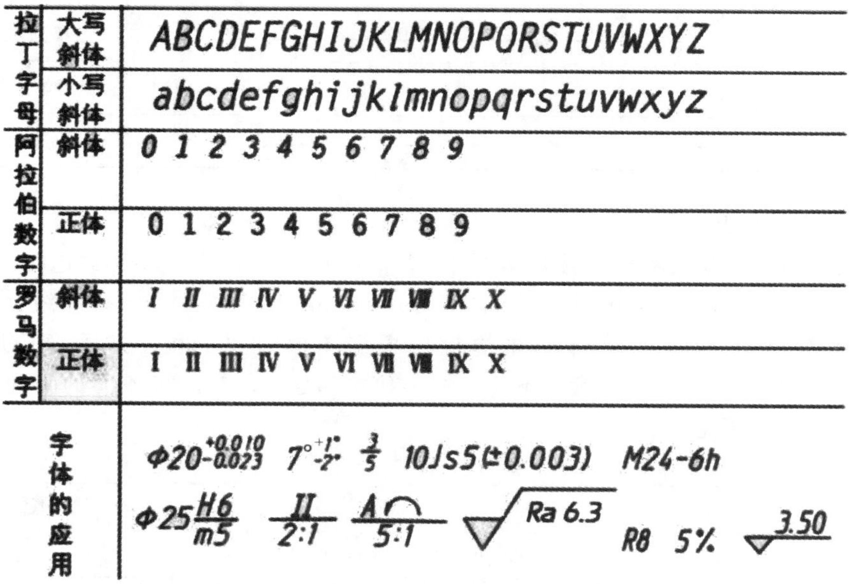

拉丁字母	大写斜体	*ABCDEFGHIJKLMNOPQRSTUVWXYZ*
	小写斜体	*abcdefghijklmnopqrstuvwxyz*
阿拉伯数字	斜体	*0 1 2 3 4 5 6 7 8 9*
	正体	0 1 2 3 4 5 6 7 8 9
罗马数字	斜体	*I II III IV V VI VII VIII IX X*
	正体	I II III IV V VI VII VIII IX X
字体的应用		$\Phi 20^{+0.010}_{-0.023}$　7^{+1}_{-2}　$\frac{3}{5}$　$10Js5(\pm 0.003)$　M24-6h
		$\Phi 25\frac{H6}{m5}$　$\frac{II}{2:1}$　$\frac{A}{5:1}$　$\sqrt{}$ Ra 6.3　R8　5%　$\sqrt{}$ 3.50

图 1-7　字母和数字书写示例

1.4 图线(GB/T 17450—1998、GB/T 4457.4—2002)

1.4.1 基本线型

基本线型见表1-4。

表1-4 基本线型

代码 No.	基 本 线 型	名 称
01	———————————————————	实线
02	— — — — — — — — — — —	虚线
03	— — — — — — —	间隔画线
04	— · — · — · — · — · —	点画线
05	— ·· — ·· — ·· — ·· —	双点画线
06	— ··· — ··· — ··· —	三点画线
07	····················	点线
08	—— — —— — —— — ——	长画短画线
09	—— — — —— — — ——	长画双短画线
10	— · — · — · — · —	画点线
11	—— · —— · —— · ——	双画单点线
12	— ·· — ·· — ·· —	画双点线
13	—— ·· —— ·· ——	双画双点线
14	— ··· — ··· — ···	画三点线
15	—— ··· —— ··· ——	双画三点线

1.4.2 图线的尺寸

所有线型的图线宽度(d)应按图样的类型和尺寸大小在下列系数中选择:0.13 mm,0.180 mm,0.25 mm,0.35 mm,0.5 mm,0.7 mm,1 mm,1.4 mm,2 mm。粗线、中粗线和细线的宽度比率为4:2:1。粗实线的宽度应根据图形的大小和复杂程度选取,一般取0.7 mm。手工绘图时,线素(线素指不连续线的独立部分,如点、长度不同的画和间隔)的长度宜符合表1-5的规定。

表1-5 图线的构成

线 素	线 型	长 度
点	细点画线、粗点画线、细双点画线	$\leqslant 0.5d$
短间隔	虚线、细点画线、粗点画线、细双点画线	$3d$
画	虚线	$12d$
长画	细点画线、粗点画线、细双点画线	$24d$

1.4.3 图线的应用

基本图线适用于各种技术图样。表1-6列出的是机械制图的图线线型及应用说明。

表1-6 机械制图的图线线型及应用

No.	线 型		名 称	图线宽度	在图上的一般应用
01	实线		粗实线	b	可见轮廓线
			细实线	约 $b/2$	（1）尺寸线及尺寸界线； （2）剖面线； （3）重合断面的轮廓线； （4）螺纹的牙底线及齿轮的齿根线； （5）指引线； （6）分界线及范围线； （7）过渡线
			波浪线	约 $b/2$	（1）断裂处的边界线； （2）剖与未剖部分的分界线
			双折线	约 $b/2$	（1）断裂处的边界线； （2）局部剖视图中剖与未剖部分的分界线
02	虚线		细虚线	约 $b/2$	不可见轮廓线
			粗虚线	b	允许表面处理的表示法
03			细点画线	约 $b/2$	（1）轴线； （2）对称线和中心线； （3）齿轮的节圆和节线
			粗点画线	b	限定范围的表示线
04			细双点画线	约 $b/2$	（1）相邻辅助零件的轮廓线； （2）极限位置的轮廓线； （3）假想投影轮廓线； （4）中断线

图1-8所示为常用图线应用举例。

绘制图样时，应注意：

（1）同一图样中同类图线的宽度应基本一致。虚线、点画线及双点画线的线段长度和间隔应各自大致相同。

（2）两条平行线之间的距离应不小于粗实线的两倍宽度，其最小距离不得小于0.7 mm。

（3）绘制圆的对称中心线时，圆心应为画线的交点。点画线、双点画线的首末两端应是画线而不是点，且超出图形轮廓线1～5 mm，如图1-9所示。

（4）在较小的图形上绘制点画线和双点画线有困难时，可用细实线代替。

（5）虚线与虚线相交或虚线与其他线相交，应在画线处相交。当虚线处在粗实线的延长线上时，粗实线应画到分界点而虚线应留有空隙，如图1-10所示。

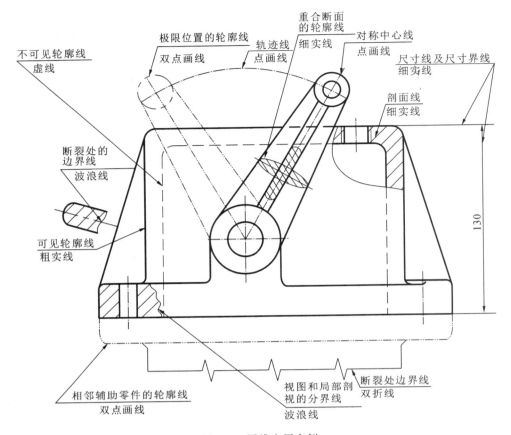

图 1-8　图线应用实例

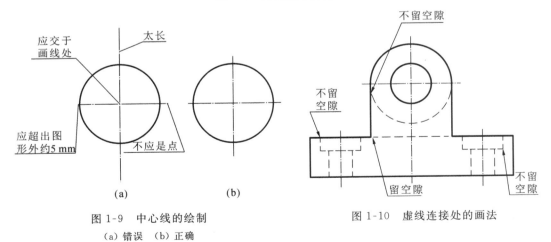

图 1-9　中心线的绘制
（a）错误　（b）正确

图 1-10　虚线连接处的画法

1.5　尺寸标注(GB/T 4458.4—2003)

图样除了表达形体的形状外,还应标注尺寸,以确定其真实大小。

1.5.1　基本规则

(1) 机件的真实大小应以图样上所标注的尺寸数字为依据,与图形的大小及绘图的准确度无关。

（2）图样中（包括技术要求和其他说明）的尺寸，以 mm 为单位时，无须标注计量单位的代号或名称。如果要采用其他单位，则必须注明相应的计量单位的代号或名称。

（3）图样中所标注的尺寸，为该图样所示机件的最后完工尺寸，否则应另加说明。

（4）机件的每一尺寸，一般只标注一次，并应标注在反映该结构最清晰的图形上。

1.5.2 尺寸的组成及其注法

每个完整的尺寸，一般由尺寸界线、尺寸线、尺寸线终端和尺寸数字组成。

标注尺寸是一项耐心细致的工作。尺寸在图样中的排布要正确、清晰、完整和合理。因此，除了按上述尺寸标注规则标注尺寸之外，还应该注意以下的问题。

1. 尺寸界线

（1）尺寸界线用细实线绘制，并应由图形的轮廓线、轴线或对称中心线处引出，也可利用轮廓线、轴线或对称中心线作尺寸界线（见图 1-11）。

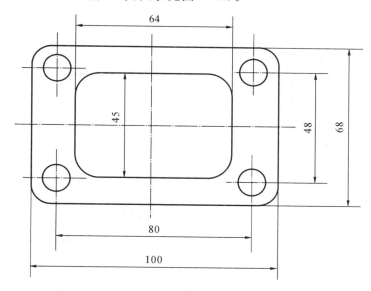

图 1-11　尺寸界线注法

（2）当表示曲线轮廓上各点的坐标时，可将尺寸线或其延长线作为尺寸界线（见图 1-12 和图 1-13）。

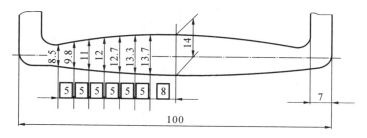

图 1-12　曲线轮廓的尺寸注法（1）

（3）尺寸界线一般应与尺寸线垂直，必要时才允许倾斜（见图 1-14）。

（4）在光滑过渡处标注尺寸时，应用细实线将轮廓线延长，从它们的交点处引出尺寸界线。

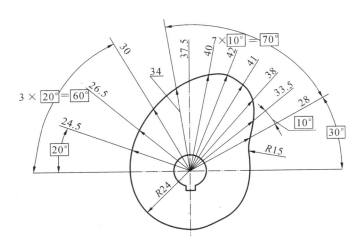

图 1-13　曲线轮廓的尺寸注法(2)

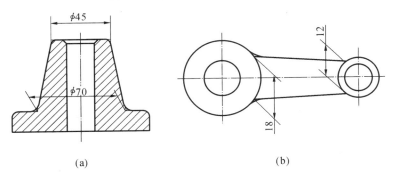

(a)　　　　　　　　　　　　　(b)

图 1-14　尺寸界线与尺寸线斜交时的注法

（5）标注角度的尺寸界线应沿径向引出（见图 1-15）；标注弦长的尺寸界线应平行于该弦的垂直平分线（见图 1-16）；标注弧长的尺寸界线应平行于该弧所对圆心角的角平分线（见图 1-17），但当弧度较大时，可沿径向引出（见图 1-18）。

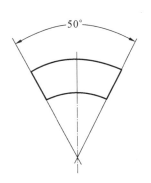

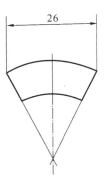

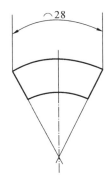

图 1-15　角度的尺寸界线画法　　图 1-16　弦长的尺寸界线画法　　图 1-17　弧长的尺寸界线画法

2.尺寸线

（1）尺寸线用细实线绘制，其终端可以有下列两种形式：

① 箭头：箭头的形式如图 1-19 所示，适用于各种类型的图样。

② 斜线：斜线用细实线绘制，其方向和画法如图 1-20 所示。当尺寸线的终端采用斜线形式时，尺寸线与尺寸界线应相互垂直，如图 1-21 所示。

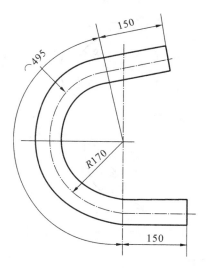

图 1-18　弧度较大时的弧长注法

d——粗实线的宽度

图 1-19　尺寸线终端的箭头

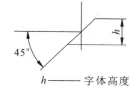

h——字体高度

图 1-20　尺寸线终端的斜线

机械图样中一般采用箭头作为尺寸线的终端。

当尺寸线与尺寸界线相互垂直时,同一张图样中只能采用一种尺寸线终端的形式。

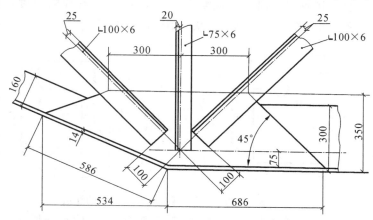

图 1-21　尺寸线终端采用斜线形式时的尺寸注法

（2）标注线性尺寸时,尺寸线应与所标注的线段平行。尺寸线不能用其他图线代替,一般也不得与其他图线重合或画在其延长线上。

（3）圆的直径和圆弧半径的尺寸线的终端应画成箭头,并按图 1-22 所示的方法标注。当圆弧的半径过大或在图纸范围内无法标出其圆心位置时,可按图 1-23（a）所示的形式标注。若不需要标出其圆心位置,可按图 1-23（b）所示的形式标注。

（4）标注角度时,尺寸线应画成圆弧,其圆心是该角的顶点。

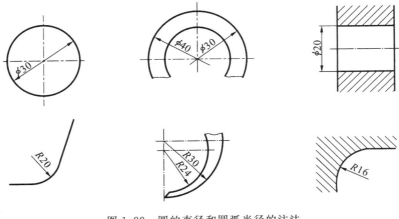

图 1-22　圆的直径和圆弧半径的注法

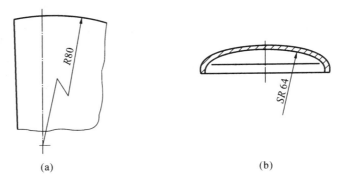

(a)　　　　　　　　　　　　　　　(b)

图 1-23　圆弧半径较大时的注法

（5）当对称机件的图形只画出一半或略大于一半时,尺寸线应略超过对称中心线或断裂处的边界,此时仅在尺寸线的一端画出箭头,如图 1-24 所示。

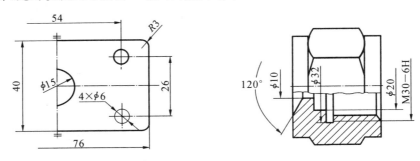

图 1-24　对称机件的尺寸线只画一个箭头的注法

（6）在没有足够的位置画箭头或注写数字时,可按图 1-25 所示的形式标注,此时,允许用原点或斜线代替箭头。

3.尺寸数字

（1）线性尺寸的数字一般应注写在尺寸线的上方,也允许注写在尺寸线的中断处,如图 1-26 所示。

（2）线性尺寸数字的方向,有以下两种注写方法,但在一张图样中,应尽可能采用同一种方法。

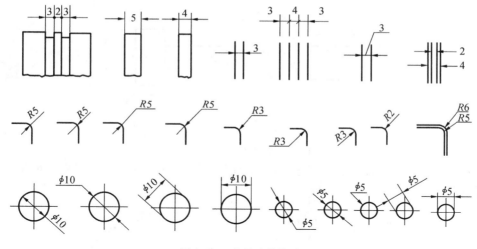

图 1-25 小尺寸的注法

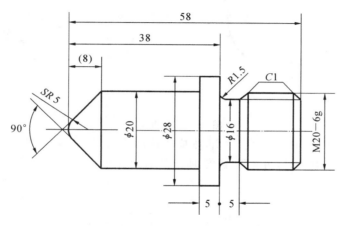

图 1-26 尺寸数字的注写位置

方法① 数字应按图 1-27 所示的方向注写,并尽可能避免在图中所示 30°范围内标注尺寸,当无法避免时可按图 1-28 所示的形式标注。

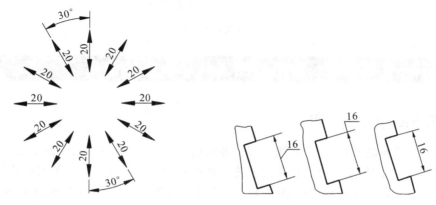

图 1-27 尺寸数字的注写方向   图 1-28 向左倾斜 30°范围内的尺寸数字的注写

方法② 对于非水平方向的尺寸,在不致引起误解时,其数字可水平地注写在尺寸线的中断处,如图 1-29 所示。

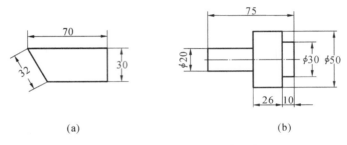

(a)   (b)

图 1-29 非水平方向的尺寸注法

（3）角度的数字一律写成水平方向，一般注写在尺寸线的中断处（见图 1-30(a)），必要时也可按图 1-30(b)所示的形式标注。

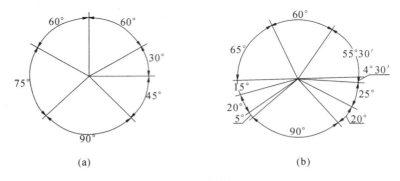

(a)   (b)

图 1-30 角度标注

尺寸数字不可被任何图线所通过，否则应将该图线断开。

（4）标注斜度和锥度时，可按图 1-31 所示的方法标注。

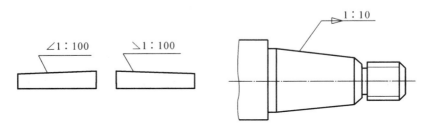

图 1-31 斜度和锥度标注

任务 2 常用绘图工具和仪器的使用

2.1 铅笔的修理和使用

要想快速准确地绘图，应了解常用绘图仪器的结构、性能和使用方法。随着工艺技术的进步，绘图仪器的功能与品质有了显著的改善。在此只介绍学生常用的绘图工具及仪器。

常用绘图铅笔有木杆和活动铅笔两种。铅芯的软硬程度分别以字母 B、H 以及其前面的数值表示。字母 B 表示软，其前的数字越大表示铅芯越软；字母 H 表示硬，其前的数字越大表示铅芯越硬。标号 HB 表示铅芯软硬适中。画图时，通常用 H 或 2H 铅笔画底稿；用 B 或 HB 铅笔加粗加深全图；写字时用 HB 铅笔。铅笔笔尖可修磨成圆锥形或矩形。圆锥形笔尖用于画细线及书写文字,矩形笔尖用于描深粗实线。铅笔削法如图 1-32 所示。

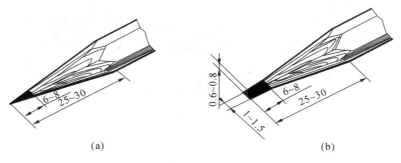

图 1-32　铅笔削法
(a) 锥形　(b) 矩形

　　图样上的线条应清晰光滑,色泽均匀。用铅笔绘图时,用力要均匀。用锥形笔尖的铅笔画长线时要经常转动笔杆,使图线粗细均匀。画线时笔身与走笔方向所属的平面应垂直于纸面,如图 1-33(a)所示,也可略向尺外倾斜,铅笔与尺身之间应该没有空隙,如图 1-33(b)所示。笔身可向走笔方向倾斜,如图 1-33(c)所示。

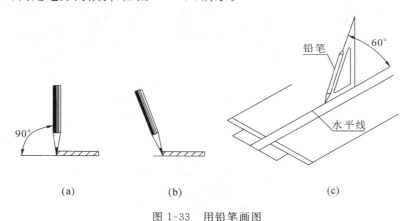

图 1-33　用铅笔画图

2.2　图板、丁字尺的配合使用

　　1.图板

　　图板是用来铺放图纸的木板。板面应平坦光洁,木质纹理细密,软硬适中。两端硬木工作边应平直,以防止图板变形。图板左侧边是丁字尺的导向边。图板有各种不同大小的规格,根据需要选定。

　　2.丁字尺

　　丁字尺由尺头和尺身两部分组成。丁字尺主要用于绘制水平线,也可与三角板配合绘制一些特殊角度的斜线。作图时应使尺头靠紧图板左边,然后上下移动丁字尺,直至对准画线的位置,再自左至右画水平线。画较长水平线时,用左手按住尺身,以防止尺尾翘起和尺身摆动,如图 1-34 所示。丁字尺不用时,应垂直悬挂,以免尺身弯曲或折断。

　　3.三角板

　　一副三角板包括 45°三角板和 30°三角板各一块。三角板主要用于配合丁字尺画垂直线,画 30°、45°角度线和与水平线成 15°倍角的斜线,如图 1-35 所示。画垂直线时应自下而

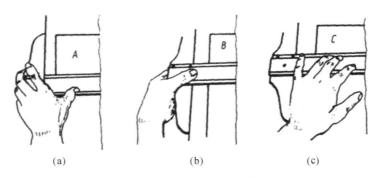

(a)   (b)   (c)

图 1-34　用图板和丁字尺作图

（a）移动至所需位置 　（b）靠紧导边 　（c）在定位时按住丁字尺

上画出,如图 1-36 所示。用两块三角板配合也可画出任意直线的平行线或垂直线,
如图 1-37 所示。

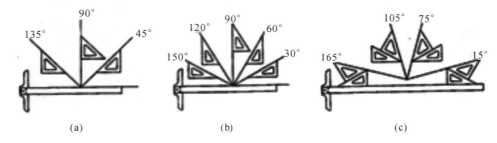

(a)   (b)   (c)

图 1-35　用三角板与丁字尺画特殊角度线

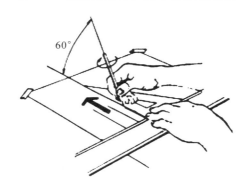

图 1-36　三角板配合丁字尺画垂直线

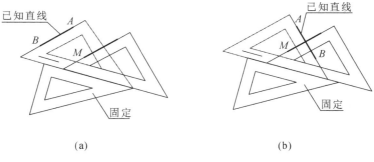

(a)   (b)

图 1-37　用三角板画平行线及垂直线

（a）画平行线 　（b）画垂直线

2.3 圆规和曲线板的使用

2.3.1 圆规

圆规是用来画圆和圆弧的工具。圆规的一脚装有带台阶的小钢针,称为针脚,用来确定圆心。圆规的另一脚可装上铅芯,称为笔脚,用来作图线。笔脚可替换使用铅笔芯、鸭嘴笔尖(上墨用)、延长杆(画大圆用)和钢针(当分规用)。圆规的规格较多,常用的有大圆规、弹簧规和点圆规等,如图1-38所示。

用圆规画圆时,应使针脚稍长于笔脚。当针尖插入图板后,钢针的台阶应与铅芯尖端平齐,如图1-39所示。

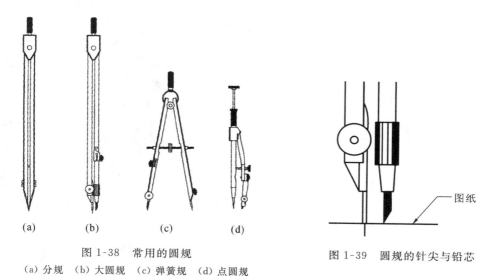

图1-38 常用的圆规

(a)分规 (b)大圆规 (c)弹簧规 (d)点圆规

图1-39 圆规的针尖与铅芯

笔脚上的铅芯应削成楔形,以便画出粗细均匀的圆弧。铅芯磨削方法如图1-40所示。

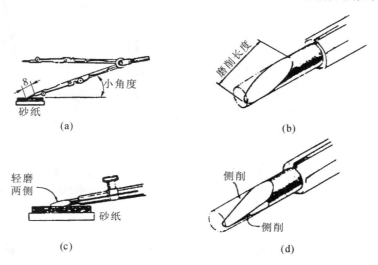

图1-40 圆规笔脚上铅芯磨削方法

画圆时,首先应确定圆心位置。用点画线画出正交(垂直相交)的中心线,再测量圆弧的半径,然后用右手转动圆规手柄,均匀地沿顺时针方向画圆,如图1-41所示。画较大尺寸的圆弧时,笔脚与针脚均应弯折并与纸面垂直,如图 1-42 所示。画小圆时常用点圆规或弹簧规,如图 1-43 所示;也可用模板画小圆。

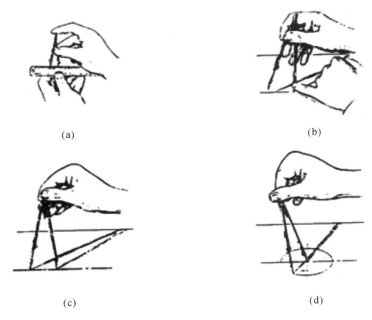

(a)   (b)

(c)   (d)

图 1-41 用圆规画圆弧

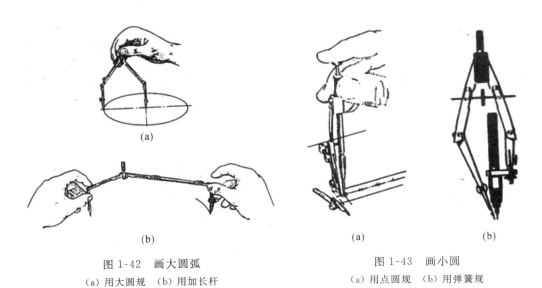

(a)

(b)   (a)   (b)

图 1-42 画大圆弧   图 1-43 画小圆

(a)用大圆规 (b)用加长杆   (a)用点圆规 (b)用弹簧规

2.3.2 曲线板

曲线板是用来绘制非圆曲线的。首先要定出曲线上足够数量的点,再徒手用铅笔轻轻地将各点光滑地连接起来,然后选择曲线板上曲率与之相吻合的部分分段画出各段曲线。注意应留出各段曲线末端的一小段不画,用于连接下一段曲线,这样曲线才显得圆滑,如图 1-44 所示。

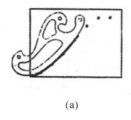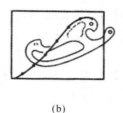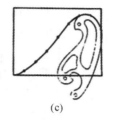

(a)   (b)   (c)

图 1-44   用曲线板绘制曲线

任务3   几何作图

虽然机件的轮廓形状是多种多样的,但它们的图样基本上都是由直线、圆弧和其他一些曲线所组成的几何图形。因此,为了正确地画出图样,必须掌握各种几何图形的作图方法。

3.1   等分线段

(1) 过已知线段的一个端点,画任意角度的直线,并用分规自线段的起点量取 n 个线段。

(2) 将等分的最末点与已知线段的另一端点相连。

(3) 过各等分点作该线的平行线与已知线段相交即得到等分点,如图 1-45 所示。

该方法称为推画平行线法。

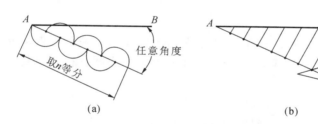

(a)   (b)

图 1-45   等分直线段

3.2   等分圆周与正多边形

1.圆的内接正五边形

如图 1-46 所示,作法如下:

(1) 作 OA 的中点 M。

(2) 以 M 点为圆心、$M1$ 为半径作弧,交水平直径于 K 点。

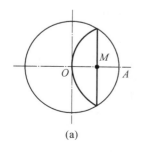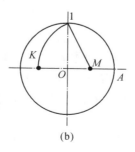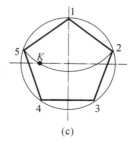

(a)   (b)   (c)

图 1-46   正五边形画法

（3）以 1K 为边长，将圆周五等分，即可作出圆内接正五边形。

2. 圆的内接正六边形

方法① 用圆规作图：

分别以已知圆与水平直径的两处交点 A、B 为圆心，以 R＝D/2 作圆弧，与圆交于 C、D、E、F 点，依次连接 A、C、D、B、E、F 点即得圆内接正六边形，如图 1-47（a）所示。

方法② 用三角板作图：

以 60°三角板配合丁字尺作平行线，画出四条斜边，再以丁字尺作上、下水平边，即得圆内接正六边形，如图 1-47（b）所示。

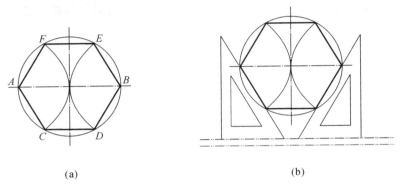

（a）　　　　　　　　　　　　　（b）

图 1-47　正六边形画法

3.3　斜度和锥度

斜度是指一直线（或平面）对另一直线（或平面）的倾斜程度。它的特点是单向分布。

锥度是指正圆锥底圆直径与其高度之比，或正圆台的两底圆直径差与其高度之比。它的特点是双向分布。

斜度可表示为高度差与长度之比（见图 1-48（a）），即

$$斜度＝H/L＝1：n$$

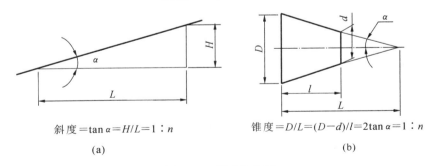

$$斜度＝\tan \alpha＝H/L＝1：n$$　　　$$锥度＝D/L＝(D-d)/l＝2\tan \alpha＝1：n$$

（a）　　　　　　　　　　　　　（b）

图 1-48　斜度和锥度

锥度可表示为直径差与长度之比（见图 1-48（b）），即

$$锥度 ＝ D/L ＝ (D-d)/l ＝ 1：n$$

注意：计算时，均把比例前项化为 1，在图中以 1：n 的形式标注。

3.4　圆弧的连接

在绘制机械图样时，经常需要用一个已知半径的圆弧来光滑连接（即相切）两个已知线

段(直线段或曲线段),称为圆弧连接。此圆弧称为连接弧,两个切点称为连接点。为了保证光滑连接,必须正确地作出连接弧的圆心和两个连接点,且保证两个被连接的线段都要正确地画到连接点。

1.圆弧连接作图的基本步骤

首先求作连接圆弧的圆心,它应满足到两被连接线段的距离均为连接圆弧的半径的条件。然后找出连接点,即连接圆弧与被连接线段的切点,最后在两连接点之间画连接圆弧。

2.直线间的圆弧连接

作图法归纳为以下三点,如图 1-49 所示。

(1)定距:作与两已知直线分别相距为 R(连接圆弧的半径)的平行线,两线的交点 O 即为圆心。

(2)定连接点(切点):从圆心 O 向两已知直线作垂线,垂足即为连接点(切点)。

(3)以 O 为圆心、以 R 为半径,在两连接点(切点)之间画弧。

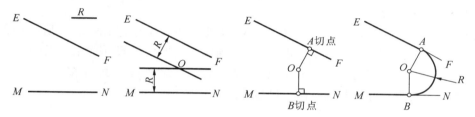

图 1-49 直线间的圆弧连接

3.圆弧间的圆弧连接

1)连接圆弧的圆心和连接点的求法

作图法归纳为以下三点。

(1)用算术法求圆心,根据已知圆弧的半径 R_1 或 R_2 和连接圆弧的半径 R 计算出连接圆弧的圆心轨迹线圆弧的半径 R':

外切时,$R'=R+R_1(R_2)$;

内切时,$R'=|R-R_1(R_2)|$。

(2)用连心线法求连接点(切点):

外切时,连接点在已知圆弧和圆心轨迹线圆弧的圆心连线上;

内切时,连接点在已知圆弧和圆心轨迹线圆弧的圆心连线的延长线。

(3)以 O 为圆心、以 R 为半径,在两连接点(切点)之间画弧。

2)圆弧间的圆弧连接的两种形式

(1)外连接:连接圆弧和已知圆弧的弧向相反(外切),如图 1-50 所示。

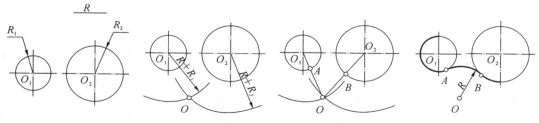

图 1-50 外连接

（2）内连接：连接圆弧和已知圆弧的弧向相同（内切），如图 1-51 所示。

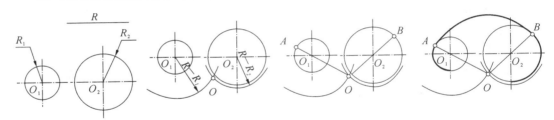

图 1-51　内连接

任务 4　平面图形的尺寸分析及标注

4.1　平面图形的尺寸分析

4.1.1　定形尺寸

定形尺寸是指确定平面图形上几何元素形状大小的尺寸，如图 1-52 所示中的 $\phi12$、$R13$、$R26$、$R7$、$R8$、48 和 10。一般情况下确定几何图形所需定形尺寸的个数是一定的，如直线的定形尺寸是长度，圆的定形尺寸是直径，圆弧的定形尺寸是半径，正多边形的定形尺寸是边长，矩形的定形尺寸是长和宽两个尺寸等。

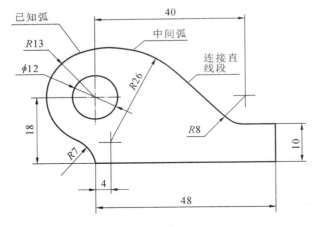

图 1-52　平面图形

4.1.2　定位尺寸

定位尺寸是指确定各几何元素相对位置的尺寸，如图 1-52 中的 18 和 40。确定平面图形位置需要两个方向的定位尺寸，即水平方向和垂直方向；也可以以极坐标的形式定位，即半径加角度。

4.1.3　尺寸基准

任意两个平面图形之间必然存在着相对位置，就是说必有一个是做参照的，可联系直角坐标系的坐标轴来理解。

标注尺寸的起点称为尺寸基准，简称基准。平面图形尺寸有水平和垂直两个方向（相当于坐标轴 x 方向和 y 方向），因此基准也必须从水平和垂直两个方向考虑。平面图形中尺寸基准是点或线。常用的点基准有圆心、球心、多边形中心点、角点等,线基准往往是图形的对称中心线或图形中的边线。

4.2 线段分析

根据定形、定位尺寸是否齐全,可以将平面图形中的图线分为以下三大类。

1.已知线段

定形、定位尺寸齐全的线段。作图时该类线段可以直接根据尺寸作图,如图1-52中$\phi12$的圆、$R13$的圆弧、长度为48和10的直线均属已知线段。

2.中间线段

只有定形尺寸和一个定位尺寸的线段。作图时必须根据该线段与相邻已知线段的几何关系,通过几何作图的方法求出,如图1-52中$R26$和$R8$两段圆弧。

3.连接线段

只有定形尺寸没有定位尺寸的线段。其定位尺寸需根据与线段相邻的两线段的几何关系,通过几何作图的方法求出,如图1-52中$R7$圆弧段、$R26$和$R8$间的连接直线段。

在两条已知线段之间,可以有多条中间线段,但必须而且只能有一条连接线段。否则,尺寸将出现缺少或多余。

4.3 平面图形的画图步骤

以图1-53所示的平面图形为例,演示画图步骤,边画图边讲解。演示和讲解完以后,对平面图形的画图步骤作以下总结。

(1)根据图形大小选择比例及图纸幅面。

(2)分析平面图形中哪些是已知线段,哪些是连接线段,以及所给定的连接条件。

(3)根据各组成部分的尺寸关系确定作图基准、定位线。

(4)依次画已知线段、中间线段和连接线段。

(5)将图线加粗加深。

(6)标注尺寸。

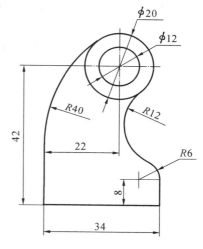

图 1-53 平面图形

4.4 平面图形的尺寸注法

平面图形中的尺寸标注,必须能唯一地确定图形的形状和大小,不遗漏、不多余地标注出确定各线段的相对位置及其大小的尺寸。

1.标注尺寸的方法和步骤

(1)先选择水平和垂直方向的基准线;

(2)确定图形中各线段的性质;

(3)按已知线段、中间线段、连接线段的次序逐个标注尺寸。

2.标注尺寸示例

参照图1-54所示的平面图形,分析讲解。

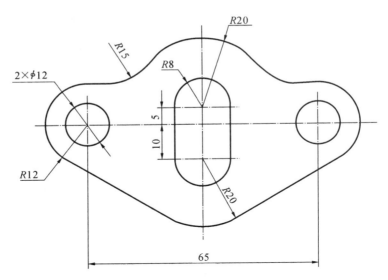

图 1-54　平面图形的尺寸标注

　　（1）分析图形。确定基准图形由外线框、内线框和两个小圆构成。整个图形左右是对称的，所以选择对称中心线为水平方向基准。垂直方向基准选两个小圆的中心线。

　　（2）标注定形尺寸。外线框需注出 $R12$ 和两个 $R20$ 以及 $R15$；内线框需注出 $R8$，两个小圆要注出 $2 \times \phi12$。

　　（3）标注定位尺寸。左右两个小圆圆心的定位尺寸 65，上下两个半圆的圆心定位尺寸 5 和 10。

点、直线、平面的投影

任务 1　三视图及投影规律知识

1.1　投影法

投影法是指投射线通过物体，向选定的面投射，并在该面上得到图形的方法。

如图 2-1 所示，设定平面 P 为投影面，不属于投影面的定点 S 为投射中心。过空间点 A 由投射中心可引直线 SA，SA 称投射线。投射线 SA 与投影面 P 的交点 a，称作空间点 A 在投影面上的投影。同理，点 b 是空间点 B 在投影面上的投影（注：空间点以大写字母表示，如 A、B、C，其投影用相应的小写字母表示，如 a、b、c）。

1.1.1　中心投影法

投射线均从投射中心出发的投影法，称为中心投影法，所得到的投影，称为中心投影，如图 2-1 和图 2-2 所示。

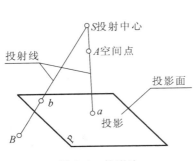

图 2-1 投影法

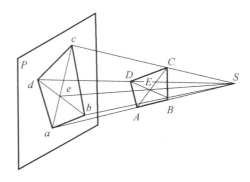

图 2-2 中心投影法

1.1.2 平行投影法

投射线相互平行的投影法,称为平行投影法,所得到的投影,称为平行投影。根据投射线与投影面的相对位置,平行投影法又分为:

(1)斜投影法——投射线倾斜于投影面。由斜投影法得到的投影,称为斜投影,如图 2-3 所示。

(2)正投影法——投射线垂直于投影面。由正投影法得到的投影,称为正投影,如图 2-4 所示。

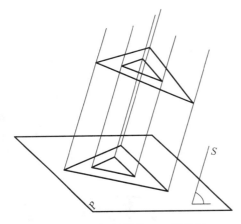

图 2-3 平行投影法——斜投影

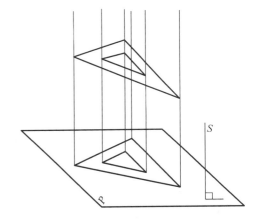

图 2-4 平行投影法——正投影

绘制工程图样主要用正投影,今后如无特别说明,"投影"即指"正投影"。

1.2 三视图的形成过程及投影规律

一般工程图大都是采用正投影法绘的正投影图。用正投影法所绘出的物体的图形称为视图。

1.2.1 三投影面体系

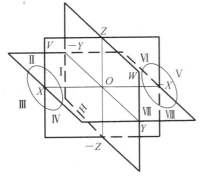

图 2-5 三投影面体系

如图 2-5 所示,三投影面体系由三个相互垂直的投影面组成。其中:V 面称为正立投影面,简称正面;H 面称为水平投影面,简称水平面;W 面称为侧立投影面,简称侧面。在三投影面体系中,两投影面的交线称为投影轴,V 面与 H 面的交线为 OX 轴,H 面与 W 面的交线

为 OY 轴，V 面与 W 面的交线为 OZ 轴。三条投影轴的交点为原点，记为"O"。三个投影面把空间分成八个部分，称为八个分角。分角 Ⅰ、Ⅱ、Ⅲ、Ⅳ、…、Ⅷ 的划分顺序如图 2-5 所示。

1.2.2 三视图的形成

如图 2-6(a)所示，将物体放在三投影面体系内，分别向三个投影面投射。为了使所得到的三个投影处于同一平面上，保持 V 面不动，将 H 面绕 OX 轴向下旋转 $90°$，W 面绕 OZ 轴向右旋转 $90°$，与 V 面处于同一平面上，如图 2-6(b)和(c)所示。这样，便得到物体的三个视图。V 面上的视图称为主视图，H 面上的视图称为俯视图，W 面上的视图称为左视图。在画视图时，投影面的边框及投影轴不必画出，三个视图的相对位置不能变动，即俯视图在主视图的下边，左视图在主视图的右边，三个视图的配置如图 2-6(d)所示，三个视图的名称均不必标注。

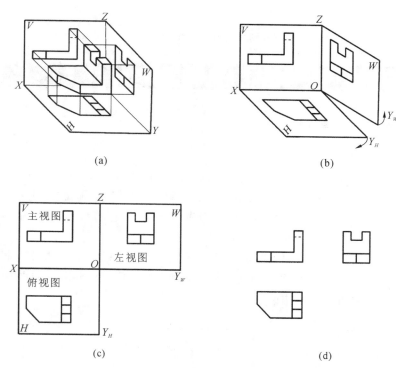

图 2-6 三视图的形成

1.3 三视图的度量对应关系

物体有长、宽、高三个方向的尺寸。物体左右间的距离为长度，前后间的距离为宽度，上下间的距离为高度，如图 2-7(a)所示。主视图和俯视图都反映物体的长，主视图和左视图都反映物体的高，俯视图和左视图都反映物体的宽。三视图之间的度量对应关系可归纳为：主视图、俯视图长对正，主视图、左视图高平齐，俯视图、左视图宽相等，即"长对正，高平齐，宽相等"。这种"三等"关系是三视图的重要特性，也是画图和看图的主要依据。

一物体有上、下、左、右、前、后六个方位，如图 2-7(b)所示。主视图能反映物体的左右和上下关系，左视图能反映物体的上下和前后关系，俯视图能反映物体的左右和前后关系。

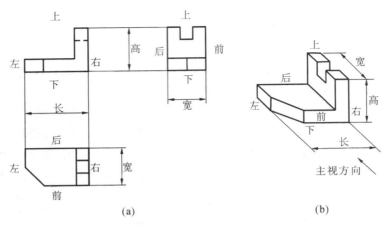

图 2-7　三视图之间的度量对应关系和方位关系

任务2　点的三面投影

2.1　点的三面投影规律

2.1.1　点的三面投影

当投影面和投影方向确定时,空间一点只有唯一的一个投影。如图 2-8(a)所示,假设空间有一点 A,过点 A 分别向 H 面、V 面和 W 面作垂线,得到三个垂足 a、a'、a'',便是点 A 在三个投影面上的投影。规定用大写字母(如 A)表示空间点,它的水平投影、正面投影和侧面投影,分别用相应的小写字母(如 a、a' 和 a'')表示。

根据三面投影图的形成规律将其展开,可以得到如图 2-8(b)所示的带边框的三面投影图,即得到点 A 两面投影;省略投影面的边框线,就得到如图 2-8(c)所示的点 A 的三面投影图(注意:要与平面直角坐标系相区别)。

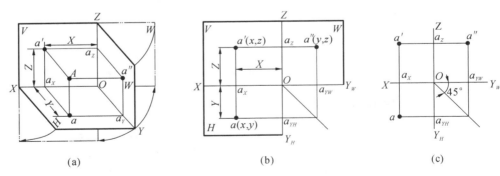

图 2-8　第一分角内点的投影图

2.1.2　点的投影与点的空间位置的关系

从图 2-8(a)(b) 可以看出,Aa、Aa'、Aa'' 分别为点 A 到 H、V、W 面的距离,即

$Aa = a'a_X = a''a_Y$(即 $a''a_{YW}$),反映空间点 A 到 H 面的距离;

$Aa' = aa_X = a''a_Z$,反映空间点 A 到 V 面的距离;

$Aa'' = a'a_Z = aa_Y$(即 aa_{YH}),反映空间点 A 到 W 面的距离。

上述即是点的投影与点的空间位置的关系,根据这个关系,若已知点的空间位置,就可以画出点的投影。反之,若已知点的投影,就可以完全确定点在空间的位置。

2.1.3 点的三面投影规律

由图 2-8 中还可以看出:$aa_{YH} = a'a_Z$,即 $a'a \perp OX$;$a'a_X = a''a_{YW}$,即 $a'a'' \perp OZ$。

这说明点的三个投影不是孤立的,而是彼此之间有一定的位置关系。而且这个关系不因空间点的位置改变而改变,因此可以把它概括为普遍性的投影规律:

(1) 点的正面投影和水平投影的连线垂直于 OX 轴,即 $a'a \perp OX$;

(2) 点的正面投影和侧面投影的连线垂直于 OZ 轴,即 $a'a'' \perp OZ$;

(3) 点的水平投影 a 到 OX 轴的距离等于侧面投影 a'' 到 OZ 轴的距离,即 $aa_X = a''a_Z$(可以用 45° 辅助线或以原点为圆心作弧线来反映这一投影关系)。

根据上述投影规律,若已知点的任何两个投影,就可求出它的第三个投影。

2.2 两点的相对位置及重影点

2.2.1 两点间的相对位置

设已知空间点 A 由原来的位置向上(或向下)移动,则 Z 坐标随着改变,也就是 A 点对 H 面的距离改变;如果点 A 由原来的位置向前(或向后)移动,则 Y 坐标随着改变,也就是 A 点对 V 面的距离改变;如果点 A 由原来的位置向左(或向右)移动,则 X 坐标随着改变,也就是 A 点对 W 面的距离改变。

综上所述,对于空间两点的相对位置:

(1) 距 W 面远者在左(X 坐标大),近者在右(X 坐标小);

(2) 距 V 面远者在前(Y 坐标大),近者在后(Y 坐标小);

(3) 距 H 面远者在上(Z 坐标大),近者在下(Z 坐标小)。

2.2.2 重影点

若空间两点在某一投影面上的投影重合,则这两点是该投影面的重影点。这时,空间两点的某两坐标相同,并在同一投射线上。

当两点的投影重合时,就需要判别其可见性,应注意:对 H 面的重影点,从上向下观察,Z 坐标值大者可见;对 W 面的重影点,从左向右观察,X 坐标值大者可见;对 V 面的重影点,从前向后观察,Y 坐标值大者可见。在投影图上不可见的投影加括号表示,如 (a')。

任务 3　直线的投影规律

3.1 特殊位置直线的投影特性

直线的投影可由属于该直线的两点的投影来确定。一般用直线段的投影表示直线的投影,即作出直线段上两端点的投影,则两点的同面投影连线为直线段的投影,如图 2-9 所示。

根据直线在投影面体系中对三个投影面所处的位置不同,可将直线分为一般位置直线、投影面平行线和投影面垂直线三类。其中,后两类统称为特殊位置直线。

(1) 一般位置直线——与三个投影面都相倾斜的直线;

(2) 投影面平行线——平行于某投影面,倾斜于其余两投影面的直线;

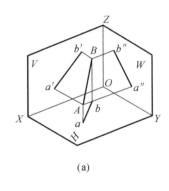 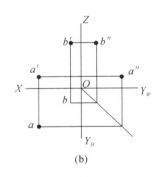 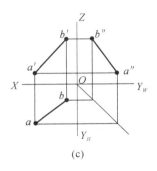

(a)　　　　　　　　(b)　　　　　　　　(c)

图 2-9　直线的投影

（3）投影面垂直线——垂直于某投影面，平行于其余两投影面的直线。

直线对 H、V、W 三投影面的倾角，分别用 α、β、γ 表示。

3.1.1　投影面平行线的投影

投影面平行线中，与正面平行的直线，称为正平线；与水平面平行的直线，称为水平线；与侧面平行的直线，称为侧平线。

表 2-1 列出了三种投影面平行线的立体图、投影图和投影特性。

表 2-1　投影面的平行线

名称	正 平 线	水 平 线	侧 平 线
立体图			
投影图			
投影特性	（1）$a'b'$ 反映实长和实际倾角 α、γ； （2）$ab /\!/ OX$，$a''b'' /\!/ OZ$，长度较实长短	（1）cd 反映实长和实际倾角 β、γ； （2）$c'd' /\!/ OX$，$c''d'' /\!/ OY_W$，长度较实长短	（1）$e''f''$ 反映实长和实际倾角 α、β； （2）$e'f' /\!/ OZ$，$ef /\!/ OY_H$，长度较实长短

从表 2-1 中正平线的立体图可知：

因为 $ABb'a'$ 是矩形，

所以 $a'b'=AB$；

又 AB 上各点与 V 面等距，即 y 坐标相等，

所以 ab // OX，$a''b''$ // OZ。

由 $a'b'$ // AB，ab // OX，$a''b''$ // OZ 可得，

$a'b'$ 与 OX、OZ 的夹角，分别为 AB 对 H 面、W 面的真实倾角 α、γ。

同时还可看出：$ab=AB\cos\alpha<AB$，$a''b''=AB\cos\gamma<AB$。

通过以上推证即得出表 2-1 中所列的正平线的投影特性。同理，也可推证水平线和侧平线的投影特性。

从表 2-1 中可概括出投影面平行线的投影特性：

（1）在所平行的投影面上的投影反映实长（实形性），它与投影轴的夹角，分别反映直线对另两投影面的真实倾角；

（2）在另两投影面上的投影，分别平行于相应的投影轴，且长度较实长缩短了。

3.1.2 投影面垂直线的投影

投影面垂直线中，与正面垂直的直线，称为正垂线；与水平面垂直的直线，称为铅垂线；与侧面垂直的直线，称为侧垂线。

表 2-2 列出了三种投影面垂直线的立体图、投影图和投影特性。

从表 2-2 中正垂线 AB 的立体图可知：

因为 $AB \perp V$ 面，所以 $a'b'$ 积聚成一点；

因为 AB // W 面，AB // H 面，则 AB 上的各点的 x 坐标、z 坐标分别相等，

所以 ab // OY_H，$a''b''$ // OY_W，且 $ab=AB$，$a''b''=AB$。

于是就得出表 2-2 中所列的正垂线的投影特性。同理，也可推证铅垂线和侧垂线的投影特性。

表 2-2 投影面的垂直线

名称	正 垂 线	铅 垂 线	侧 垂 线
立体图	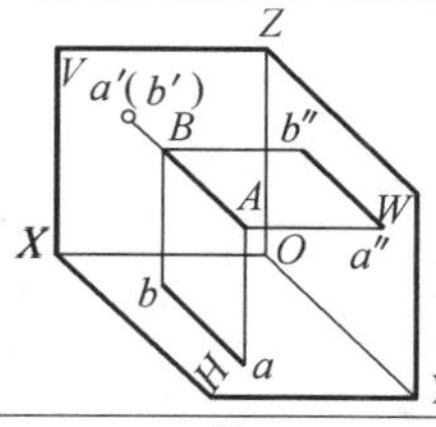	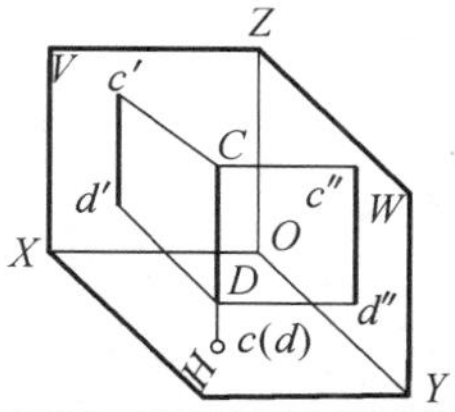	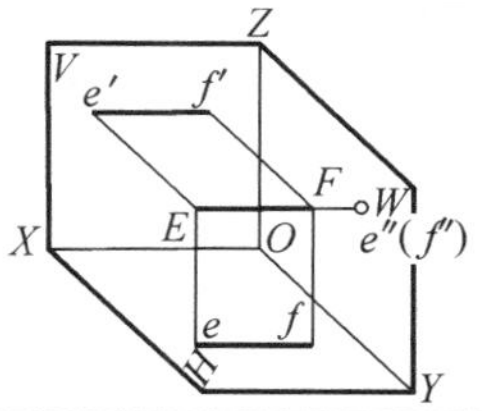
投影图	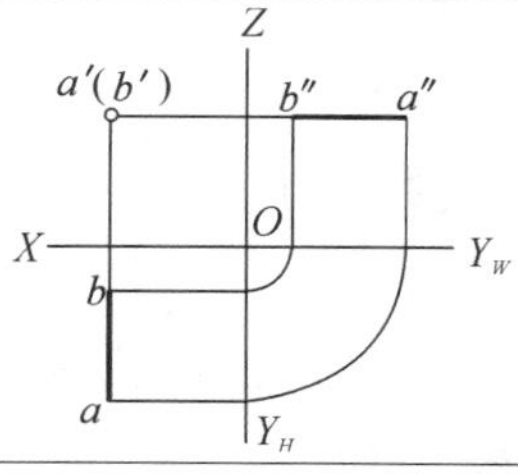	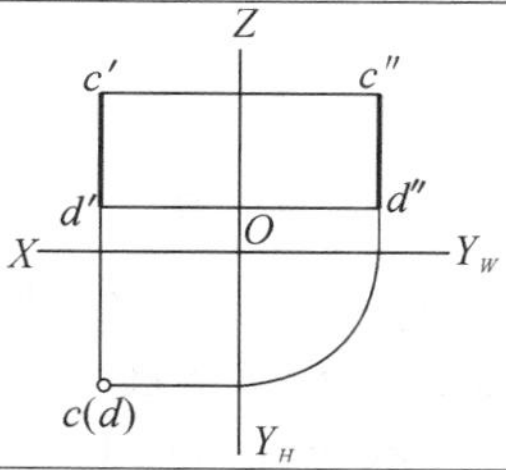	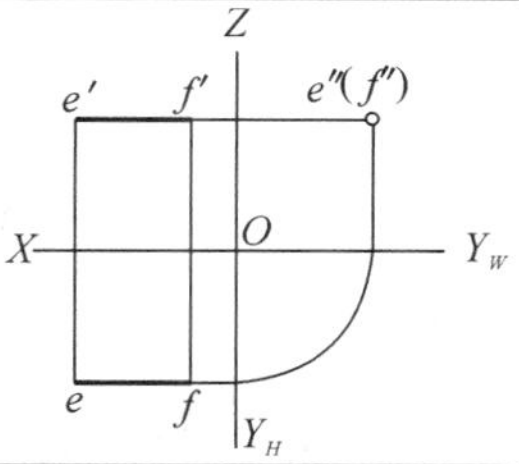
投影特性	（1）$a'(b')$ 积聚成一点； （2）ab // OY_H，$a''b''$ // OY_W，都反映实长	（1）$c(d)$ 积聚成一点； （2）$c'd'$ // OZ，$c''d''$ // OZ，都反映实长	（1）$e''(f'')$ 积聚成一点； （2）ef // OX，$e'f'$ // OX，都反映实长

从表 2-2 中可概括出投影面垂直线的投影特性：

（1）在与直线垂直的投影面上的投影积聚成一点（积聚性）；

（2）在另外两个投影面上的投影平行于相应的投影轴，且均反映实长（实形性）。

3.1.3 一般位置直线的投影

由于一般位置直线同时倾斜于三个投影面，故有如下投影特点，如图 2-10 所示。

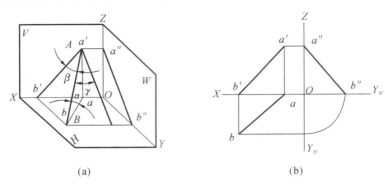

图 2-10 一般位置直线的投影

（a）立体图 （b）投影图

（1）直线的三面投影都倾斜于投影轴，它们与投影轴的夹角，均不反映直线对投影面的倾角；

（2）直线的三面投影的长度都短于实长，其投影长度与直线对各投影面的倾角有关，即 $ab=AB\cos\alpha$，$a'b'=AB\cos\beta$，$a''b''=AB\cos\gamma$。

3.2 点在直线上的判定

3.2.1 点从属于直线

（1）点从属于直线，则点的各面投影必从属于直线的同面投影。

如图 2-11 所示，点 C 从属于直线 AB，其水平投影 c 从属于 ab，正面投影 c' 从属于 $a'b'$，侧面投影 c'' 从属于 $a''b''$。

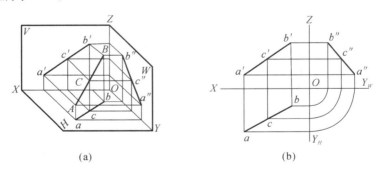

图 2-11 点从属于直线

反之，在投影图中，若点的各个投影从属于直线的同面投影，则该点必定从属于此直线。

（2）从属于直线的点分割线段之长度比等于其投影分割线段投影长度之比。

如图 2-11 所示，点 C 将线段 AB 分为 AC、CB 两段，则 $AC:CB=ac:cb=a'c':c'b'=a''c'':c''b''$。

3.2.2 点不从属于直线

若点不从属于直线,点的投影则不具备上述性质。

如图 2-12 所示,虽 k 从属于 ab,但 k' 不从属于 $a'b'$,故点 K 不从属于直线 AB。

3.3 两直线的相对位置

两直线的相对位置有三种情况:相交、平行、交叉(既不相交,又不平行,亦称异面)。

3.3.1 两直线相交

两直线相交,其交点同属于两直线,为两直线所共有。两直线相交,其面投影必相交。其同面投影的交点,即为两直线交点的投影。

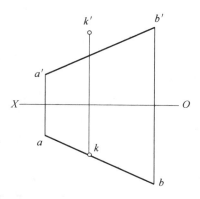

图 2-12 点不从属于直线

如图 2-13 所示,直线 AB 与 CD 相交,其同面投影 $a'b'$ 与 $c'd'$,ab 与 cd,$a''b''$ 与 $c''d''$ 均相交,其交点 k'、k 和 k'' 即为 AB 与 CD 的交点 K 的三面投影(交点的投影符合点的投影规律)。

两直线的投影具备上述特点,则这两直线必定相交。

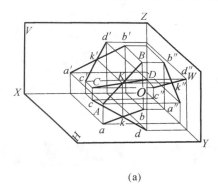

(a)

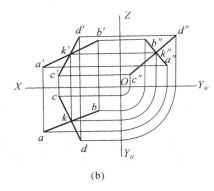

(b)

图 2-13 两直线相交

3.3.2 两直线平行

两直线平行,其同面投影必定平行。如图 2-14 所示,$AB /\!/ CD$,则 $a'b' /\!/ c'd'$,$ab /\!/ cd$,$a''b'' /\!/ c''d''$。

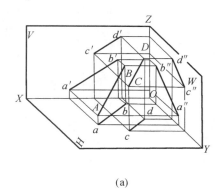

(a)

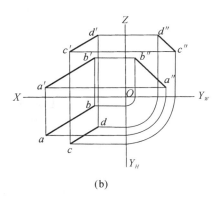

(b)

图 2-14 两直线平行

两直线的投影具备上述特点,则这两直线必定平行。

3.3.3 两直线交叉

由于交叉的两直线既不平行也不相交,因此不具备平行两直线和相交两直线的投影特点。

若交叉两直线的投影中,有某投影相交,则这个投影的交点是同处于一条投射线上且分别从属于两直线的两个点,即重影点的投影。

如图 2-15 所示,正面投影的交点 $1'(2')$,是 V 面重影点 I(从属于直线 CD)和 II(从属直线 AB)的正面投影。水平投影的交点 3(4),是 H 面重影点 III(从属于直线 AB)和(从属直线 CD)的水平投影。

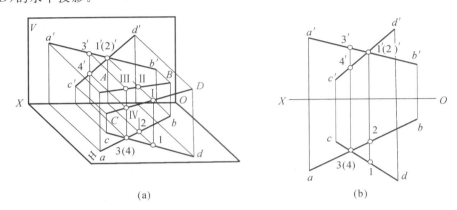

图 2-15　两直线交叉

重影点 I、II 和 III、IV 的可见性可按本项目 2.2.2 小节中所述方法判断。正面投影中 $1'$ 可见,$2'$ 不可见(因 $y_I > y_{II}$);水平投影中,3 可见,4 不可见(因 $z_{III} > z_{IV}$)。

任务 4　平面的投影规律

4.1　特殊位置平面的投影特性

4.1.1　平面的表示法

1.用几何元素表示

通常用确定平面上的点、直线或平面图形等几何元素的投影表示平面的投影,如图 2-16 所示。

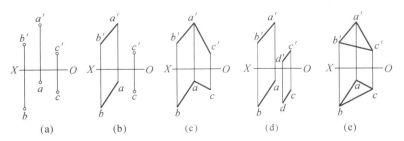

图 2-16　用几何元素表示平面

(a)不在同一直线上的三点　(b)直线与线外一点　(c)相交两直线　(d)平行两直线　(e)平面图形

2.用迹线表示

如图 2-17 所示,平面与投影面的交线,称为平面的迹线,平面也可以用迹线表示。用迹线表示的平面称为迹线平面。平面与 V 面、H 面、W 面的交线,分别称为正面迹线(V 面迹线)、水平迹线(H 面迹线)、侧面迹线(W 面迹线)。迹线的符号用平面名称的大写字母附加投影面名称的注脚表示,如图 2-17 中的 P_V、P_H、P_W。迹线是投影面上的直线,它在该投影面上的投影位于原处,用粗实线表示,并标注上述符号;它在另外两个投影面上的投影,分别在相应的投影轴上,不需作任何表示和标注。

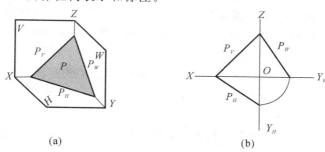

(a)   (b)

图 2-17 用迹线表示平面

（a）立体图 （b）投影图

4.1.2 各种位置平面的投影

根据平面在三投影面体系中对三个投影面所处的位置不同,可将平面分为一般位置平面、投影面垂直面和投影面平行面三类。其中,后两类称为特殊位置平面,各种位置平面分类如下:

$$
平面
\begin{cases}
一般位置平面:倾斜于 V、H、W 面 \\[4pt]
投影面垂直面(只垂直于一个投影面)
\begin{cases}
正垂面:\perp V 面,倾斜于 H、W 面 \\
铅垂面:\perp H 面,倾斜于 V、W 面 \\
侧垂面:\perp W 面,倾斜于 H、V 面
\end{cases} \\[10pt]
投影面平行面(平行于一个投影面,垂直于另外两个投影面)
\begin{cases}
正平面://V 面 \\
水平面://H 面 \\
侧平面://W 面
\end{cases}
\end{cases}
$$

平面对 H、V、W 三投影面的倾角,分别用 α、β、γ 表示。

1.一般位置平面

如图 2-18(a)所示,$\triangle ABC$ 倾斜于 V、H、W 面,是一般位置平面。

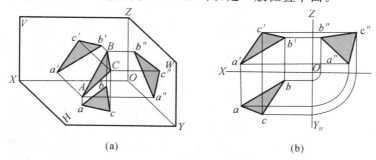

(a)   (b)

图 2-18 一般位置平面

（a）立体图 （b）投影图

37

图 2-18(b)所示的是△ABC 的三面投影,三个投影都是△ABC 的类似形(边数相等),且均不能直接反映平面对投影面的真实倾角。

由此可得处于一般位置的平面的投影特性:它的三个投影仍是平面图形,而且面积较实形小。

2. 投影面垂直面

表 2-3 列出了三种投影面垂直面的立体图、投影图和投影特性。

以正垂面为例,投影面垂直面的投影特点如下:

(1) 正垂面 $ABCD$ 的正面投影 $a'b'c'd'$ 积聚为一倾斜于投影轴 OX、OZ 的直线段。

(2) 正垂面的正面投影 $a'b'c'd'$ 与 OX 轴的夹角反映了该平面对 H 面的倾角 α,与 OZ 轴的夹角反映了该平面对 W 面的倾角 γ。

(3) 正垂面的水平投影和侧面投影是与平面 $ABCD$ 类似的平面图形。

同理可得铅垂面和侧垂面的投影特点,如表 2-3 所示。

由此可得投影面垂直面的投影特性:

(1) 在所垂直的投影面上的投影积聚成直线,该直线与投影轴的夹角,分别反映该平面对另两投影面的真实倾角;

(2) 在另外两个投影面上的投影为与实形类似的平面图形,面积较实形小。

表 2-3　投影面垂直面的投影特性

名称	正垂面	铅垂面	侧垂面
立体图			
投影图			
投影特性	(1) 正面投影积聚成直线,并反映真实倾角 α、γ; (2) 水平投影、侧面投影仍为平面图形,面积缩小	(1) 水平投影积聚成直线,并反映真实倾角 β、γ; (2) 正面投影、侧面投影仍为平面图形,面积缩小	(1) 侧面投影积聚成直线,并反映真实倾角 α、β; (2) 正面投影、水平投影仍为平面图形,面积缩小

3. 投影面平行面

表2-4列出了三种投影面平行面的立体图、投影图和投影特性。

表 2-4　投影面平行面的投影特性

名称	正 平 面	水 平 面	侧 平 面
立体图			
投影图			
投影特性	（1）正面投影反映实形； （2）水平投影∥OX，侧面投影∥OZ，并分别积聚成直线	（1）水平投影反映实形； （2）正面投影∥OX，侧面投影∥OY_w，并分别积聚成直线	（1）侧面投影反映实形； （2）正面投影∥OZ，水平投影∥OY_H，并分别积聚成直线

以水平面为例，投影面平行面的投影特点如下：

（1）水平面 $EFGH$ 的水平投影 $efgh$ 反映该平面图形的实形 $EFGH$；

（2）水平面的正面投影 $e'f'g'h'$ 和侧面投影 $e''f''g''h''$ 均积聚为直线，且 $e'f'g'h'$∥OX 轴，$e''f''g''h''$∥OY_w 轴。

同理可得正平面和侧平面的投影特点，如表2-4所示。

由此可得投影面平行面的投影特性：

（1）在所平行的投影面上的投影反映实形；

（2）在另外两个投影面上的投影分别积聚为直线，且平行于相应的投影轴。

4.2　平面内的点和直线判断

4.2.1　平面内的点和直线

点和直线在平面内的几何条件：

（1）若点从属于平面内的任一直线，则点从属于该平面；

（2）若直线通过属于平面的两个点，或通过平面内的一个点，且平行于属于该平面的任

一直线,则直线属于该平面。

图 2-19 中点 D 和直线 DE 位于相交两直线 AB、BC 所确定的平面 ABC 内。

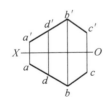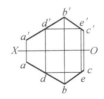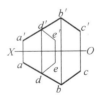

图 2-19　平面内的点和直线

【例 2-1】　如图 2-20 所示,判断点 D 是否在平面 $\triangle ABC$ 内。

【解】　若点 D 位于平面 $\triangle ABC$ 的一条直线上,则点 D 在平面 $\triangle ABC$ 内;否则,就不在平面 $\triangle ABC$ 内。

判断过程如下:连接点 A、D 的同面投影,并延长到与 BC 的同面投影相交。因图中的直线 AD、BC 的同面投影的交点在一条投影连线上,便可认为是直线 BC 上的一点 E 的两面投影 e'、e,点 D 在 $\triangle ABC$ 内的直线 AE 上,由此判断出点 D 在平面 $\triangle ABC$ 内。

4.2.2　平面上的投影面平行线

从属于平面的投影面平行线,应该满足两个条件:

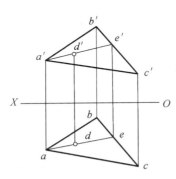

图 2-20　判断点 D 是否在平面 $\triangle ABC$ 内

(1) 该直线的投影应满足投影面平行的投影特点;

(2) 该直线应满足直线从属于平面的几何条件。

【例 2-2】　作从属于平面 $\triangle ABC$ 的一条水平线。

【解】　如图 2-21 所示,作图过程如下:

在正面投影中,作 $d'e' /\!/ OX$ 轴,并与 $a'b'$ 交于 d',与 $a'c'$ 交于 e',$d'e'$ 即为平面 ABC 内水平线 DE 的正面投影,如图 2-21(a)所示。再根据 $d'e'$ 求出 d、e,连接 de,即得 DE 的水平投影,如图 2-21(b)所示。

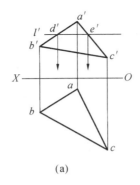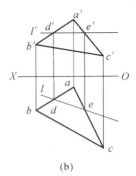

(a)　　　　　　　　　　(b)

图 2-21　作从属于平面的水平线

项目 3

立体的投影

> **知识目标**
> ● 了解平面立体的组成和平面立体表面上点的投影方法;
> ● 了解回转体的组成和回转体表面上点的投影方法;
> ● 了解切割体的概念,学习截交线的画法;
> ● 了解相贯体的几何特性,学习相贯线的画法。
>
> **技能目标**
> ● 能正确运用平面和曲面立体表面的投影特性,在三视图中分析点的投影;
> ● 能够对切割体运用截交线的方法进行绘图;
> ● 能够熟悉相贯体的形状特征,并能使用绘制相贯线的方法和步骤作图。

　　立体包含基本体和组合体,柱、锥、圆球、圆环等几何体是组成机件的基本形体,简称基本体。基本体的组合称组合体,当基本体与挖切的组合体带有切口、切槽等结构时,便成为不完整的基本体,又称切割体。切割体和相贯体(两相交的立体)均是组合体。图 3-1 所示为由基本体组成的机件。本项目着重研究基本体、切割体及相贯体的形体特色和三视图的画法。

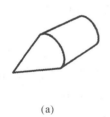　　　　

　　(a)　　　　　　　　(b)　　　　　　　　(c)　　　　　　　　(d)

图 3-1　由基本体组成的机件

(a) 顶尖　(b) 钩头键　(c) V 形铁　(d) 接头

任务 1　平面立体的投影

　　表面由平面所围成的实体,称为平面立体。平面立体上两相邻平面的交线称为棱线。平面立体分棱柱和棱锥两种。

由于平面立体表面是平面,画平面立体的三视图,可归结为画出各平面间的交线(棱线)和各顶点的投影,然后判别可见性,将可见的棱线的投影画成粗实线,不可见的投影画成虚线。

为了便于画图和看图,在绘制平面立体三视图时,应尽可能地将它的一些棱面或棱线放置于与投影面平行或垂直的位置。

1.1 棱柱

常见的棱柱为直棱柱,它的顶面和底面是两个全等且互相平行的多边形,称为特征面,各侧面为矩形,侧棱垂直于底面。顶面和底面为正多边形的直棱柱,称为正棱柱。

1.棱柱的投影

如图 3-2(a)所示,正六棱柱的顶面和底面为正六边形的水平面,前后两个矩形侧面为正平面,其他侧面为矩形的铅垂面。

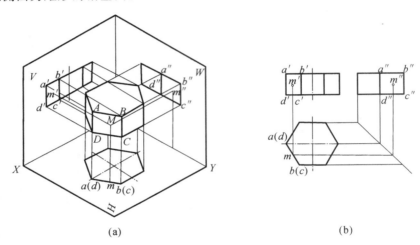

图 3-2　正六棱柱的投影

(a) 直观图　(b) 投影图

如图 3-2(b)所示,水平投影的正六边形线框是六棱柱顶面和底面的重合投影,反映实形,为六棱柱的特征面,称特征视图。六边形的边和顶点是六个侧面和六条侧棱的积聚投影。

正面投影的三个矩形线框是六棱柱六个侧面的投影,中间的矩形线框为前、后侧面的重合投影,反映实形。左、右两矩形线框为其余四个侧面的重合投影,是类似形。而正面投影中上下两条图线是顶面和底面的积聚投影,另外四条图线是六条侧棱的投影。

2.棱柱表面上点的投影

由于直棱柱的表面都处于特殊位置,所以棱柱表面上点的投影均可利用平面投影的积聚性来作图。

在判别可见性时,若平面处于可见位置,则该面上点的同面投影也是可见的,反之,为不可见的。在平面积聚性投影上的点的投影,可以不必判别其可见性。

如图 3-2(b)所示,已知六棱柱 $ABCD$ 侧面上点 M 的 V 面投影 m',可求该点的 H 面投影 m 和 W 面投影 m''。

由于点 M 所属棱柱面 $ABCD$ 为铅垂面,因此点 M 的 H 面投影 m,必在该侧面在 H 面

上的积聚性投影 $a(d)b(c)$ 上,再根据 m' 和 m 求出 W 面投影。由于 $ABCD$ 面的 W 面投影可见,故 m'' 也可见。

1.2 棱锥

棱锥的底面为多边形,各侧面为若干具有公共顶点的三角形。从棱锥顶点到底面的距离称为锥高。当棱锥底面为正多边形,各侧面是全等的等腰三角形时,该棱锥称为正棱锥。

1. 棱锥的投影

图 3-3(a)所示为一个正三棱锥的三面投影直观图。该三棱锥的底面为等边三角形,三个侧面为全等的等腰三角形,图中将其放置成底面平行于 H 面,并有一个侧面垂直于 W 面。

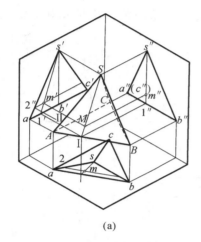
(a)

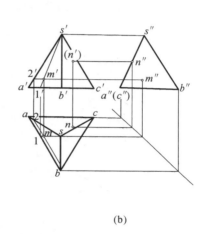
(b)

图 3-3 正三棱锥的投影
(a)直观图 (b)投影图

图 3-3(b)为该三棱锥的投影图。由于底面 $\triangle ABC$ 为水平面,因此,它的 H 面投影 $\triangle abc$ 反映了底面的实形,V 面和 W 面分别积聚成平行于 X 轴和 Y 轴的直线段 $a'b'c'$ 和 $a''(c'')b''$。锥体的后侧面 $\triangle SAC$ 为侧垂面,它的 W 面投影积聚为一段斜线 $s''a''(c'')$,它的 V 面和 H 面投影为类似形 $\triangle s'a'c'$ 和 $\triangle sac$,前者不可见,后者可见。左、右两个侧面为一般位置平面,它在三个投影面上的投影均是类似形。

画棱锥投影时,一般先画底面的各个投影,然后定锥顶 S 的各个投影,同时将它与底面各顶点的同名投影连接起来,即可完成。

2. 棱锥表面上点的投影

凡属于特殊位置表面的点,均可利用投影的积聚性直接求得其投影;而属于一般位置表面的点可通过在该面上作辅助线的方法求得其投影。

如图 3-3(b)所示,已知棱面 $\triangle SAB$ 上点 M 的 V 面投影 m' 和棱面 $\triangle SAC$ 上点 N 的 H 面投影 n,求作 M、N 两点的其余投影。方法如下:

由于点 N 所在棱面 $\triangle SAC$ 为侧垂面,可借助该平面在 W 面上的积聚投影求得 n'',再由 n 和 n'' 求得 (n')。由于点 N 所属棱面 $\triangle SAC$ 的 V 面投影不可见,所以 (n') 不可见。

点 M 所在棱面 $\triangle SAB$ 为一般位置平面,如图 3-3(a)所示,过锥顶 S 和点 M 引一直线 $S\text{Ⅰ}$,作出 $S\text{Ⅰ}$ 的有关投影,根据点在直线上的从属性质求得点的相应投影。具体作图时,过

m'引$s'1'$,由$s'1'$求作H面投影$s1$,再由m'引投影连线交于$s1$上点m,最后由m和m'求得m''。

另一种作法是过点M引MⅡ线平行于AB,也可求得点M的m和m'',具体作法见图3-3。由于点M所属棱面$\triangle SAB$在H面和W面上的投影是可见的,因此此点m和m''也是可见的。

3.棱台

棱台可看成由平行于棱锥底面的平面截去锥顶一部分而形成的。由正棱锥截得的棱台叫正棱台,其顶面与底面为互相平行的相似多边形,侧平面为等腰梯形。

图3-4(b)所示为四棱台投影图。四棱台的顶面和底面为水平面,H面投影为两矩形线框,反映实形,V面和W面投影分别积聚为横向直线段。左右侧面为正垂面,V面投影积聚成两条斜线,H面和W面的投影为等腰梯形,是类似形。前后侧面及四条侧棱的投影的分析方法相同。

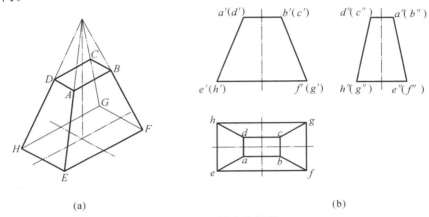

(a)   (b)

图3-4   四棱台的投影
(a) 直观图   (b) 投影图

任务2   回转体的投影

回转体的曲表面是由一母线绕定轴旋转而成的回转面。常见的回转体有圆柱、圆锥、圆环和圆球等。由于回转体的侧面是光滑曲面,因此,画投影图时,仅画曲面上可见面和不可见面的分界线的投影,这种分界线称为转向轮廓线。

2.1   圆柱体

1.形成和投影分析

圆柱体的表面是圆柱面和上、下底面。圆柱面可以看成是由一直线绕与它平行的轴线回转而成的,如图3-5(a)所示。因此,圆柱面上的素线都是平行于轴线的直线。

从图3-5(b)可以看出,圆柱的水平投影是圆,是上、下底圆面的水平投影,也是圆柱面积聚性投影;正面投影和侧面投影这两个矩形的四条直线,分别是圆柱的上、下底面和圆柱面对正面和对侧面的转向轮廓线的投影。图3-5(c)中的点Ⅰ、Ⅱ,分别位于对正面和对侧面的一条转向轮廓线上。要注意的是,在任何回转体的投影中,都必须用细点画线画出轴线和圆的对称中心线。

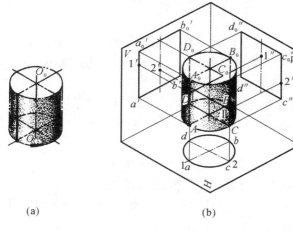

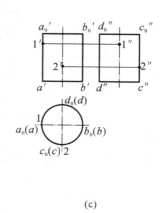

(a)   (b)   (c)

图 3-5　圆柱的形成和投影

2.圆柱面上取点

如图 3-6 所示，已知圆柱面上两点Ⅰ和Ⅱ的正面投影 $1'$ 和 $2'$，求作其余两投影的方法如下。

由于圆柱面的水平投影积聚为圆，因此，利用"长对正"即可求出点的水平投影 1 和 2。再根据点的正面投影和水平投影，求得侧面投影 $1''$ 和 $2''$。由于点Ⅱ在圆柱面的右半部，其侧面投影不可见。

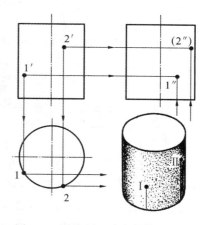

图 3-6　圆柱面上取点的作图方法

2.2　圆锥体

1.形成和投影分析

圆锥体的表面是圆锥面和底面。圆锥面是由直线绕与它相交的轴线回转一周而成的，如图 3-7(a)所示。因此，圆锥面的素线都是通过锥顶的直线。

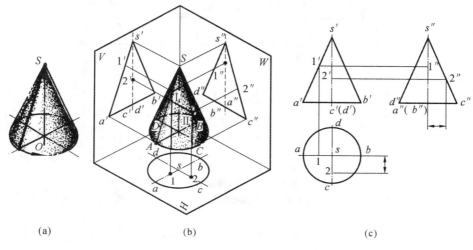

(a)   (b)   (c)

图 3-7　圆锥的形成和投影

图 3-7(c)所示的是轴线垂直于水平面的圆锥体的三面投影,其正面投影和侧面投影是相同的等腰三角形,水平投影为圆。

从图 3-7(b)可知,在正面投影中,等腰三角形的两腰是圆锥面上最左和最右两条素线 SA 和 SB 的投影,通过这两条线上所有点的投射线都与圆锥面相切,SA 和 SB 称为转向轮廓线,回转面的转向轮廓线的性质和投影特点如下。

（1）转向轮廓线在回转面上的位置取决于投射线的方向,因而是对某一投影面而言的。素线 SA 和 SB 是对正面的转向轮廓线,而最前和最后两条素线 SC 和 SD 则是对侧面的转向轮廓线。

（2）转向轮廓线是回转面上可见部分和不可见部分的分界线。当轴线平行于投影面时,转向轮廓线所确定的平面与相应投影面平行,并且是回转面的对称面。例如素线 SA 和 SB 与正面平行,它们所确定的平面将圆锥分成前后两半。因此,对于母线与轴线处于同一平面内形成的回转面,转向轮廓线的投影反映母线的实形及母线与轴线的相对位置。

（3）转向轮廓线的三面投影应符合投影面平行线（或面）的投影特性,其余两投影与轴线或圆的对称中心线重合。

初学者在掌握转向轮廓线空间概念的基础上,必须熟悉它们的投影关系,为以后的学习打下基础。图 3-7(c)所示的点 Ⅰ 和点 Ⅱ 的三个投影,主要目的是表明圆锥面上转向轮廓 SA 和 SC 的投影关系。

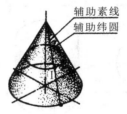

辅助素线
辅助纬圆

图 3-8　圆锥面上取点

2.圆锥面上取点

图 3-8 所示为圆锥面上取点的作图原理。由于圆锥面的各个投影都不具有积聚性,因此,取点时必须先作辅助线,再在辅助线上取点,这与在平面内取点的作图方法类似。对于轴线垂直于投影面的回转面,通用的辅助线是纬圆。圆锥面还可以采用素线作为辅助线。

如图 3-9 所示为已知圆锥面上点 Ⅰ 的正面投影 $1'$,应用辅助纬圆求其余两投影的作图步骤。

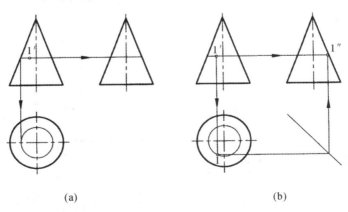

(a) (b)

图 3-9　应用辅助纬圆在圆锥面上取点的作图方法
(a) 从正面投影着手,过点作辅助纬圆的三面投影　(b) 在辅助纬圆上求得点的其余两投影

2.3　圆球

1.形成和投影分析

圆球简称球,球的表面是球面。球面可以看成由半圆绕其直径回转一周而成,如图 3-10

（a)所示。

图 3-10(c)所示的是球的三面投影,它们都是大小相同的圆,圆的直径都等于球的直径。从图 3-10(b)可以看出,球面对三个投影面的转向轮廓线都是平行于相应投影面的最大的圆,它们的圆心就是球心。例如,球对正面的转向轮廓线就是平行于正面的最大圆 A,其正面投影 a' 确定了球的正面投影范围,水平投影 a 与相应圆的水平中心线重合,侧面投影 a'' 与相应圆的铅垂中心线重合。球对水平投影面和侧面投影面的转向轮廓线也可作类似分析。图 3-10(c)中画出了对正面转向轮廓线上点 K 的三个投影。

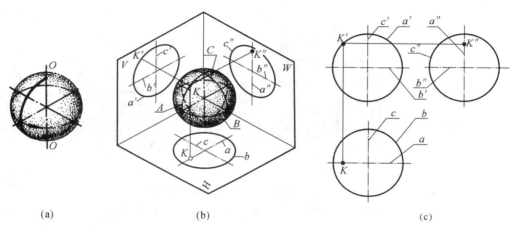

| (a) | (b) | (c) |

图 3-10　圆球的形成和投影

2.球面上取点

图 3-11 所示为已知球面上点 I 的正面投影 $1'$,求作其水平投影 1 和侧面投影 $1''$ 的方法。由于通过球心的直线都可以看作球的轴线,在图 3-11 中,把球的轴线视为投影面垂直线,辅助纬圆平行于水平面。作图方法和步骤与图 3-9 所示的作图方法与步骤完全相同。

图 3-12 所示则是把球的轴线看成是正垂线,利用平行于正面的辅助纬圆来作图的(可和图 3-11 进行比较)。

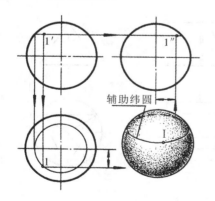

图 3-11　利用平行于水平面的辅助
　　　　　纬圆取点的作图方法

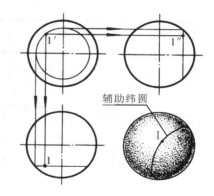

图 3-12　利用平行于正面的辅助
　　　　　纬圆取点的作图方法

2.4　不完整曲面立体的投影

图 3-13 所示的是工程上常见的几种不完整的曲面体的投影。

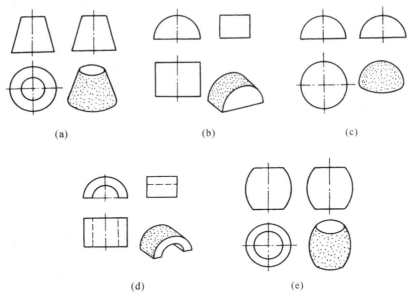

图 3-13　常见不完整曲面体的投影
（a）圆锥台　（b）半圆柱　（c）半球　（d）半圆筒　（e）鼓形回转体

2.5　基本体的尺寸标注

任何立体都有长、宽、高三个方向的尺寸。在视图上标注立体的尺寸时,应将其三个方向的尺寸标注齐全,但每一尺寸在图上只能注一次。

1. 平面立体的尺寸注法

平面立体一般应标注其长、宽、高三个方向的尺寸,常见平面立体的尺寸标注方法如图3-14 所示。

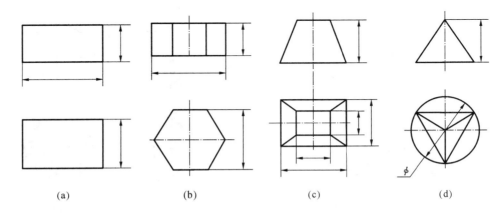

图 3-14　几种常见平面立体的尺寸标注方法

2. 曲面立体的尺寸注法

曲面立体的直径一般应注在投影为非圆的视图上,并在尺寸数字前加注直径符号"ϕ",球面直径应加注"$S\phi$"。常见的几种曲面立体的尺寸标注方法如图3-15 所示。

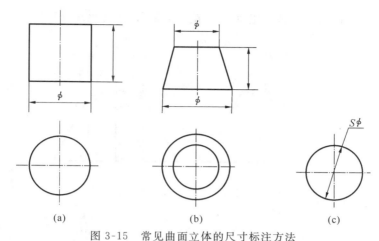

图 3-15　常见曲面立体的尺寸标注方法

任务 3　切割体的投影

3.1　切割体及截交线的概念

基本体被平面截切后的部分称为切割体,截切基本体的平面称为截平面,基本体被截切后的断面称为截断面,截平面与立体表面的交线称为截交线,如图 3-16 所示。

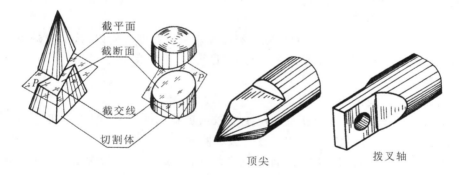

顶尖　　　　　拨叉轴

图 3-16　截交线的基本概念及零件示例

截交线的形状与基本体表面性质及截平面的位置有关,但任何截交线都具有下列两个基本性质:

(1) 任何基本体的截交线都是一个封闭的平面图形(平面折线、平面曲线或两者的组合);

(2) 截交线是截平面与立体表面的共有线。

由以上性质可以看出,求画截交线的实质就是要求出截平面与基本体表面的一系列共有点,然后依次连接各点即可。

3.2　平面切割体的投影

由于平面立体的表面都是由平面所组成的,所以它的截交线是由直线围成的封闭的平面多边形。多边形的各个顶点是截平面与平面立体的棱线或底边的交点,多边形的每一条边是平面立体表面与截平面的交线。因此,求平面立体切割后的投影,首先要求出平面立体的截交线的投影,就是求出截平面与平面立体上被截各棱线或底边的交点的投影,然后依次相接。

【例 3-1】 试求正四棱锥被一正垂面 P 截切后的投影（见图 3-17）。

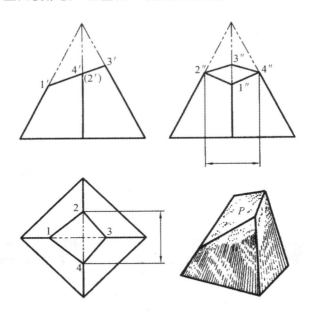

图 3-17　四棱锥被一正垂面截切

【解】　（1）空间及投影分析。

因截平面 P 与四棱锥四个棱面相交，所以截交线为四边形，它的四个顶点即为四棱锥的四条棱线与截平面 P 的交点。

截平面垂直于正投影面，而倾斜于侧投影面和水平投影面。所以，截交线的正面投影积聚在 P' 上，而其侧面投影和水平投影则具有类似形。

（2）作图。

先画出完整正四棱锥的三个投影。

因截平面 P 的正面投影具有积聚性，所以截交线四边形的四个顶点 Ⅰ、Ⅱ、Ⅲ、Ⅳ 的正面投影 $1'$、$2'$、$3'$、$4'$ 可直接得出，据此即可在水平投影上和侧面投影上分别求出 1、2、3、4 和 $1''$、$2''$、$3''$、$4''$。将顶点的同面投影依次连接起来，即得截交线的投影。在三个投影图上擦去被截平面 P 截去的投影，即完成作图，注意侧面投影上的虚线不要遗漏。具体作图请参见图 3-17。

【例 3-2】 试求四棱锥被二平面截切后的投影（见图 3-18）。

【解】　（1）空间及投影分析。

四棱锥被二平面截切。截平面 P 为正垂面，其与四棱锥的四个棱面的交线与例 3-1 相似。截平面 Q 为水平面，与四棱锥底面平行，所以其与四棱锥的四个棱面的交线，同底面四边形的对应边相互平行，利用平行线的投影特性很容易求得。此外，还应注意两平面 P、Q 相交亦会有交线，所以平面 P 和平面 Q 截出的截交线均为五边形。

平面 P 为正垂面，其截交线投影特性同例 3-1 的分析；平面 Q 为水平面，其截交线正面投影和侧面投影皆具有积聚性，水平投影则反映截交线的实形。

（2）作图。

画出完整四棱锥的三个投影。

先求平面 Q 截四棱锥后的截交线。可由正面投影 $1'$ 在俯视图上求 1，由 1 作四边形与底面四边形对应边平行可得 1、2、5 点。平面 Q 与平面 P 的交线 Ⅲ、Ⅳ 的正面投影 $3'$、$4'$ 已

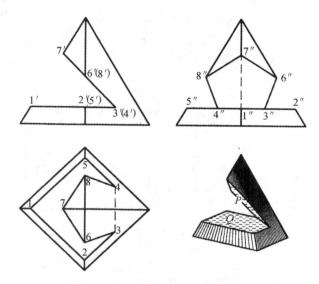

图 3-18 四棱锥被二平面截切

知,由 3′、4′ 点可在俯视图上求得 3、4。所求 1、2、3、4、5 即为截交线在水平投影面上的投影。其正面投影和侧面投影分别为 1′、2′、3′、4′、5′ 和 1″、2″、3″、4″、5″。

再求平面 P 截四棱锥后的截交线,可按例 3-1 的方法求出 6′、7′、8′ 和 6″、7″、8″ 及 6、7、8。将 Ⅲ、Ⅳ、Ⅵ、Ⅶ、Ⅷ 各点同面投影连接起来,即得截交线在三投影面上的投影。

注意:平面 Q 与平面 P 交线的水平投影 3 4 应为虚线,侧面投影上的虚线也不要遗漏。

3.3 回转切割体的投影

回转体的表面是曲面或曲面加平面,它们切割后的截交线,一般是封闭的平面曲线或平面曲线与直线围成的平面图形。求截交线的实质,就是要求出截平面与回转体上各被截素线的交点,然后依次光滑相连。

1. 圆柱切割体

根据截平面与圆柱轴线的相对位置不同,圆柱切割后其截交线有三种不同的形状,如表 3-1 所示。

表 3-1　平面与圆柱的截交线

截平面的位置	平行于轴线	垂直于轴线	倾斜于轴线
截交线的形状	矩形	圆	椭圆
立体图			
投影图			

当截平面与圆柱轴线垂直相交时,其截交线为圆;当截平面与圆柱轴线倾斜相交时,其截交线为椭圆;当截平面与圆柱轴线平行时,其截交线为矩形(其中两对边为圆柱面的素线)。

【例 3-3】 求一斜切圆柱的截交线的投影(见图 3-19)。

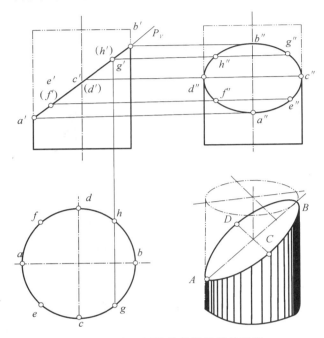

图 3-19 斜切圆柱的投影及零件示例

【解】 圆柱被正垂面 P 截断,由于截平面 P 与圆柱轴线相倾斜,故所得的截交线是一椭圆,它既位于截平面 P 上,又位于圆柱面上。因截平面 P 在 V 面上的投影有积聚性,故截交线的 V 面投影应与 P_V 重合。圆柱面的 H 面投影有积聚性,截交线的 H 面投影与圆柱面的 H 面投影重合。所以,只需求出截交线的 W 面投影。其作图过程(见图 3-19)如下:

(1)作截交线的特殊点。特殊点通常指截交线上一些能确定截交线形状和范围的特殊位置点,如最高、最低、最前、最后、最左和最右点,以及轮廓线上的点。对于椭圆,首先应求出长短轴的四个端点。长轴的端点 A、B 分别是椭圆的最低点和最高点,且分别位于圆柱的最左和最右两素线上;短轴两端点 C、D 分别是椭圆最前点和最后点,且分别位于圆柱的最前和最后两素线上。这四点在 H 面上的投影分别是 a、b、c、d,在 V 面上的投影分别是 a'、b'、c'、d'。根据对应关系,可求出在 W 面上的投影 a''、b''、c''、d''。求出了这些特殊点,就确定了椭圆的大致范围。

(2)求一般点。为了准确地作出截交线,在特殊点之间还需求出适当数量的一般点。如图 3-19 所示,在截交线的水平投影上,取对称于中心线的四点 e、f、g、h,按投影关系可找到其正面投影 e'、f'、g'、h',再求出侧面投影 e''、f''、g''、h''。

(3)依次光滑连接各点,即可得截交线的侧面投影。

【例 3-4】 在圆柱体上开出一方形槽,已知其正面投影和侧面投影,求作水平投影(见图 3-20)。

【解】 (1)空间及投影分析。

由图中可以看出方形槽是由两个与轴线平行的平面 P、Q 和一个与轴线垂直的平面 T

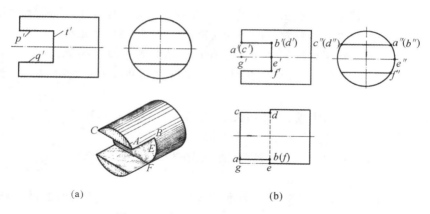

(a)   (b)

图 3-20　求圆柱上开一方形槽的投影

切出的。前者与圆柱面的交线是两条平行直线,后者与圆柱面的交线是圆弧。

截平面 P 和 Q 为水平面,所以截交线的正面投影分别积聚在 p' 和 q' 上。同时,由于圆柱面的侧面投影具有积聚性,所以截交线的侧面投影都积聚在圆上。截平面 T 是一侧平面,所以截交线的正面投影积聚在 t' 上,侧面投影则积聚在圆上。

(2) 作图。

先画出完整的圆柱体的水平投影,再画出截交线的水平投影。根据 $a'b'$、a''、b'' 和 $c'd'$、c''、d'' 画出 a、b 和 c、d。再根据 $b'e'f'$ 和 $b''e''f''$ 画出 bef。

作图时应注意圆柱体的轮廓 GE 一段被截去(与之对称的一段轮廓未画,其情况相同),所以在 $g'e'$ 和 ge 段没有轮廓线的投影。具体作图可见图 3-20。

【例 3-5】　求作圆柱切割后的投影(见图 3-21)。

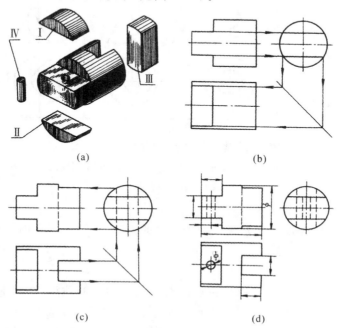

(a)   (b)

(c)   (d)

图 3-21　求圆柱切割后的投影

(a) 切割分析　(b) 画完整圆柱切去Ⅰ、Ⅱ部分后的投影

(c) 画切去Ⅲ部分后的投影　(d) 画挖去Ⅳ部分后的投影并完成全图

　　如图 3-21 所示,该圆柱被切去了 Ⅰ、Ⅱ、Ⅲ、Ⅳ 等四部分形体。Ⅰ、Ⅱ 部分为由两平行于圆柱轴线的平面和一垂直于圆柱轴线的平面切割圆柱而成,切口为矩形。

　　Ⅲ 部分也为由两平行于轴线的平面和一垂直于轴线的平面切割圆柱而成,即在圆柱右端开一个槽,切口亦为矩形。Ⅳ 部分是在切割 Ⅰ、Ⅱ 部分的基础上再挖去的一个小圆柱。其作图过程如下:

　　(1) 画出整个圆柱的三个投影,并切去 Ⅰ、Ⅱ 部分(见图 3-21(b));

　　(2) 画切去 Ⅲ 部分后的投影(见图 3-21(c));

　　(3) 画挖去 Ⅳ 部分后的投影,并完成全图(见图 3-21(d))。

　　2. 圆锥切割体

　　截平面切割圆锥时,根据截平面与圆锥轴线位置的不同,与圆锥面的截交线有五种情形,如表 3-2 所示。

表 3-2　平面与圆锥的截交线

截平面的位置	过 锥 顶	不 过 锥 顶			
		$\theta = 90°$	$\theta > \alpha$	$\theta = \alpha$	$\theta < \alpha$
截交线的形状	相交两直线	圆	椭圆	抛物线	双曲线
立体图	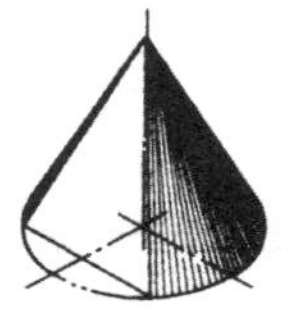	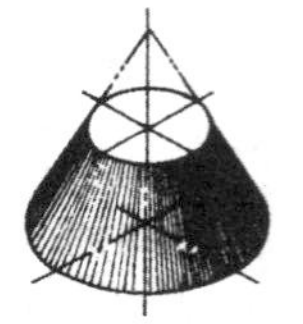	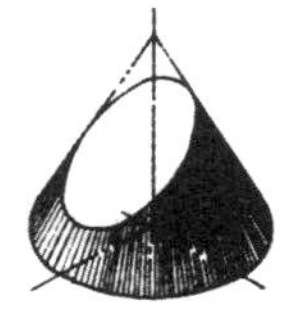	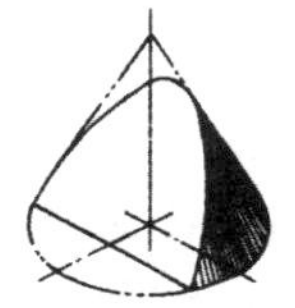	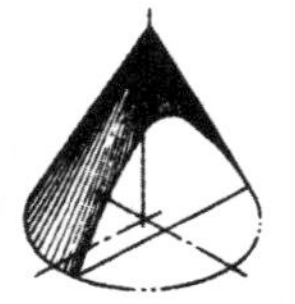
投影图	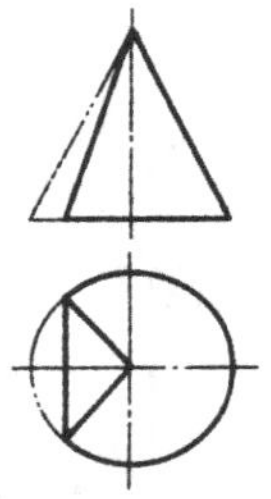	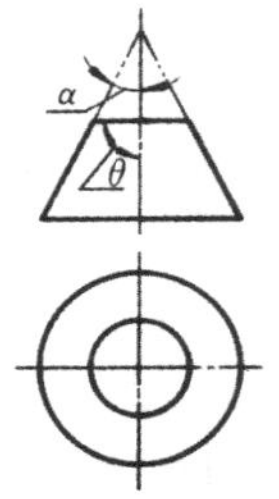	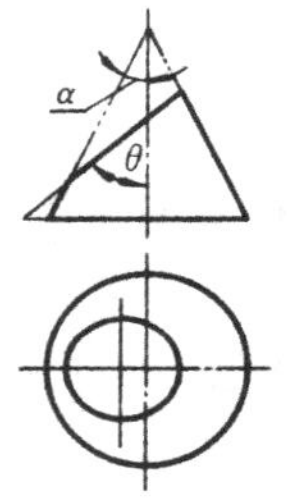	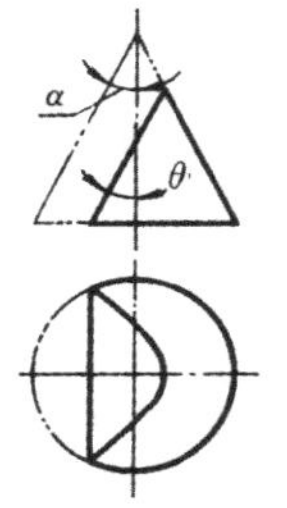	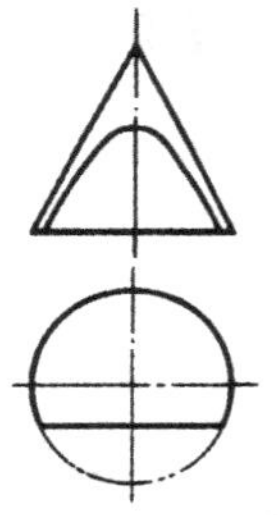

　　下面举例说明平面与圆锥面的截交线投影的作图方法。

　　【例 3-6】　完成平面 P 与圆锥面的截交线的正面投影,求作圆锥切割后的投影(见图 3-22)。

　　【解】　(1) 空间及投影分析。

　　从侧面投影可以看出,平面 P 是平行于轴线的正平面,它与圆锥面的交线为双曲线,与圆锥底面的交线为直线段,如图 3-22(b)所示。

　　(2) 作图(见图 3-22(c))。

　　① 作特殊点。特殊点为 A、B、C 三点。点 C 是双曲线的顶点,在圆锥对水平面的转向轮廓线上;两点 A、B 为双曲线的端点,在圆锥底圆上,这三点也是极限点。a'、b' 可直接由 a''、b'' 求得。由于未画水平投影,c' 必须通过辅助纬圆求得,这个纬圆的侧面投影应通过 c'',并与直线 $a''b''$ 相切。

　　② 求一般点。从双曲线的侧面投影入手,用圆锥面上取点法。图中标出了在侧面投影

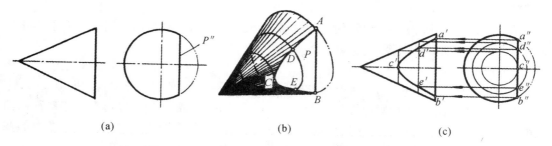

(a)　　　　　　　(b)　　　　　　　(c)

图 3-22　平面与圆锥面轴线平行时截交线的画法

上任取一点 d''，利用辅助纬圆求得 d' 的方法，同时还得到了与 d' 对称的另一点 e'。

③ 依次光滑连接各共有点的正面投影，完成作图。

3. 圆球切割体

平面与球面的截交线总是圆。图 3-23 所示的是球面与投影面平行面（水平面 Q 和侧面平面 P）相交时，截交线投影的基本作图方法。

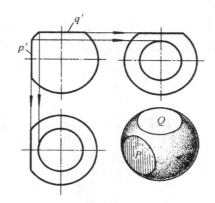

图 3-23　平面与球面截交线的基本作图

【例 3-7】　画出图 3-24(a)所示立体的投影。

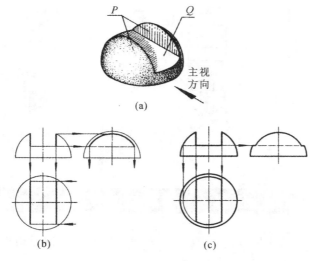

(a)

(b)　　　　　　　　　(c)

图 3-24　球上开槽的画法

(a)立体图　(b)完成平面 P 的投影　(c)完成平面 Q 的投影及全图

【解】（1）空间分析。

该立体是在半个球的上部开出一个方槽后形成的。左右对称的两个侧平面 P 和水平面 Q 与球面的截交线都是圆弧，P 和 Q 彼此相交于直线段。

（2）作图。

先画出立体的三个投影后，再根据方槽的正面投影作出其水平投影和侧面投影。

① 完成侧平面 P 的投影（见图 3-24（b））。根据分析，平面 P 的边界由平行于侧面的圆弧和直线组成。先由正面投影作出侧面投影（要注意圆弧半径的求法，可与图 3-23 中的截平面 P 的求法进行对照），其水平投影的两个端点，应由其余两个投影来确定。

② 完成水平面 Q 的投影及全图（见图 3-24（c））。由分析可知，平面 Q 的边界是由相同的两段水平圆弧和两段直线组成的对称形。作水平投影时，也要注意圆弧半径的求法（可与图 3-23 中的截平面 Q 的求法进行对照）。

还应注意，球面对侧面的转向轮廓线在开槽范围内已不存在。

3.4 切割体的尺寸标注

切割体除了要标注基本体的尺寸外，还要标注切口（截切）位置尺寸。因为截平面与立体的相对位置确定后，截交线已完全确定，所以不能标注截交线形状大小的尺寸。常见切割体的尺寸注法如图 3-25 所示。

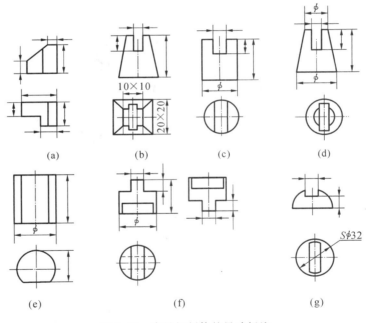

图 3-25　常见切割体的尺寸标注

任务 4　相贯体的投影

两个相交的立体称为相贯体，相交两立体表面产生的交线称为相贯线。本任务着重介绍两回转体相贯线的性质和求法（见图 3-26）。

4.1 相贯线的几何性质及其求法

两回转体的相贯线有以下性质：

（1）由于相交两立体总有一定大小限制，所以相贯线一般为封闭的空间曲线，如图 3-27（a）所示；特殊情况下可能是不封闭的，如图 3-27（b）所示；也可能是平面曲线或直线，如图 3-27（c）、（d）所示。

（2）由于相贯线是两立体表面的交线，故相贯线是两立体表面的共有线，相贯线上的点是立体表面上的共有点。

求相贯线的实质，就是要求出两立体表面一系列的共有点。常采用以下方法：表面取点法、辅助平面法和辅助球面法，这里只介绍前两种方法。

图 3-26　相贯线及零件示例

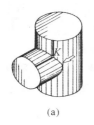 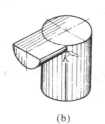 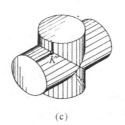 

（a）　　　　　　　（b）　　　　　　　（c）　　　　　　　（d）

图 3-27　两曲面立体的相贯线

（a）封闭的空间曲线　（b）不封闭的空间曲线　（c）封闭的平面曲线　（d）直线

4.2 用表面取点法求相贯线

1. 两圆柱轴线垂直相交时的相贯线

如图 3-28 所示为轴线互相垂直的两圆柱相交。

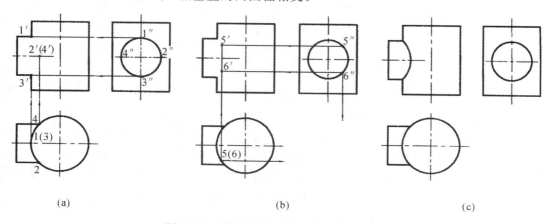

（a）　　　　　　　　　　　　　　（b）　　　　　　　　　　　　　　（c）

图 3-28　两圆柱轴线垂直相交时的相贯线

（a）作特殊点　（b）作一般点　（c）光滑连接，完成作图

（1）空间及投影分析。

① 形体分析。由图示可知，这是两个直径不同，轴线垂直相交的两圆柱相交，相贯线为一封闭的空间曲线。

② 投影分析。大圆柱的轴线垂直于水平面,小圆柱的轴线垂直于侧面,所以相贯线的水平投影和大圆柱的水平投影重合,为一段圆弧;相贯线的侧面投影和小圆柱的侧面投影重合,为一个圆。要求作的是相贯线的正面投影。

（2）作图。

① 作特殊点。相贯线上的特殊点主要是转向轮廓线上的共有点和极限位置点。大圆柱的左边的轮廓线和小圆柱相交于两点Ⅰ、Ⅲ,小圆柱的上、下、前、后四条轮廓和大圆柱交于四点Ⅰ、Ⅲ、Ⅱ、Ⅳ,因此,相贯线在轮廓线上的共有点有Ⅰ、Ⅲ、Ⅱ、Ⅳ四个,也是极限位置点,其水平投影和侧面投影都是已知的。利用表面取点法,由已知投影1、2、3、4 和 1″、2″、3″、4″,求得 1′、2′、3′、4′,如图 3-28(a)所示。

② 作一般点。根据需要作出适当数量的一般点,图 3-28(b)中表示了作一般点Ⅴ、Ⅵ的方法,即先在相贯线的已知投影如水平投影中取重影点 5(6),根据"宽相等"求出侧面投影 5″、6″,然后作出 5′、6′。

③ 顺次光滑连接,判别可见性。根据具有积聚性投影的顺序,依次光滑连接各点的正面投影,即完成作图。由于相贯线前后对称,因而其正面投影虚实线重合,如图 3-28(c)所示。

当两圆柱的直径差别较大,并对相贯线形状的准确度要求不高时,允许采用近似画法。两圆柱正交时相贯线的近似画法如图 3-29 所示,即用圆心位于小圆柱的轴线上,半径等于大圆柱的半径的圆弧代替相贯线的投影。

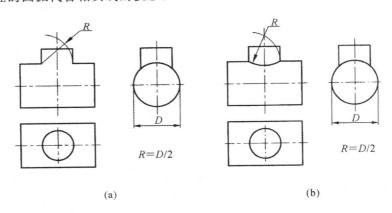

(a)　　　　　　　　　　　　(b)

图 3-29　相贯线的近似画法

2.两圆柱垂直相交,当其直径大小变化时对相贯线的影响

两圆柱垂直相交时,相贯线的形状取决于它们直径的相对大小和轴线的相对位置。图 3-30 所示为相交两圆柱的直径相对变化时,相贯线的形状和位置随之变化的情况。其中:图 3-30(a)所示情形下相贯线为左、右两条空间曲线;图 3-30(b)所示情形下相贯线为两个相互垂直的椭圆;图 3-30(c)所示情形下相贯线为上、下两条空间曲线。

3.两圆柱相交的三种形式

相交的曲面可能是立体的外表面,也可能是内表面,图 3-31 所示为两圆柱相交的三种情况。图 3-31(a)所示为两外表面相交;图 3-31(b)所示为外圆柱面与内圆柱面相交;图 3-31(c)所示为两圆柱孔相交,即两内圆柱面相交。它们虽有内、外表面的不同,但由于两圆柱面的直径大小和轴线相对位置不变,因此它们交线的形状和特殊点是完全相同的。

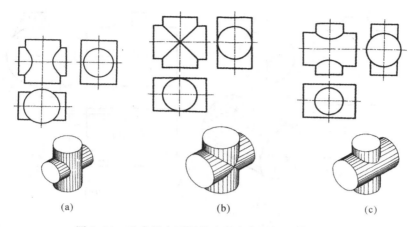

图 3-30　垂直相交两圆柱直径变化对相贯线的影响

（a）垂直圆柱的直径较大　（b）两圆柱直径相等　（c）垂直圆柱的直径较小

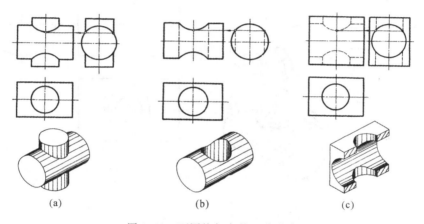

图 3-31　两圆柱相交的三种形式

（a）两外表面相交　（b）外表面与内表面相交　（c）两内表面相交

4.3　用辅助平面法求相贯线

所谓辅助平面法就是根据三面共点的原理,利用辅助平面求出两曲面体表面上若干共有点,从而画出相贯线的投影的方法。

辅助平面法的作图步骤如下:

（1）作辅助平面与两相贯的立体相交。

（2）为了作图简便,一般取特殊位置平面为辅助平面(通常为投影面平行面),并使辅助平面与相贯的立体表面的交线的投影简单易画(圆或直线)。

（3）分别求出辅助平面与相贯的两个立体表面的交线。

（4）求出交线的交点即得相贯线上的点。

【例 3-8】　已知圆柱与圆锥的轴线垂直相交,试完成相贯线的投影(见图 3-32(a))。

【解】　（1）空间及投影分析。

相贯线为一封闭的空间曲线。由于圆柱面的轴线垂直于 W 面,它的侧面投影积聚成圆,因此,相贯线的侧面投影也积聚在该圆上,为两立体共有部分的一段圆弧。相贯线的正

59

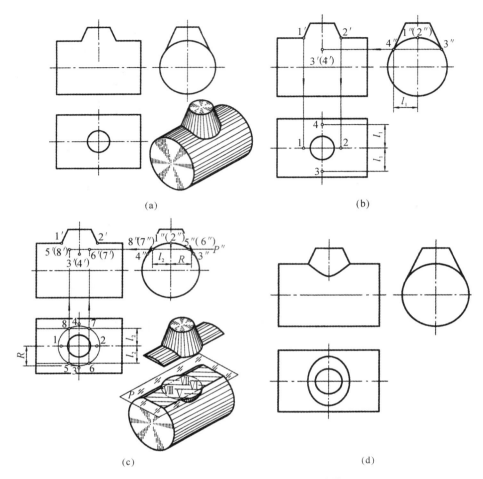

图 3-32　求圆柱与圆锥正交的相贯线

面投影和水平投影没有积聚性,应分别求出。

（2）作图。

① 求特殊点。如图 3-32(b)所示的Ⅰ、Ⅱ两点为相贯线上的最高点,也是最左、最右点。Ⅲ、Ⅳ两点为最低点,也是最前、最后点。根据点的投影规律可直接求出它们的投影。

② 求一般点。采用辅助平面法。如图 3-32(c)所示,用水平面 P 作为辅助平面,它与圆锥面的交线为圆,与圆柱的交线为两平行直线。两直线与圆交于四个点Ⅴ、Ⅵ、Ⅶ、Ⅷ,先求出它们的水平投影,然后再求其正面投影。

③ 将这些特殊点和中间点光滑地连接起来,即得相贯线的投影,其结果如图 3-32(d)所示。

4.4　回转体相交的特殊情况

两回转体相交时,在特殊情况下,相贯线可能是平面曲线或直线段。它们常常可根据两相交回转体的性质、大小和相对位置直接判断,可以简化作图。

两曲面立体的相贯线为平面曲线的常见情况有以下两种。

（1）两相交回转体同轴时,它们的相贯线一定是和轴线垂直的圆,而且当回转体的轴线平行于投影面时,这些圆在该投影面上的投影为垂直于轴线的直线段,相贯线可直接求得。

图 3-33 所示为轴线都平行于正面的同轴回转体相交的例子。

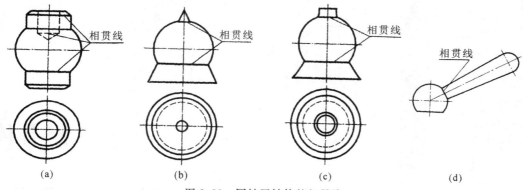

图 3-33　同轴回转体的相贯线

（2）当轴线相交的两圆柱或圆柱与圆锥公切于一个球面时，相贯线是椭圆。椭圆所在的平面垂直于两条轴线所确定的平面，如图 3-34 所示。

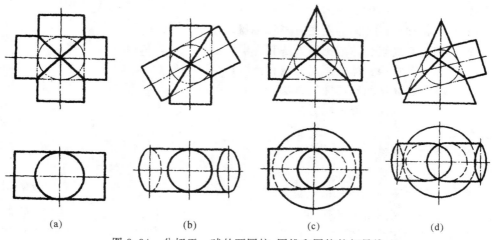

图 3-34　公切于一球的两圆柱、圆锥和圆柱的相贯线

（a）两等径圆柱正交　（b）两等径圆柱斜交　（c）圆柱和圆锥正交　（d）圆柱和圆锥斜交

4.5　相交回转体的尺寸注法

两立体相交产生相贯线，由于相贯线的形状取决于相交两立体的几何性质、相对大小和相对位置，因此对于相贯部分，只需注出参与相贯的各立体的定形尺寸及其相互间的定位尺寸，而不注相贯线本身的定形尺寸，如图 3-35 所示。图中尺寸线上有小圆的是定位尺寸。

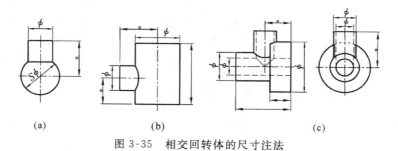

图 3-35　相交回转体的尺寸注法

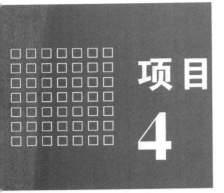

项目 4

组合体

知识目标

● 了解组合体常见的组合形式；

● 掌握组合体形体之间的过渡关系及投影；

● 掌握叠加式组合体的画图方法和步骤；

● 掌握切割式组合体的画图方法和步骤；

● 掌握复合式组合体的画图方法和步骤；

● 掌握组合体读图和看图的方法；

● 掌握组合体尺寸标注的方法。

技能目标

● 能熟练判别组合体的类别；

● 能识读组合体三视图；

● 熟练运用不同方法分析组合体；

● 能正确绘制组合体三视图；

● 能正确标注组合体；

● 能够熟练补画视图或补画缺线。

任务 1　形体分析法知识

如图 4-1 所示的轴承座，用于安装轴承以支承轴，因其工作的需要，相应的结构较为复杂，用分析基本体的方法来分析轴承座就不再适用。对于这种较复杂的形体，我们可以采用形体分析法，弄清各部分结构形状，确定最佳的表达方案，绘制出三视图。通过绘制组合体三视图，可以提高绘图与识读能力，为今后零件图的绘制打下坚实的基础。

1.1　组合体的概念

由两个或两个以上的基本体组合而成的形体，称为组合体。

从几何学观点来看，大多数机器零件都可以看作是由

图 4-1　轴承座立体图

一些基本体组合而成的组合体,只是机器零件又增添了工艺结构而已。

在工程上,我们通常假想把机器零件或其他复杂的形体分解成若干个基本体,并弄清楚各基本体的形状、组合形式及其表面连接关系,以便于画图、读图及尺寸标注。

1.2 组合体的分类

1.2.1 组合体的组合形式

按组合体各基本体组合时的相对位置关系以及形状特征,组合体的组合形式分为叠加、切割两种,常见的组合体是这两种形式的综合。

1.叠加式组合体

由若干个基本体或简单体叠加而成的组合体称为叠加式组合体,简称叠加体,如图4-2所示。

图4-2 叠加式组合体

2.切割式组合体

由基本体切割而成的组合体称为切割式组合体,简称切割体,如图4-3所示。

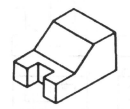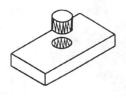

图4-3 切割式组合体

3.综合式组合体

既有叠加又有切割的组合体称为综合式组合体,简称综合体,如图4-4所示。

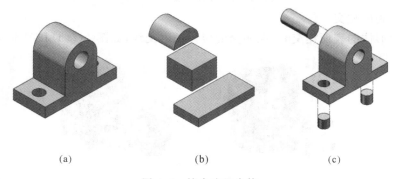

(a)   (b)   (c)

图4-4 综合式组合体

(a)立体图   (b)两个长方体和一个半圆柱体叠加   (c)挖去三个圆柱体

1.2.2 组合体的表面连接关系

组成组合体的各形体之间都有一定的连接关系。相邻表面连接关系可分为三种:平齐、相交和相切。

1.两形体表面平齐或不平齐

当形体以平面接触时,若两表面平齐,连成一个平面,则在两形体表面衔接处不画分界线,如图 4-5 所示。若两表面不平齐,也就是不共面,则在两形体表面衔接处应画分界线,如图 4-6 所示。

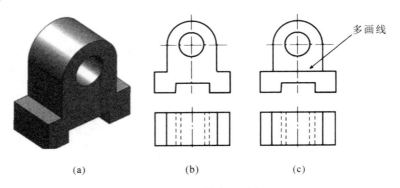

图 4-5 两形体表面平齐
(a)立体图 (b)正确 (c)错误

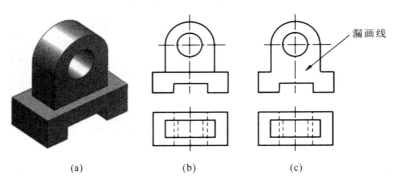

图 4-6 两形体表面不平齐
(a)立体图 (b)正确 (c)错误

2.两形体表面相交

当相邻两形体的表面相交时,在相交处应该画出交线,如图 4-7(a)和图 4-8 所示。

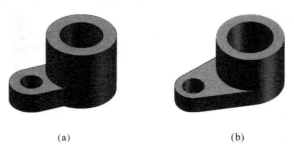

图 4-7 两形体表面相交与相切
(a)表面相交 (b)表面相切

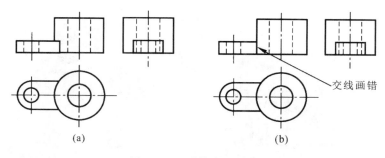

图 4-8　两形体表面相交

（a）正确　（b）错误

3.两表面相切

当平面与曲面或两曲面相切时,由于它们的连接处光滑过渡,不存在明显的轮廓线,因此在相切处不应画出分界线,如图 4-7(b)和图 4-9 所示,耳板的水平面投影应画到切点处。

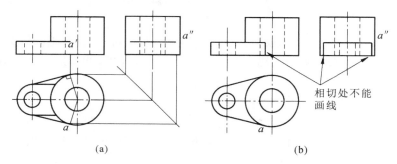

图 4-9　两形体表面相切

（a）正确　（b）错误

1.3　形体分析法的应用

分析组合体形体的方法分为形体分析法和线面分析法两种。

1.形体分析法

假想将组合体分成若干个基本体,分析它们的形状、组合形式、相对位置及其在某方向上是否对称,在对称方向上有哪些基本体处于居中位置(在某方向上基本体自身的对称平面或回转轴线处在同方向上组合体的对称平面或回转轴线上的位置,称为居中位置),以便于进行画图、读图和标注尺寸。这种分析组合体的思维方法,称为形体分析法。

形体分析法是画、看组合体视图以及标注尺寸的最基本方法之一。在对组合体进行形体分析时,根据实际形状将其分解为比较简单的形体即可。

如图 4-10 所示,轴承座由注油用的凸台Ⅰ、支承轴的圆筒Ⅱ、支承圆筒的支承板Ⅲ、肋板Ⅳ和底板Ⅴ五个部分组成。其中,凸台Ⅰ与圆筒Ⅱ的轴线垂直正交,内外圆柱面都有交线——相贯线;支承板Ⅲ的两侧与圆筒Ⅱ的外圆柱面相切,画图时应注意相切处无轮廓线;肋板Ⅳ的左右侧面与圆筒Ⅱ的外圆柱面相交,交线为两条素线,底板、支承板、肋板相互叠合,并且底板与支承板的后表面平齐。

由以上分析可知,形体分析法可以化繁为简,把解决复杂的组合体问题转化为简单的基本体问题,是进行组合体画图、读图及尺寸标注最基本的方法。因此,熟练掌握这一基本方法,能使我们正确、迅速地解决组合体的看图、画图问题。

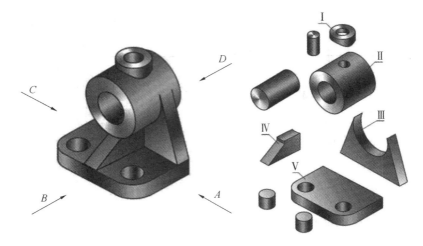

图 4-10　形体分析法分解轴承座

2.线面分析法

线面分析法就是以组合体的表面和棱线作为分析对象,将形体假想分解为若干个面,运用线面的投影规律,分析视图中的线和线框的含义和空间位置,并借助立体的概念来想象出组合体的形状。

3.两种分析法的选用

在进行组合体画图、读图和尺寸标注时,一般要运用形体分析法。线面分析法一般不独立应用,只有当物体上的某部分形状与基本体相差较大,用形体分析法难以判断形状或画图时,才采用线面分析法来读图或画图。

形体分析法是画图、读图和尺寸标注的主要方法,线面分析法是用于攻难点的辅助方法。

任务 2　画组合体三视图

2.1　组合体主视图的选择及组成分析

1.形体分析

在画组合体的三视图之前,应先利用形体分析法弄清楚该组合体的组合形式,以及各基本体间的相对位置、表面连接关系等,以便全面了解组合体的结构形状和位置特征,为选择主视图的投射方向和画图创造条件,最后按照组合体的形成过程逐一画出各基本体的三视图。

如图 4-11 所示的轴承座由底板、圆筒、支承板和肋板四部分叠加而成。支承板的左、右侧面与圆筒的表面相切,肋板在底板上且与圆筒相交,底板的后端面与支承板、圆筒的后端面平齐,底板上有两个圆柱通孔。

2.确定表达方案,选择主视图

三视图中的主视图是视图中最主要、最基本的视图。因为画图或看图大都从主视图开始,而且主视图通常是反映物体主要结构形状及其相对位置的视图,选择主视图就是确定主视图的投射方向和相对于投影面的位置问题。

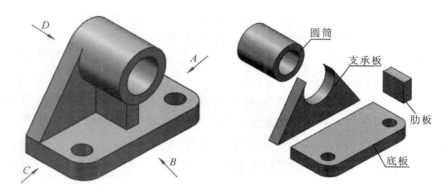

图 4-11　轴承座形体分析

所以,主视图的选择应符合以下原则:

(1)应选择物体形状特征明显的方向来画主视图。

(2)为了便于绘图和读图,应先将组合体放平、摆正,使其主要表面或主要轴线平行或垂直于投影面,然后选择能较好地反映组合体形状特征和各组成部分相对位置的方向作为主视图的投射方向。

(3)应兼顾其他视图表达的清晰性,选择使物体左视图、俯视图虚线比较少的方向来画主视图,使得视图整体上表达清晰且阅读方便。

主视图选定以后,俯视图和左视图也随之而定。但并不是所有物体都需要画三个视图,应根据具体情况而定。

根据以上主视图的选择原则,图 4-11 所示的轴承座,将其摆正、放平后,可分别从 A、B、C、D 四个方向进行投射,其投影图如图 4-12 所示。由于 B 方向的投影图最能清楚地反映轴承座的实形,且虚线较少,因此可作为主视图。

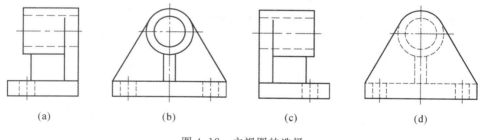

图 4-12　主视图的选择

(a) A 方向　(b) B 方向　(c) C 方向　(d) D 方向

2.2　组合体三视图的绘制方法

在形体分析和主视图选择好以后就可以进行组合体三视图的绘制,其方法如下。

1.选比例、定图幅

主视图投射方向确定后,应该根据实物大小和复杂程度,按标准规定选择画图的比例和图幅。在一般情况下,尽量采用 1∶1 的比例。确定图幅大小时,除了要考虑画图面积的大小外,还应留足标注尺寸和画标题栏等的空间。

2.布置视图,画出作图基准线

布置图形位置时,应根据各个视图每个方向的最大尺寸,在视图之间留足标注尺寸的空隙,使视图布局合理,排列均匀,画出各视图的作图基准线。

3.开始画图

画底稿时,应注意以下两点:

(1)按形体分析法逐个画出各形体,画每一形体时,应先从反映形状特征明显的视图入手,后画其他两个视图,三个视图同时配合进行。也就是说,不要先把一个视图画完后再画另一个视图。这样不但可以提高绘图速度,还能避免漏线、多线。

(2)画图的先后顺序是:先主后次、先叠加后切割、先大后小、先画圆弧后画直线、先画可见部分后画不可见部分。

4.检查描深

底稿画完以后,应认真进行检查:在三视图中依次核对各组成部分的投影对应关系,分析有无漏线、多线,再以模型或轴测图与三视图对照。要注意组合体的组合形式和连接方式,边画图边修改,以提高画图的速度,还能避免漏线或多线。经认真修改并确定无误后,擦去辅助图线,按规定标准线型描深。

画组合体的三视图时,要注意两个顺序:

(1)组成组合体的各基本体的画图顺序。一般按组合体的形成过程先画基本体的三视图,再逐个画其他叠加体或切割体的三视图。

(2)同一形体三个视图的画图顺序。一般先画形状特征最明显的视图,或有积聚性的视图,然后再画其他两个视图。

2.3 组合体三视图的绘制步骤

下面我们按照前面所讲的方法绘制轴承座的三视图。

(1)布局画基准线、对称线和轴线,如图 4-13(a)所示;

(2)画底板,如图 4-13(b)所示;

(3)画上方的圆筒,如图 4-13(c)所示;

(4)画支承板,如图 4-13(d)所示;

(5)画肋板,如图 4-13(e)所示;

(6)检查,擦去多余线并描深,如图 4-13(f)所示。

【例 4-1】 画出切割体的三视图,如图 4-14 所示。

【解】 画切割体三视图的步骤与叠加体相同。首先进行形体分析,如图 4-14(b)所示,该组合体是由长方体多次切割而成的。作图时,先画出基本体三视图,按切割的顺序逐次画完全图。图 4-15 所示为切割体的绘图过程。

画切割体三视图时应注意:

(1)认真分析物体的形成过程,确定切平面的位置和形状;

(2)画图时应先画出切平面有积聚性的投影,再根据切平面与立体表面相交的情况画出其他视图;

(3)如果切平面为投影面垂直面,该面的另两投影应为类似形。

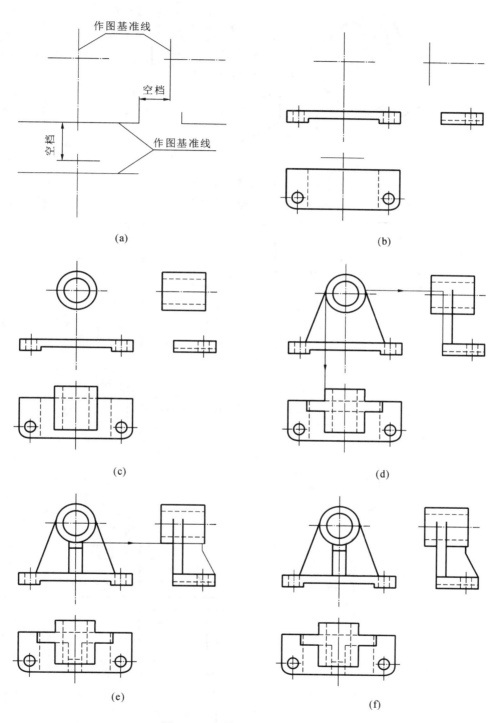

图 4-13　画轴承座三视图的步骤

（a）布局画基准线、对称线和轴线　（b）画底板　（c）画圆筒　（d）画支承板　（e）画肋板　（f）检查描深

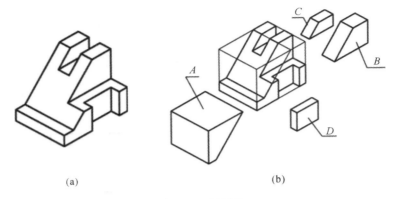

(a)   (b)

图 4-14 切割体

（a）立体图 （b）切割体的形体分析

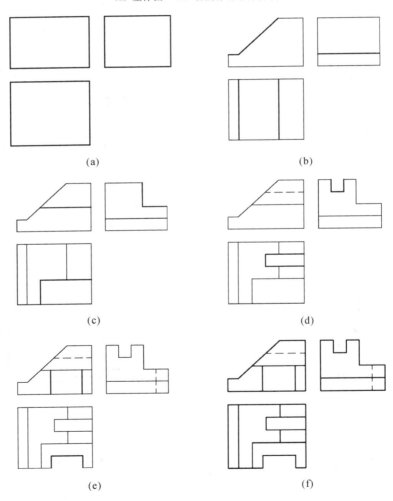

(a)   (b)

(c)   (d)

(e)   (f)

图 4-15 切割体三视图的作图步骤

（a）画出基本体 （b）画切去形体 A 后的投影 （c）画切去形体 B 后的投影

（d）画切去形体 C 后的投影 （e）画切去形体 D 后的投影 （f）检查、描深，完成全图

任务 3 读组合体三视图

3.1 读组合体视图的基本要领

画图和读图是学习本课程的两个重要方面。画图是把空间物体用正投影方法表达在平面上;读图则是运用正投影原理,根据视图想象出物体的空间结构形体。所以,要能正确、迅速地读懂视图,必须掌握读图的基本知识和基本方法,培养空间想象力和形体构思能力,并通过不断实践,逐步提高读图能力。

1.图线和线框的投影含义

组合体三视图中的图线主要有粗实线、虚线和细点画线。看图时应根据投影原理和三视图投影关系,正确分析视图中的每条图线、每个线框所表示的投影含义。

(1)视图中的粗实线(或虚线),包括直线或曲线可以表示:

① 面与表面(两平面、两曲面或一平面和一曲面)的交线的投影。

② 曲面转向轮廓线在某方向上的投影。

③ 具有积聚性的面(平面或柱面)的投影。

(2)视图中的细点画线可以表示:

① 对称平面积聚的投影。

② 回转体轴线的投影。

③ 圆的对称中心线(确定圆心的位置)。

(3)视图中的封闭线框可以表示:

① 一个面(平面或曲面)的投影。

② 曲面及其相切面(平面或曲面)的投影。

③ 凹坑或圆柱通孔积聚的投影。

2.读图的基本要点

(1)几个视图联系起来识读才能确定形状。

在一般情况下,一个视图是不能完全确定物体的形状的,如图 4-16 所示的五组视图,其形状各异,但它们的主视图是完全相同的。

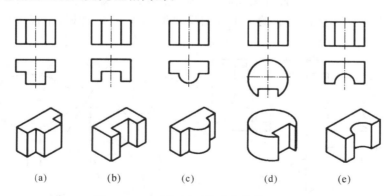

(a) (b) (c) (d) (e)

图 4-16 一个视图不能确定物体的形状

有时,两个视图也不能完全确定物体的形状。图 4-17 中(a)、(b)及(c)的主视图和俯视图完全相同,但左视图不同,所以,这三组三视图表达了三个不同的形体。由此可见,看图时必须把所给出的几个视图联系起来看,才能准确地想象出物体的形状。

还有的时候要注意利用细虚线分析组成部分的位置,如图4-18所示,图(a)中无细虚线,图(b)中有细虚线,二者结构显然不同。

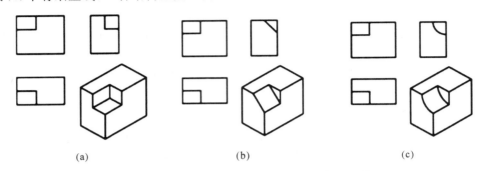

(a)   (b)   (c)

图 4-17   几个视图同时分析才能确定物体的形状

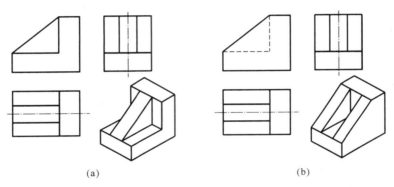

(a)   (b)

图 4-18   利用细虚线分析组成部分的位置

(2) 找特征视图。

特征视图是把物体的形状特征及相对位置反映得最充分的视图。要先从反映形体特征明显的视图(通常为主视图)看起,再与其他视图联系起来,形体的形状才能识别出来。

由于组合体的组成方式不同,物体的形状特征及相对位置并非总是集中在一个视图上,有时是分散于各个视图上。因此在读图时,要抓住反映特征较多的视图。例如图4-19所示的支架就是由四个形体叠加构成的。主视图反映形体 A、B 的特征,俯视图反映形体 D 的特征。

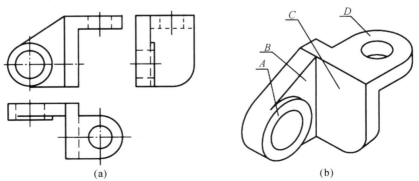

(a)   (b)

图 4-19   读图时应找出特征视图

找特征视图时,有的时候需要找出形状特征视图,如图4-20所示的两个物体,主、左视图完全相同,仅仅是在俯视图反映形状特征;图4-21所示的两个物体,主、俯视图完全相同,需要靠左视图反映位置特征。

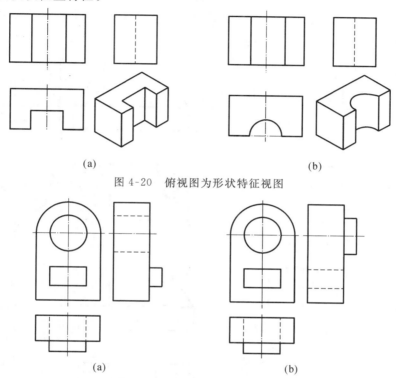

图4-20 俯视图为形状特征视图

图4-21 左视图为位置特征视图

（3）了解视图中的线框和图线的含义。

弄清视图中线和线框的含义,是看图的基础。下面以图4-22为例说明。

视图中每个封闭线框,可以是形体上不同位置平面和曲面的投影,也可以是孔的投影。如图4-22中A、B和D线框为平面的投影,线框C为曲面的投影,而图4-19中俯视图的圆线框则为通孔的投影。

视图中的每一条图线则可以是曲面的转向轮廓线的投影（如图4-22中直线1是圆柱的转向轮廓线）,也可以是两表面交线的投影（如图4-22中直线2是平面与平面的交线、直线3是平面与曲面的交线）,还可以是面的积聚性投影（如图4-22中直线4）。

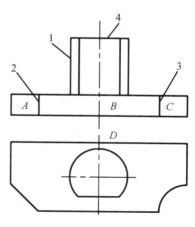

图4-22 线框和图线的含义

任何相邻的两个封闭线框,应是物体上相交的两个面的投影,或是同向错位的两个面的投影。如图4-22中A和B、B和C都是相交两表面的投影,B和D则是前面平行两表面的投影。

3.2 读组合体视图的基本方法

1.形体分析法

形体分析法是读图的基本方法。一般是从反映物体形状特征的主视图着手,对照其他视图,初步分析出该物体是由哪些基本体以及通过什么连接关系形成的。然后按投影关系逐个找出各基本体在其他视图中的投影,以确定各基本体的形状和它们之间的相对位置,最后综合想象出物体的总体形状。一般顺序是:先看主要部分,后看次要部分;先看容易确定的部分,后看难确定的部分;先看某一组成部分的整体形状,后看其细节部分的形状。下面以轴承座为例,说明用形体分析法读图的方法(见图4-23)。

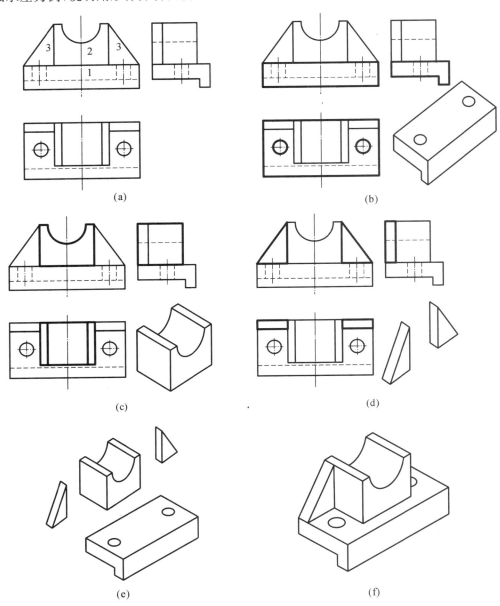

图 4-23　轴承座的读图方法

(a)分线框,对投影　(b)想形体Ⅰ　(c)想形体Ⅱ　(d)想形体Ⅲ　(e)想各部分形状及其相对位置　(f)想象整体形状

（1）从视图中分离出表示各基本体的线框。将主视图分为四个线框。其中线框 3 为左右两个相同的三角形,因此可归纳为三个线框。每个线框各代表一个基本体,如图 4-23(a)所示。

（2）按投影关系分别找出各线框对应的其他投影,并结合各自的特征视图逐一构思出它们的形状。

如图 4-23(b)所示,线框 1 的主、俯两视图是矩形,左视图是 L 形,可以想象出该形体是一块直角弯板,板上钻了两个圆孔。

如图 4-23(c)所示,线框 2 的俯视图是一个中间带有两条直线的矩形。其左视图是一个矩形,矩形的中间有一条虚线,可以想象出它的形状是在一个长方体的中部挖了一个半圆槽。

如图 4-23(d)所示,线框 3 的俯、左两视图都是矩形。因此它们是两块三棱柱对称地分布在轴承座的左右两侧。

(3) 根据各部分的形状和它们的相对位置综合想象出其整体形状,如图 4-23(e)(f)所示。

2.线面分析法

当形体被多个平面切割,形体形状不规则或在某视图中形体结构的投影关系重叠时,应用形体分析法往往难以读懂。这时,需要运用线面投影理论来分析物体的表面形状、面与面的相对位置以及面与面之间的表面交线,并借助立体的概念来想象物体的形状。这种方法称为线面分析法。

以图 4-24 所示压块为例,说明线面分析的读图方法。

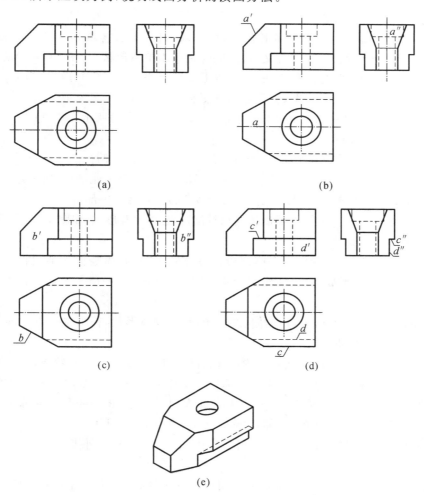

图 4-24　压块的读图过程

（a）压块三视图　（b）看 A 线框　（c）看 B 线框　（d）看 C、D 线框　（e）想象整体形状

（1）确定物体的整体形状。

根据图 4-24(a)中压块三视图的外形均是有缺角和缺口的矩形，可初步认定该物体是由长方体切割而成且中间有一阶梯圆柱孔。

（2）确定切割面的位置和面的形状。

由图 4-24(b)可知，主视图中的斜线 a'，在俯视图中可找出与它对应的梯形线框 a，由此可见 A 面是垂直于 V 面的梯形平面。长方体的左上角是由 A 面（正垂面）切割而成，平面 A 对 W 面和 H 面都处于倾斜位置，所以它们的侧面投影 a'' 和水平投影 a 是类似图形，不反映 A 面的真实形状。

由图 4-24(c)可知，俯视图中的斜线 b，在主视图中可找出与它对应的七边形线框 b'，由此可见 B 面是铅垂面。长方体的左端就是由这样的两个平面切割而成的。平面 B 对 V 面和 W 面都处于倾斜位置，因而侧面投影 b'' 也是类似的七边形线框。

由图 4-24(d)可知，从左视图上可以看出，在左视图的左右各有一个缺口，对照主、俯视图进行分析，可看出 C 面为水平面，D 面为正平面。长方体的前后两边就是由这样两个平面切割而成的。

（3）综合想象其整体形状。

搞清楚各截切面的空间位置和形状后，根据基本体形状、各截切面与基本体的相对位置，进一步分析视图中线、线框的含义，可以综合想象出整体形状，如图 4-24(e)所示。

读组合体的视图常常是两种方法并用，以形体分析法为主，线面分析法为辅。

根据两个视图补画第三视图，也是培养读图和画图能力的一种有效手段。

【例 4-2】 已知支座主、俯视图，补画左视图，如图 4-25(a)所示。

【解】 （1）形体分析。

在主视图上将支座分成三个线框，按投影关系找出各线框在俯视图上的投影：线框 1 是支座的底板，为长方形，其上有两处圆角，后部有矩形缺口，底部有一通槽；线框 2 是长方形竖板，其后部自上而下开一通槽，通槽大小与底板后部缺口大小一致，中部有一圆孔；线框 3 是一个带半圆头的四棱柱，其上有通孔。然后按其相对位置，想象出其形状，如图 4-25(f)所示。

（2）补画支座左视图。

根据给出的两视图，可看出该形体是由长方体底板、长方体竖板和半圆板叠加后，切去两通槽，钻一个通孔而形成的，具体作图步骤如图 4-25(b)～(e)所示。最后检查描深，完成全图。

【例 4-3】 如图 4-26 所示，根据俯、左视图，想出物体形状，补画主视图。

【解】 （1）形体分析。

本例没有给出主视图，从给出的两视图可以看出，俯视图上反映了该物体较多的结构形状。因此，从俯视图着手，将它分成左、中、右三个部分。根据宽相等的投影规律可知：物体的中部是开有阶梯孔的圆柱体，上方的前面被切去一大块；根据左视图上前方的交线形状，可看出圆筒上前方开有 U 形槽；物体的左边是一个拱形体，与圆筒外表面相交，其上开了一个圆柱孔，与圆筒内阶梯孔相交；物体右边是带圆弧形的底板，上面开有小孔，底板左端与圆筒外表面相切。

（2）补画主视图。

根据以上分析可想象出该物体是由中间空心圆柱体、左侧拱形体和右侧圆弧形底板通过简单叠加形成的。依次画出这些形体，注意叠加和挖切时交线的画法，即可补画出主视图，如图 4-27(a)～(c)所示。最后检查描深，完成全图，如图 4-27(d)所示。

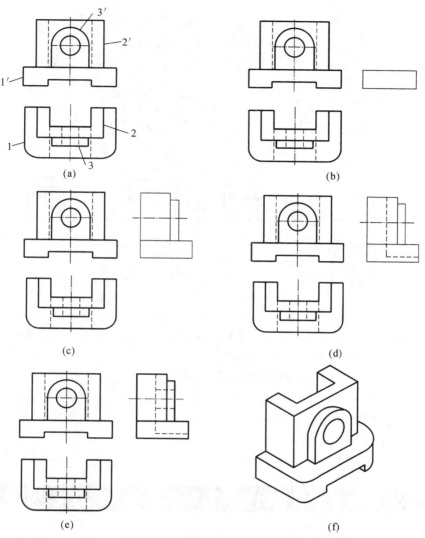

图 4-25　补画支架的左视图

（a）分线框、对投影　（b）画底板的左视图　（c）画竖板及半圆头棱柱的左视图

（d）画前后和上下方槽　（e）画圆孔,完成全图　（f）立体图

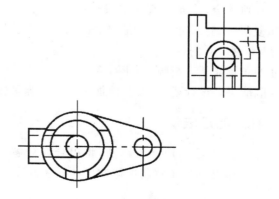

图 4-26　根据俯、左视图补画主视图

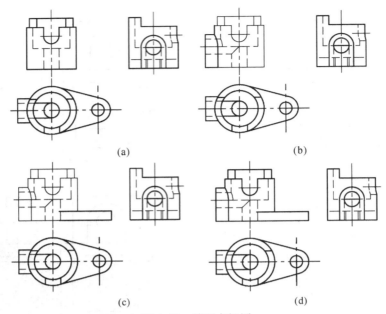

图 4-27 补画主视图

(a)画出中部圆柱体 (b)画出左部拱形体 (c)画出右部底板 (d)检查描深,完成全图

3.组合体读图方法小结

由上述例题可以看出,组合体读图的一般步骤如下:

(1)分线框,对投影;

(2)想形体,辨位置;

(3)线面分析攻难点;

(4)综合起来想整体。

任务 4   组合体三视图的尺寸标注

组合体的视图只能表达物体的形状,物体的真实大小要由视图上所标注的尺寸来确定。图样上尺寸标注一般应做到以下几点:

(1)正确:是指所标注的尺寸数值正确,注法符合国家尺寸注法的规定。

(2)完整:是指尺寸必须齐全,不允许有遗漏或重复标注尺寸。如果遗漏尺寸,将使机件无法加工;如果出现重复尺寸,且尺寸互相矛盾,同样会使零件无法加工;若尺寸互相不矛盾,也将使尺寸标注混乱,不利于看图。

(3)清晰:是指尺寸的布置应整齐清晰,便于看图。

(4)合理:所注尺寸既能保证设计要求,又要使加工、装配、测量方便。

4.1 基本体尺寸标注的方法

组合体的尺寸标注,采用的方法为形体分析法,将组合体分解为若干个基本体和简单体。要进行组合体的尺寸标注,必须先了解基本体的尺寸标注方法,主要标注三类尺寸。

1.定形尺寸

确定各基本体形状和大小的尺寸。

2.定位尺寸

确定各基本体之间相对位置的尺寸。

要标注定位尺寸,必须先选定尺寸基准。物体有长、宽、高三个方向的尺寸,每个方向至少要有一个基准。通常以物体的底面、端面、对称面和轴线作为基准。

3.总体尺寸

物体长、宽、高三个方向的最大尺寸。

常见的基本体的尺寸标注方法,如图 4-28 所示。

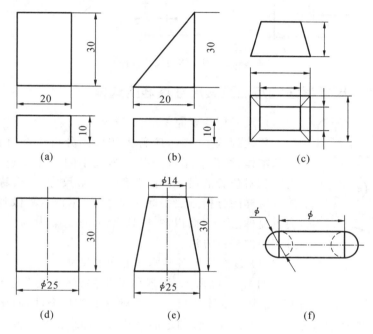

图 4-28　常见基本体的尺寸标注

4.2　切割体和相贯体尺寸标注的方法

基本体上的切口、开槽或穿孔等,一般只标注截切平面的定位尺寸和开槽或穿孔的定形尺寸,而不标注截交线的尺寸,如图 4-29 所示。图中打"×"的尺寸是错误的。

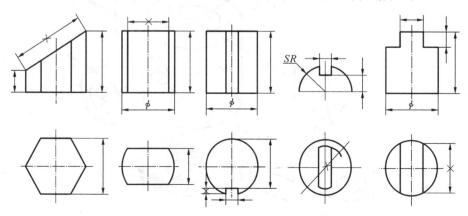

图 4-29　切割体的尺寸标注

79

两基本体相贯时,应标注两立体的定形尺寸和表示相对位置的定位尺寸,而不应标注相贯线的定形尺寸,如图 4-30 所示。

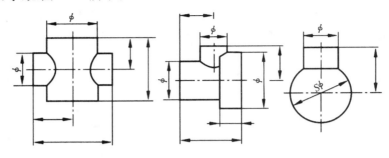

图 4-30 相贯体的尺寸标注

4.3 组合体尺寸标注的方法及其尺寸基准的选择

图 4-31 支架立体图

1.尺寸标注要完整

要达到这个要求,应首先按形体分析法将组合体分解为若干基本体,注出表示各个基本体大小的尺寸及确定这些基本体之间相对位置的尺寸。前者称为定形尺寸,后者称为定位尺寸。按照这样的分析方法去标注尺寸,就比较容易做到不漏标,也不会重复标注。下面以图 4-31 所示的支架为例说明在尺寸标注过程中的分析方法。

(1) 逐个注出各基本体的定形尺寸。

如图 4-32 所示,用形体分析法,将支架分解成六个基本体后,分别注出其定形尺寸。由于每个基本体的尺寸一般只有少数几个,因而比较容易考虑。如中间直立圆筒的定形尺寸 $\phi72$、$\phi40$、80,底板的定形尺寸 R22,$\phi22$、20,肋板的定形尺寸 34、12 等。

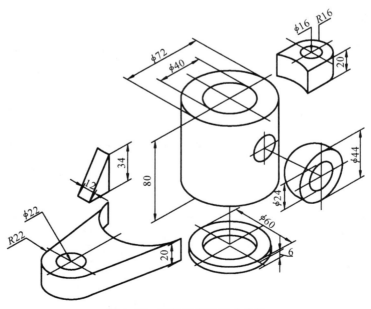

图 4-32 支架的定形尺寸分析

至于这些尺寸标注在哪一个视图上,则要根据具体情况而定。如直立圆筒的尺寸 $\phi40$ 和 80 可注在主视图上,但 $\phi72$ 在主视图上标注比较困难,故将它注在左视图上。耳板的尺寸 $R16$,$\phi16$ 注在俯视图上最为适宜,但厚度尺寸只能注在主视图上,其余各形体的定形尺寸如图 4-33 所示,请读者自行分析。

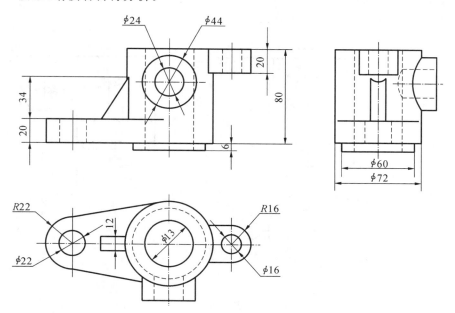

图 4-33 支架的定形尺寸标注

(2)标注出确定各基本体之间相对位置的定位尺寸。

组合体各组成部分之间的相对位置必须从长、宽、高三个方向来确定。标注定位尺寸的起点称为尺寸基准,因此,长、宽、高三个方向至少每一个方向各有一个尺寸基准。一般组合体的对称面、底面、主要的端面和主要的回转体的轴线经常被选作尺寸基准。支架长度方向的尺寸基准为直立圆筒的轴线;宽度方向的尺寸基准为底板及直立圆筒的前后对称面;高度方向的尺寸基准为直立圆筒的上表面。如图 4-34 所示为这些基本体之间的五个定位尺寸,如直立圆筒与底板孔、肋、耳板孔之间在左右方向的定位尺寸 80、56、52,水平圆筒与直立圆筒在上下方向的定位尺寸 28 以及前后方向的定位尺寸 48。

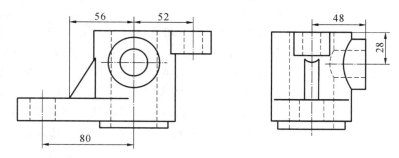

图 4-34 支架的定位尺寸分析与标注

将定形尺寸和定位尺寸合起来,则支架上所需的尺寸就标注完整了。

(3)标注总体尺寸。

为了表示组合体的总长、总宽、总高,一般应标注出相应的总体尺寸。

按上述分析,尺寸虽然已经标注完整,但考虑总体尺寸后,为了避免重复,还应做适当调整。如图 4-35 所示,尺寸 86 为总体尺寸。注上这个尺寸后会与直立圆筒的高度尺寸 80、扁空心圆柱的高度尺寸 6 重复,因此应将尺寸 6 省略。当物体的端部为同轴线的圆柱和圆孔(如图中底板的左端、直立圆筒的后端等),一般不再标注总体尺寸。如标注了定位尺寸 48 及圆柱直径 $\phi72$ 后,就不再需要标注总宽尺寸。

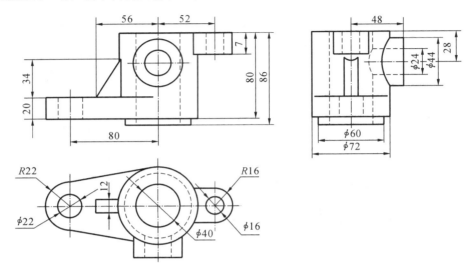

图 4-35 支架的尺寸标注

2.标注尺寸要清晰

标注尺寸时,除了要求完整外,为了便于读图,还要标注清晰。现以图 4-35 为例,说明标注尺寸布置合理的技巧。

(1)尺寸应尽量标注在反映形体特征最明显的视图上。如图中肋的高度尺寸 34,注在主视图上比注在左视图上要好;水平圆筒的定位尺寸 28,注在左视图上比注在主视图上要清晰;而底板的定形尺寸 R22 和 $\phi22$ 则应注在表示该部分形状最明显的俯视图上。

(2)同一基本体的定形尺寸以及相关联的定位尺寸要尽量集中标注,并尽量标注在两视图之间。图中将水平圆筒的定形尺寸 24、44 从原来的主视图上移到左视图上,这样便和它的定位尺寸 28、48 全部集中在一起;耳板和孔的高度尺寸 20、80 放在主视图上,并放在了两视图之间。因而比较清晰,也便于查找尺寸。

(3)尺寸应尽量注在视图轮廓线的外侧,高度尺寸应尽量放在主、左视图之间,长度尺寸应尽量放在主、俯视图之间,以保持两视图之间的关系,保持图形的清晰。同一方向几个连续尺寸应尽量放在同一条线上。图中将肋板的定位尺寸 56、耳板的定位尺寸 52 和水平圆筒的定位尺寸 48 排在一条线上,使尺寸标注显得较为清晰。

(4)圆柱的直径尺寸尽量注在非圆视图上,而圆弧的半径尺寸则必须注在投影为圆弧的视图上。图中直立圆筒的直径 $\phi60$、$\phi72$ 均注在左视图上,而底板及耳板上的圆弧半径 R22、R16 则必须注在俯视图上。

(5)尽量避免在虚线上标注尺寸。图中直立圆筒的孔径 40,若标注在主、左视图上将从虚线引出,因此应注在俯视图上。

(6)尺寸线与尺寸界线,尺寸线、尺寸界线与轮廓线都应避免相交。相互平行的尺寸应按"小尺寸在里,大尺寸在外"的原则排列。

（7）内形尺寸与外形尺寸最好分别注在视图的两侧。

在标注尺寸时,有时会出现不能兼顾以上各点的情况,这时必须在保证尺寸标注正确、完整的前提下,灵活掌握,力求清晰。

在标注中有时必须标注总体尺寸,有时不必标出总体尺寸。表 4-1 中列举了一些常见结构的尺寸标注,供读者参考。

表 4-1　常见结构的尺寸标注

项目	尺 寸 注 法		
需标注总体尺寸			
不必标注总体尺寸			

项目

5

轴测图

知识目标

● 了解轴测投影的概念、用途和分类；

● 熟悉轴测投影的投影特性；

● 掌握正等测图的轴间角、轴向伸缩系数和画法；

● 掌握斜二测图的轴间角、轴向伸缩系数和画法。

技能目标

● 能根据简单物体的三视图绘制其轴测图；

● 熟悉正等测图的圆及曲面立体画法；

● 了解简单斜二测图的画法。

任务 1　轴测图的基本知识

基本体的正投影图能准确真实地表达其结构形状，但缺乏立体感。而轴测图是用单面投影来表达物体空间结构形状的，能同时反映物体三个方向形状的单面投影图，具有较强的立体感，但度量性差，作图复杂。在机械工程中常用其作为辅助图形来表达机器的外观效果、内部结构等。

1.1　轴测投影的基本概念

将物体连同其参考直角坐标系，沿不平行于任何坐标面的方向，用平行投影法将其投射在单一投影面上所得到的图形称为轴测投影，简称轴测图，如图 5-1 所示。

轴测图分为正轴测图和斜轴测图。当投射方向与轴测投影面垂直时所得到的图形是正轴测图；投射方向与轴测投影面倾斜时所得到的图形是斜轴测图，如图 5-2 所示。

1.2　轴测图的投影特性

由于轴测图是根据平行投影法作出的，因此具有平行投影的特性。画图时要注意：

（1）立体上分别平行于 X、Y、Z 三直角坐标轴的棱线，在轴测图上分别平行于相应的轴测轴，画图时可按规定的轴向伸缩系数度量其长度。

（2）立体上不平行于 X、Y、Z 三直角坐标轴的棱线，在轴测图上不平行于任一轴测轴，

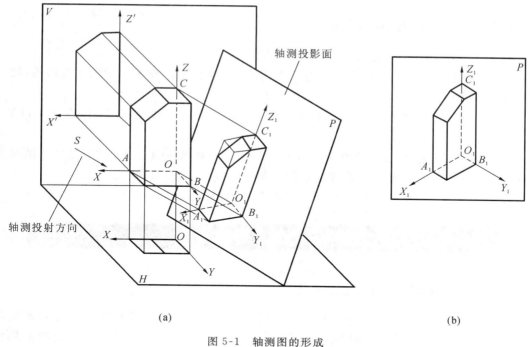

(a)

(b)

图 5-1 轴测图的形成

（a）轴测图的形成 （b）轴测图放正

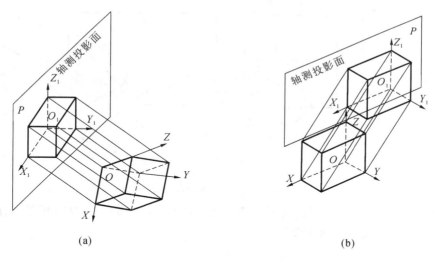

(a)

(b)

图 5-2 轴测图的分类

（a）正轴测图 （b）斜轴测图

画图时不能直接度量其长度。

（3）立体上互相平行的棱线,在轴测图上仍然互相平行。

（4）轴测图中一般只画出可见部分的轮廓线,必要时可用细虚线画出其不可见的轮廓线。

由轴测图的形成过程可知,轴测图可以有很多种,每一种都有一套轴间角及相应的轴向伸缩系数,国家标准推荐了两种作图比较简便的轴测图,即正等轴测图（简称正等测）和斜二轴测图（简称斜二测）。这两种常用轴测图的轴测轴位置、轴间角大小及各轴向伸缩系数也各不相同,但表示物体高度方向的 Z 轴,始终处于竖直方向,以符合人们观察物体的习惯。

1.3 轴测投影的基本名词

（1）轴测投影面　单一投影面 P 称为轴测投影面。

（2）轴测轴　空间直角坐标系的坐标轴在轴测投影面上的投影称为轴测投影轴，简称轴测轴。如图 5-2 中的 O_1X_1 轴、O_1Y_1 轴、O_1Z_1 轴。

（3）轴间角　两轴测轴之间的夹角称为轴间角。如图 5-2 中的 $\angle X_1O_1Y_1$、$\angle Z_1O_1Y_1$、$\angle X_1O_1Z_1$。

（4）轴向伸缩系数　轴测轴上的单位长度与相应直角坐标轴上的单位长度的比值称为轴向伸缩系数。X、Y、Z 轴的轴向伸缩系数分别用 p_1、q_1、r_1 表示，即

$$p_1 = O_1X_1/OX; \quad q_1 = O_1Y_1/OY; \quad r_1 = O_1Z_1/OZ$$

任务 2　画正等轴测图

2.1 正等轴测图的形成及特性

使确定物体的空间直角坐标系的三个坐标轴对轴测投影面的倾角相等，用正投影法将物体向轴测投影面投射所得到的图形叫正等轴测图。图 5-3 演示了正等轴测图的形成过程。

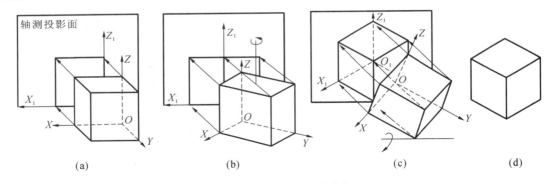

图 5-3　正等轴测图的形成

在正等轴测图中，由于直角坐标系的三个坐标轴对轴测投影面的倾角相等，因此轴间角相等，均为 120°。各轴向伸缩系数均相等，即

$$p_1 = q_1 = r_1 = 0.82$$

根据视觉习惯，一般取 O_1Z_1 为竖线，如图 5-4 所示。

画正等轴测图时，为了作图方便，一般采用简化轴向伸缩系数，即取

$$p_1 = q_1 = r_1 = 1$$

用简化轴向伸缩系数画出的图形形状和直观性不发生变化，但比实物大了 1.22 倍。如图 5-5 中细实线所示图形。

画轴测图时，物体的可见轮廓用粗实线表示。在轴测图中，一般情况下表示不可见轮廓的细虚线省略不画。

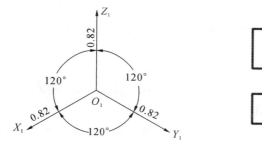

图 5-4　正等轴测图的轴间角、轴向伸缩
　　　　系数及轴测轴画法

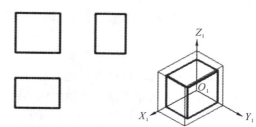

图 5-5　不同轴向伸缩系数的正等轴测图的画法

2.2　正等轴测图的画法及作图步骤

绘制轴测图最基本的方法是坐标法,其他还有切割法、叠加法和综合法。

画轴测图时,先要确定轴测轴的位置,然后再把轴测轴作为基准画轴测图。轴测轴一般设置在物体本身某一特征位置的线上,可以是主要棱线、对称中心线、轴线等。

为简化作图步骤,要充分利用轴测图中平行的投影特性。

1. 平面立体的正等轴测图画法

1) 坐标法

坐标法是轴测图常用的基本作图方法,它是根据坐标关系,先画出物体特征表面上各点的轴测投影,然后由各点连接物体特征表面的轮廓线,来完成正等轴测图的作图。

【例 5-1】　如图 5-6(a)所示为正六棱柱的主、俯视图,应用坐标法作出其正等轴测图。

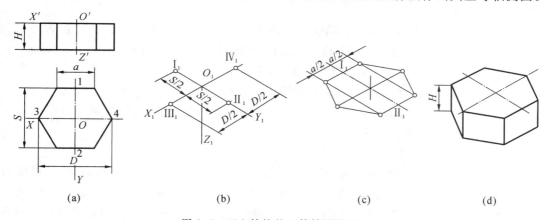

(a)　　　　　　　　　(b)　　　　　　　　　(c)　　　　　　　　　(d)

图 5-6　正六棱柱的正等轴测图画法

【解】　作图步骤如下:

(1) 分析物体的形状确定坐标原点。由于正六棱柱的前、后、左、右对称,为方便画图,选顶面中心点作为坐标原点,顶面的两对称线作为 X、Y 轴,Z 轴在其中心线上。在轴测图中,顶面和前面可见,底面和后面不可见,而轴测图一般不画不可见轮廓的细虚线,所以应从顶面和前面开始画。

(2) 画轴测轴 OX_1、OY_1、OZ_1,根据正投影图顶面的尺寸 S、D 定出 Ⅰ$_1$、Ⅱ$_1$、Ⅲ$_1$、Ⅳ$_1$ 的位置,如图 5-6(b)所示。

(3) 用坐标法作图。根据轴测图特性,过 Ⅰ$_1$、Ⅱ$_1$ 作平行于 OX_1 的直线,并以 Y_1 轴为界

各取 $a/2$，然后连接各点，如图 5-6(c)所示。过顶面各点向下量取 H 值画出平行于 Z_1 轴的侧棱；再过各侧棱顶点画出底面各边，擦去作图辅助线、细虚线，描深，完成六棱柱的正等轴测图，如图 5-6(d)所示。

  2）切割法

  大多数的平面立体，可以看作是由长方体切割而成的。先画出长方体的正等轴测图，然后进行轴测切割，从而完成物体的轴测图的画图方法称为方箱切割法。

  【例 5-2】 如图 5-7(a)所示为物体的主、俯视图，应用方箱切割法画出其正等轴测图。

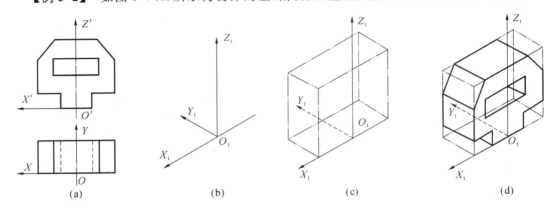

图 5-7 切割法求作平面立体的正等轴测图

  【解】 作图步骤如下：

  （1）首先设置主、俯视图的直角坐标轴。由于物体对称，为作图方便，选择直角坐标系，如图 5-7(a)所示。

  （2）画轴测轴，如图 5-7(b)所示，选择这种轴测轴是为了将物体的特征面放在前面。

  （3）按主、俯视图的总长、总宽、总高作出辅助长方体的轴测图，如图 5-7(c)所示。

  （4）在平行轴测轴方向上进行比例切割，如图 5-7(d)所示。

  （5）擦去多余的线，整理描深完成轴测图。

  方箱切割法在基本体轴测图的画图过程中非常实用，它方便、灵活、快速。只要坐标位置选择适当，按照比例可随意进行切割。

  2.曲面立体正等轴测图的画法

  在画曲面立体的正等轴测图时，平行于坐标面的圆的轴测投影都是椭圆，圆弧的投影为椭圆弧。因此画曲面立体的正等轴测图必须学会圆及圆弧的正等轴测图的画法。

  如图 5-8 所示，平行于坐标面的圆的正等轴测图都是椭圆，椭圆的长轴方向与其外切菱形的长对角线的方向一致；椭圆的短轴方向与其外切菱形的短对角线的方向一致；长短轴相互垂直。画曲面立体的正等轴测图时，必须确定圆所在的平面与哪一个坐标面平行，否则无法保证画出方位正确的椭圆。

  椭圆的正等轴测图一般采用近似画法——四心圆弧法作图。

  【例 5-3】 如图 5-9 所示为平行于 H 面、直径为 D 的圆的投影，求作其正等轴测图。

  【解】 作图步骤如下：

  （1）确定直角坐标的原点及坐标轴，如图 5-10(a)所示。

  （2）画圆的外切正方形 1234，与圆相切于 a、b、c、d 四点，如图 5-10(b)所示。

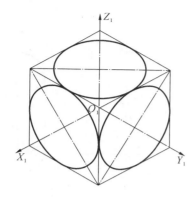

图 5-8 平行于坐标面的圆的正等轴测图

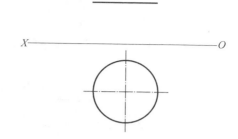

图 5-9 平行于 H 面的圆的投影

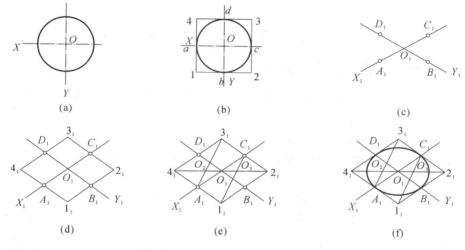

图 5-10 圆的正等轴测图近似画法

（3）画出轴测轴，并在 X_1、Y_1 轴上截取 $O_1A_1 = O_1B_1 = O_1C_1 = O_1D_1 = R$，得出 A_1、B_1、C_1、D_1 四点，如图 5-10(c) 所示。

（4）过 A_1、C_1 和 B_1、D_1 分别作 Y_1、X_1 轴的平行线，得出菱形 $1_12_13_14_1$，如图 5-10(d) 所示。

（5）连接 A_13_1、C_11_1 分别与 2_14_1 交于 O_2 和 O_3，如图 5-10(e) 所示。

（6）分别以 1_1、3_1 和 O_2、O_3 为圆心，以 1_1C_1、3_1A_1 和 O_2D_1、O_3B_1 为半径画圆弧 C_1D_1、A_1B_1 和 D_1A_1、B_1C_1。由这四段圆弧光滑连接而成的图形，即为平行于 H 面的圆的正等轴测图，如图 5-10(f) 所示。

【例 5-4】 如图 5-11(a) 所示为圆柱的两视图，求作其正等轴测图。

【解】 作图步骤如下：

（1）确定直角坐标的原点和坐标轴，如图 5-11(a) 所示。

（2）画两端面圆的正等轴测图。圆柱轴线垂直于水平面，其上、下两个圆与水平面平行且大小相等，可作出两个大小完全相同、中心距为 h 的椭圆（用移心法——椭圆的四个"圆心"垂直移动 h），如图 5-11(b) 所示。

（3）作两个椭圆的公切线，如图 5-11(c) 所示。

（4）整理并描深，如图 5-11(d) 所示。

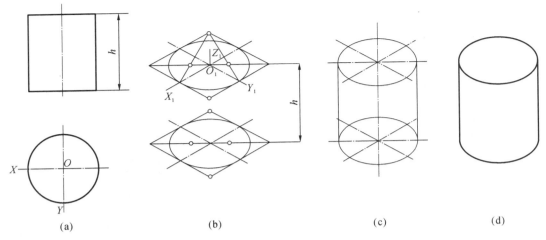

(a)　　　　　　　　　(b)　　　　　　　　(c)　　　　　　　　(d)

图 5-11　圆柱的正等轴测图画法

2.3　组合体正等轴测图的画法

如图 5-12(a)所示的平面立体上的每个圆角,相当于一个完整圆柱的四分之一,下面介绍一下它的正等轴测图的作图过程。

(1) 首先在正投影图上确定出圆角半径 R 的圆心和切点的位置,如图 5-12(a)所示。

(2) 画出平板上表面的正等轴测图,在对应边上量取 R,以量取得到的点为切点画圆弧,所得即为平面上圆角的正等轴测图,如图 5-12(b)所示。

(3) 用移心法完成平板下表面的圆角轴测图,最后再作两表面圆角的公切线,即完成圆角的正等轴测图,如图 5-12(c)所示。

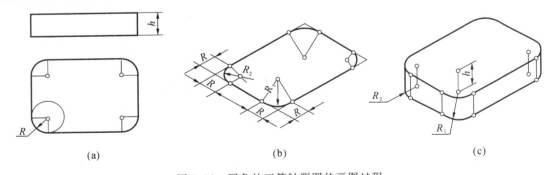

(a)　　　　　　　　　　　(b)　　　　　　　　　　　(c)

图 5-12　圆角的正等轴测图的画图过程

任务 3　画斜二轴测图

当物体上的两个坐标轴 OX 和 OZ 与轴测投影面平行,而投射方向与轴测投影面倾斜时,所得的轴测图称为斜二轴测图,如图 5-13 所示。

3.1　斜二轴测图的轴测轴、轴间角和轴向伸缩系数

斜轴测图是投射方向与轴测投影面倾斜所得到的图形。

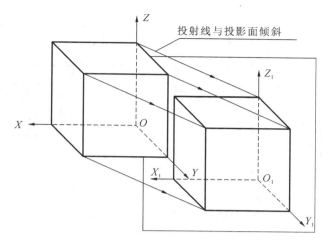

图 5-13　斜二轴测图的形成

使物体所在的直角坐标系的 X 轴和 Z 轴平行轴测投影面 P，用斜投影法将物体连同其直角坐标系一起向轴测投影面投射所得到的轴测图称为斜二轴测图。

由于坐标面 XOZ 平行于轴测投影面，因此它在轴测投影面上的投影反映实形。X_1 轴和 Z_1 轴间的轴间角为 $90°$，X 轴和 Z 轴的轴向伸缩系数 $p_1 = r_1 = 1$。

由于投射方向不同，Y 轴的轴向伸缩系数 q_1，Y_1 轴与 X_1、Z_1 轴间的轴间角会不同，可以任意选定。为了绘图的简便和统一，国家标准规定：Y 轴的轴向伸缩系数 $q_1 = 0.5$，轴间角 $\angle X_1O_1Y_1 = \angle Z_1O_1Y_1 = 135°$，如图 5-14 所示。

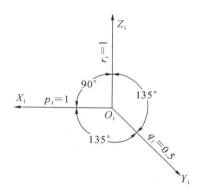

图 5-14　斜二轴测图的轴间角、轴向伸缩系数及轴测轴画法

斜二轴测图的特点是物体上平行于 XOZ 坐标面的表面，其轴测投影都反映实形。因此在绘制沿单方向上形状复杂的物体时（主要是有较多的圆或圆弧），采用斜二轴测图比较简单。但物体多方向有圆或圆弧时，宜采用正等轴测图。斜二轴测图的轴测轴还有一个显著的特征，即物体正面 X 轴和 Z 轴的轴测投影没有变形，这一轴测投影的特征，对于那些在正面上形状复杂以及在正面上有圆的单方向物体，画成斜二轴测图十分简便。

3.2　斜二轴测图的画法

斜二轴测图的画法与正等轴测图的画法相似，只是轴间角和轴向伸缩系数不同。因为 Y 轴的轴向伸缩系数 $q_1 = 0.5$，所以画斜二轴测图时，沿 Y_1 轴方向的长度应取物体上相应实际长度的一半，如图 5-15 所示为立方体的斜二轴测图的画法。

【例 5-5】　如图 5-16(a)所示为支架的两视图，求作其斜二轴测图。

【解】　分析物体的形状。图 5-16(a)所示支架，其表面上的圆及圆弧均平行于正面，确定直角坐标系时，使坐标面 XOZ 与正面平行，坐标轴 Y 与圆孔轴线重合，坐标原点设置在前表面圆的中心，如图 5-16(a)所示。

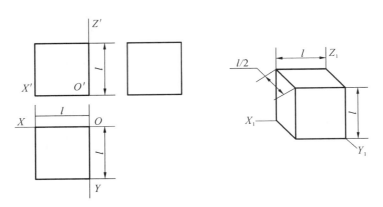

图 5-15　立方体的斜二轴测图画法

作图步骤如下：

（1）画轴测轴，如图 5-16(b)所示。

（2）画前表面。前表面平行于 XOZ 坐标面，其物体上的圆和圆弧的轴测投影均反映实形，如图 5-16(c)所示。

（3）画后表面。画支架后表面时，沿 Y_1 轴方向量取 $l/2$ 的距离，如图 5-16(d)所示。

（4）整理并描深。如图 5-16(e)所示为支架的斜二轴测图。

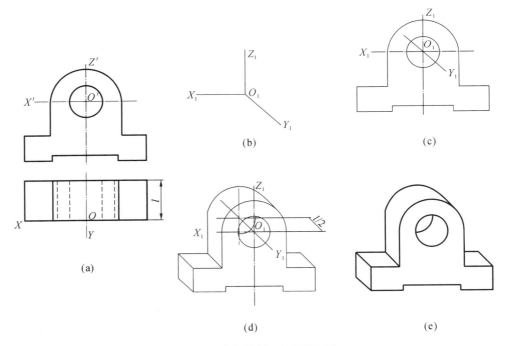

图 5-16　支架的斜二轴测图画法

项目 **6**

机件的常用表达方法

知识目标

● 了解基本视图、向视图、斜视图和局部视图的概念及画法；

● 掌握剖视图的概念及画法；

● 掌握断面图的概念及画法；

● 掌握局部放大图的概念及画法；

● 了解各种简化画法。

技能目标

● 熟练掌握视图的种类和应用能力；

● 熟练掌握剖视图的种类和应用的表达方式；

● 熟练掌握断面图和局部放大图的应用能力；

● 培养空间想象能力，具备分析机件视图的表达能力。

在生产实践中，机件的结构形状多种多样，有的机件用一个或两个视图并注上尺寸就可以表达清楚了，但有的机件的内形和外形都比较复杂，只用三个视图不可能完整清晰地把它们表达出来，还需要增加其他方向的视图，或者用剖视的方法表示。为了满足生产制图的需要，国家标准《机械制图》(GB/T 4458.1—2002 和 GB/T 4458.6—2002)等规定了绘制机械图样的方法。本项目将重点介绍视图、剖视图、断面图及局部放大图等图样画法。学习时，要掌握机件各种图样的特点、画法、图形的配置和标注方法，以便灵活地运用。

任务 1 视 图

用正投影法绘出的机件图形称为视图。视图主要用来表达机件的挖补结构形状，分为基本视图、向视图、局部视图和斜视图。视图主要用于表达物体的可见部分，用粗实线表示。必要时才画出其不可见部分，用细虚线表示。

1.1 基本视图的概念和画法

当物体的外形复杂时，为了清楚地表达物体上、下、左、右、前、后的不同形状，国家标准规定，在原有三个投影面的基础上，再增设三个投影面，组成一个正六面体。正六面体的六个面称为基本投影面。将物体放在正六面体中，分别向六个基本投影面投射，即得到六个基本视图。除前面介绍的主视图、俯视图、左视图外,还有右视图、仰视图、后视图,这六个视图,称为基本视图。右视图是自物体的右边向左投射所得到的视图;仰视图是自物体的下方向上投射所得到的视图;后视图是自物体的后方向前投射所得到的视图。

投影面的展开方法是正立投影面不动,其余按图 6-1 中箭头所指的方向旋转到与正面共处同一平面。

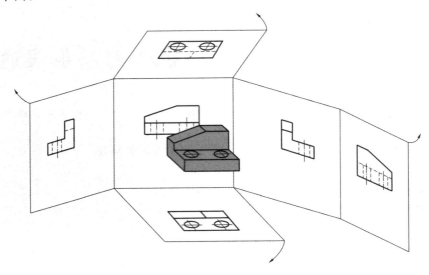

图 6-1　基本视图的形成及投影面展开

六个基本视图按图 6-2 配置时,一律不标注视图的名称。六个基本视图之间仍然符合"长对正、高平齐、宽相等"的投影规律。从视图中同样可以看出物体前后、左右、上下的方位关系,除后视图外,其他视图远离主视图的一边是物体的前面。

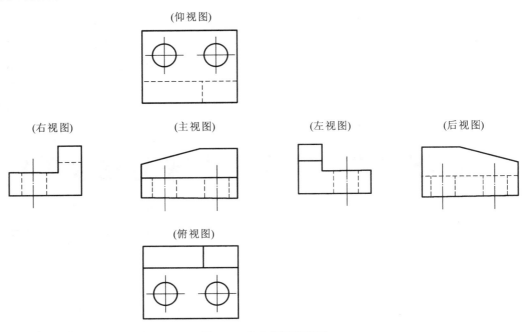

图 6-2　基本视图的配置

在实际绘图时,并不一定将六个基本视图全部画出,而是根据物体的结构特点和复杂程度,选用必要的基本视图。优先采用主、俯、左视图。

1.2 向视图的概念及表达方式

在实际设计绘图中,有时为了合理利用图纸,国家标准规定了一种可以自由配置的视图——向视图,如图 6-3 所示。

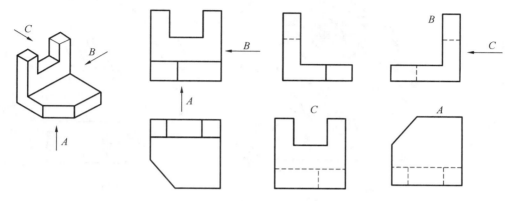

图 6-3 向视图

在绘制向视图时,应在视图的上方标出视图的名称"×"("×"为大写的拉丁字母),并在相应的视图附近用箭头指明投影方向,并注上相同的字母。表示投影方向的箭头应尽可能配置在主视图上,以使视图与基本视图相一致。表示后视图的投射方向箭头最好配置在左视图或右视图上。

向视图是基本视图的一种表达形式,它们的主要区别在于视图的配置形式不同。

1.3 斜视图

当机件上某一部分的结构形状是倾斜的,且不平行于任何基本投影面时,则无法在基本投影面上表达该部分的实形和标注真实尺寸。这时,可用与该倾斜结构部分平行且垂直于一个基本投影面的辅助投影面进行投影,然后将此投影面按投影方向旋转到与其垂直的基本投影面。机件向不平行基本投影面的平面投射所得到的视图,称为斜视图。如图 6-4(a)所示为压紧杆的斜视图。

画斜视图时,必须在视图的上方用大写拉丁字母标出斜视图编号,并在相应的视图附近用箭头指明投射方向,注上同样的字母。斜视图只反映机件上倾斜结构的实形,其余部分省略不画。斜视图的标注及画法:

(1) 斜视图一般只画出倾斜部分的局部形状,其断裂边界用波浪线表示,如图 6-4(b)中的"A"图。

(2) 必须在视图上方标注视图名称"×",在相应的视图附近用箭头指明投射方向,并注上相同的字母"×",如图 6-4(b)中的"A"。

(3) 斜视图一般按投影关系配置,如图 6-4(b)所示,也可配置在其他适当的位置,如图 6-5 所示。

(4) 必要时,允许将斜视图旋转配置,表示该斜视图名称的大写拉丁字母要靠近旋转符号的箭头端,如图 6-5 所示。旋转符号的箭头指向应与实际旋转方向一致,其画法如图 6-6 所示。

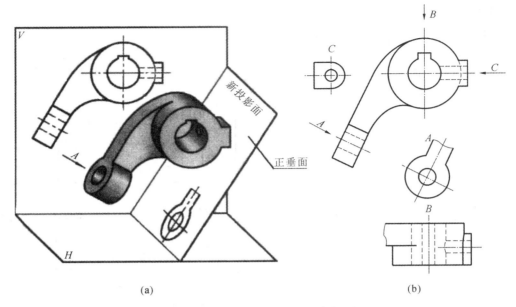

(a)

图 6-4 压紧杆的斜视图和局部视图

(b)

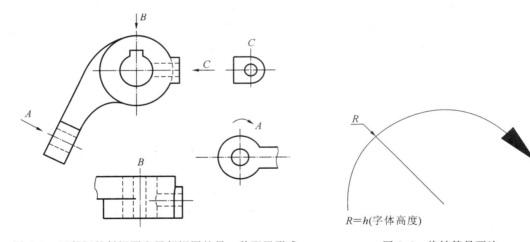

图 6-5 压紧杆的斜视图和局部视图的另一种配置形式

$R=h$(字体高度)

图 6-6 旋转符号画法

1.4 局部视图的概念及画法

当采用一定数量的基本视图后,该机件上仍有部分结构尚未表达清楚,而又没有必要画出完整的基本视图时,可单独将这一部分的结构向基本投影面投影,所得的视图是一不完整的基本视图,称为局部视图,如图 6-7 所示。

如图 6-7(a)所示的物体,采用主、俯视图表达了主体形状,但左、右两个凸缘形状未表达清楚,而又不必完整地画出左视图和右视图,这时可用 A 向和 B 向两个局部视图来表达凸缘的形状,如图 6-7(b)所示。

局部视图的标注及画法:

(1)局部视图可按基本视图配置形式配置,如图 6-7 中的 A 向局部视图;也可按向视图

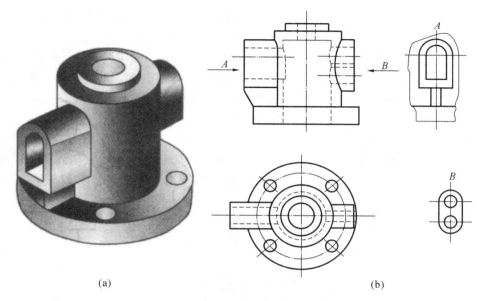

(a)   (b)

图 6-7　局部视图

的配置形式配置,如图 6-7 中的 B 向局部视图。

（2）当局部视图按向视图的配置形式配置时,须用带字母的箭头标明所表达的部位和投射方向,并在局部视图的上方标注相同的字母,如图 6-7 中的局部视图 B。

（3）当局部视图按基本视图的配置形式配置,中间又没有其他图形隔开时,可省略标注,如图 6-7 中的"A"。

（4）当局部视图按第三角画法的配置形式配置时,可省略标注,如图 6-5 中的"C"。

（5）局部视图的断裂边界通常以波浪线（或双折线）表示,如图 6-7 中的 A 向局部视图。当所表示的局部结构是完整的,且外轮廓又封闭时,波浪线可省略不画,如图 6-7 中的 B 向局部视图。

用波浪线作为断裂边界时,应注意波浪线的画法:波浪线要单独画出,不能与其他图线重合,也不能画在延长线上;波浪线应画在物体的实体上,如遇孔、槽等结构时必须断开;波浪线不应超出图形的轮廓线。

任务 2　剖　视　图

用视图表达机件时,机件中不可见的结构形状都用细虚线表示。当机件的内部结构较复杂时,视图中的细虚线较多,既不便于画图、看图,也不利于标注尺寸。为了解决这个问题,使原来不可见的部分转化为可见。国家标准《技术制图　图样画法　剖视图和断面图》（GB/T 17452—1998）和《机械制图　图样画法　剖视图和断面图》（GB/T 4458.6—2002）规定了剖视图的基本画法。

2.1　剖视图的形成、画法及标注

1.剖视图的概念

假想用剖切面剖开机件,移去处在观察者和剖切面之间的部分,将其余部分向投影面投

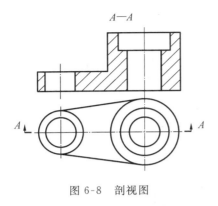

图 6-8　剖视图

射所得的图形称为剖视图,简称剖视,如图 6-8 所示。剖视图用于表达机件的内部结构形状。

当物体的内部结构复杂时,视图上出现虚线过多,既会使图形不清晰,也不利于看图和标注尺寸,如图 6-9(a)所示。采用剖视图的方法既可将内部结构表达清楚,同时又可避免出现过多的虚线,如图 6-9 (b)(c)所示。

2.画剖视图时的注意事项

(1) 确定剖切面位置时通常选择所需表达的内部结构的对称面,并且平行于基本投影面,如图 6-9 所示。

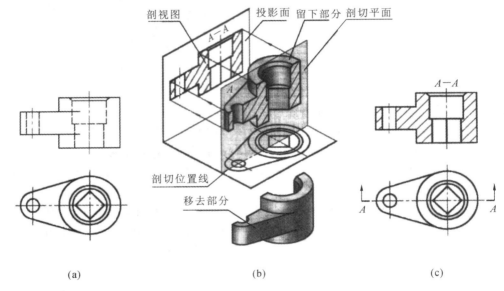

(a)　　　　　　　　　　　　(b)　　　　　　　　　　　　(c)

图 6-9　剖视图的基本概念

(2) 画剖视图将物体剖开是假想的,而实际上物体是完整的,因此除了剖视图外,并不影响其他视图的完整性,其他视图应按完整的物体画出,如图 6-9(c)所示的俯视图。若在同一物体上多次剖切时,每一次剖切都应按完整物体考虑,与其他剖切无关。

(3) 剖视图是物体被剖切后剩余部分的完整投影,只要是剖切面后面的可见棱边线或轮廓线应全部画出。

(4) 剖视图中,凡是在其他视图中已表达清楚的不可见轮廓线,虚线省略不画。必要时可画少量虚线。

3.剖视图的画法

用粗实线画出剖面区域的轮廓以及剖切面后面的可见轮廓线。为了剖视图的清晰,不可见轮廓线一般省略不画。

剖视图中,剖切面与物体接触的实体剖面区域应画出剖面符号。物体的材料不同剖面符号也不相同。画图时应采用国家标准规定的剖面符号,常见材料的剖面符号见表 6-1。

表 6-1　常见材料的剖面符号

金属材料（已有规定剖面符号者除外）		木材	纵断面	
线圈绕组元件			横断面	
转子、电枢、变压器和电抗器等的叠钢片		液体		
非金属材料（已有规定剖面符号者除外）		木质胶合板（不分层数）		
玻璃及供观察用的其他透明材料		格网（筛网、过滤网等）		

国家标准规定,表示金属材料的剖面区域采用通用的剖面线,即以适当角度的细实线绘制,最好与主要轮廓或剖面区域的对称线成45°。当图形的主要轮廓与水平成45°时,该图形的剖面线也可与水平成30°或60°,其倾斜方向仍与其他图形的剖面线一致,如图6-10所示。在同一张图样中,同一物体的所有剖视图和断面图中,剖面线倾斜的方向应一致,间隔要相等。不同物体的剖面区域,其剖面线应加以区分。在剖面区域或断面内允许用涂色代替通用剖面线。

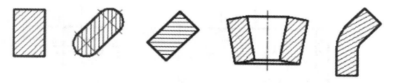

图 6-10　通用剖面线的画法

当剖视图中不可见的结构形状在其他视图中已表达清楚时,在剖视图中可省略不画。如图6-11所示主视图中上、下凸缘的后部在剖视图中不可见,但在俯视图中 A—A 已表达清楚,故细虚线予以省略。对尚未表达清楚的结构形状,也可用细虚线表达,如图6-12所示,主视图中画出的少量细虚线,既不影响剖视图的清晰,又可减少一个视图。不可漏画可见的轮廓线,在剖切面后面的可见轮廓线全部用粗实线画出。

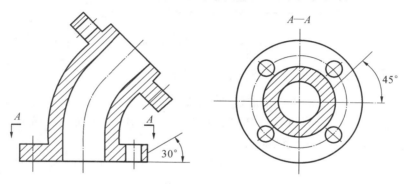

图 6-11　细虚线省略

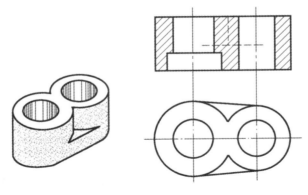

图 6-12 部分细虚线不省略

4.剖视图的标注

剖视图的标注包括两个方面的内容:

(1)剖切符号。剖切符号由表示剖切面起、止和转折位置的长度约为 6 mm、线宽1～1.5d的粗短画线及表示投射方向的箭头组成,如图 6-9(c)所示。

(2)剖视图的名称。在剖切符号起、止和转折处注上大写拉丁字母,在相应剖视图的上方用相同的字母标注剖视图的名称"×—×",如图 6-9(c)中的"A—A"。

当单一剖切平面通过物体的对称平面或基本对称平面,且剖视图按投影关系配置,中间又没有其他图形隔开时,可省略标注,如图 6-13 所示的主视图。当剖视图按投影关系配置,中间又没有其他图形隔开时,可省略箭头,如图 6-13 中的"A—A"。

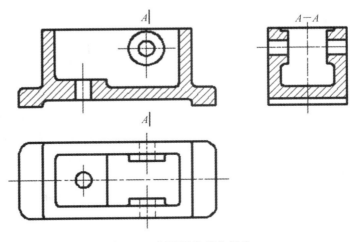

图 6-13 剖视图的简化标注

2.2 剖切面的种类

国家标准规定,剖切面可以是平面或曲面;既可以是单一剖切面,也可用几个平行或相交的剖切面。无论采用哪种剖切面,都可以得到全剖视图、半剖视图和局部剖视图。绘图时,应根据物体的结构特点,恰当地选用剖切面。

单一剖切面,通常指平面或柱面。根据单一剖切平面与投影面的关系,分为平行于某一基本投影面的单一剖切平面和垂直于某一基本投影面的单一剖切平面。

与基本投影面垂直的单一剖切平面用于表达物体倾斜部分的内部结构。与斜视图一样,先选择一个与该倾斜部分平行且垂直于某一基本投影面的辅助投影面,然后用一个平行于该辅助投影面的平面剖切物体,再向该辅助投影面投射,如图 6-14 所示。

用单一斜剖切平面剖切时,必须对剖视图进行标注。剖视图一般按投影关系配置在与剖切符号相对应的位置,如图 6-14 中的"B—B",也可将剖视图平移到适当位置,必要时允许将图形旋转,但旋转后的视图名称的大写拉丁字母应靠近旋转符号的箭头端,如图 6-14 所示。

图 6-15 所示为用单一柱面剖切物体所得的全剖视图。采用柱面剖切物体时,剖视图应展开绘制,并在剖视图上方标注"×—×展开"。

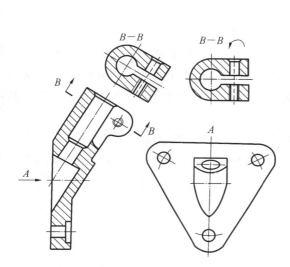

图 6-14　单一斜剖切面剖切的全剖视图

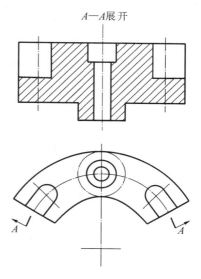

图 6-15　单一剖切柱面的展开

1. 几个平行的剖切平面

当物体上有若干不在同一平面上而又需要表达的内部结构时,可采用几个平行的剖切平面剖切。这种剖切可称为阶梯剖,可以得到全剖视图、半剖视图和局部剖视图,各剖切平面的转折必须是直角。

如图 6-16 所示,用两个相互平行的剖切平面分别通过阶梯孔和对称面得到"A—A"全剖视图。

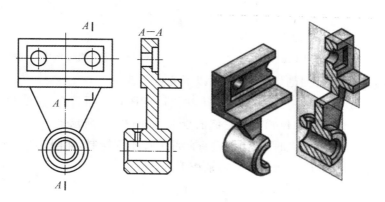

图 6-16　几个平行平面剖切的全剖视图

用几个平行的剖切平面剖切时,应注意以下几点:

(1)在剖视图的上方必须标注名称"×—×",在剖切平面的起、止、转折处画出剖切符号并注上相同的字母。若按投影关系配置,中间又没有其他图形隔开时,允许省略箭头。在转折处位置有限,且不致引起误解时,允许省略字母。

(2)在剖视图中不应画出剖切平面转折处的界线,且剖切平面的转折处也不应与图中轮廓线重合。

(3)剖视图中一般不应出现不完整的结构要素,只有当两个要素在图形上具有公共对称中心线或轴线时,才允许剖切平面在中心线或轴线处转折,两个要素各画一半,并以共同的中心线分界,如图 6-17 所示。

2.几个相交的剖切平面(交线垂直于某一基本投影面)

当物体上的孔、槽等结构不在同一平面上,但有公共的回转轴线时,可采用几个相交于回转轴线的剖切面剖开物体,将剖切面剖开的结构及有关部分,旋转到与选定的投影面平行后进行投射,这种剖切可称为旋转剖。相交的剖切面的交线垂直于某一基本投影面。

用几个相交的剖切面可得到全剖视图、半剖视图和局部剖视图。

如图 6-18 所示,用相交的侧平面和正垂面将物体剖开,并将倾斜部分旋转到与侧面平行后再向侧面投射,即得到用相交平面剖切的全剖视图。

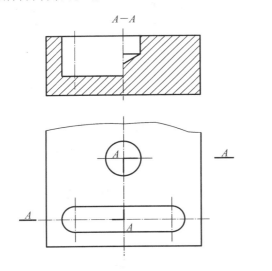

图 6-17　各画一半的画法

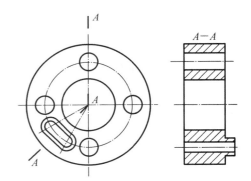

图 6-18　几个相交平面剖切的剖视图(1)

用几个相交的剖切平面剖切时,应注意以下几点:

(1)必须"先剖切、后旋转"。采用这种方法绘制的图形不再符合"三等规律";剖切平面后的其他结构,一般仍按原来位置画出它们的投影,如图 6-19 所示。

(2)当剖切后产生不完整的要素时,应将此部分按不剖绘制,如图 6-20 所示。

(3)剖切平面的交线应与物体的回转轴线重合。

(4)必须进行标注,其标注形式与几个平行平面剖切相同。

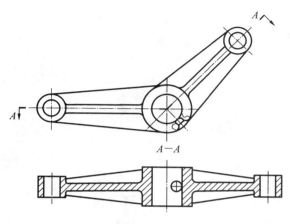

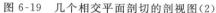

图 6-19　几个相交平面剖切的剖视图（2）

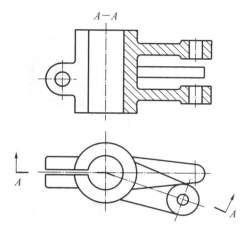

图 6-20　几个相交平面剖切的剖视图（3）

2.3　剖视图的种类

按物体被剖切面剖开的范围大小，剖视图分为全剖视图、半剖视图和局部剖视图三种。

1. 全剖视图

用剖切面将物体完全剖开所得到的剖视图称为全剖视图。由于全剖视图将物体完全剖开，物体的外形结构在全剖视图中不能完全表达，因此全剖视图主要用于表达外形比较简单，或外形已在其他视图上表达清楚，而内部形状比较复杂，且又不对称的物体。

全剖视图除符合剖视图标注的省略条件外，均应按规定进行标注。

2. 半剖视图

当物体具有对称平面时，向垂直于对称平面的投影面上投射时，以对称中心线为界，一半画成剖视图，另一半画成视图，这种剖视图称为半剖视图。

半剖视图既表达了物体的外部形状，又表达了其内部结构，它适用于内外形状都需要表达的对称物体。

如图 6-21(a)所示的支架，其内外形状都比较复杂，但前后、左右都对称。如果主视图采用全剖视图，则顶板下的凸台表达不清楚，如图 6-21(b)所示，俯视图若采用全剖视图，则顶板和其上的四个小孔的形状和位置表达不清楚，因此将主视图和俯视图都画成半剖视图，如图 6-21(c)所示。

画半剖视图时应注意以下几点：

（1）只有物体对称时，才能在与对称面垂直的投影面上作半剖视图。但当物体的形状基本对称，且不对称部分已在其他视图中表达清楚时，也可以采用半剖视图，如图 6-22所示。

（2）半个视图和半个剖视图必须以细点画线（对称中心线）为界，如图 6-21(c)所示。如果图中轮廓线与图形对称中心线重合，则不能采用半剖视图，如图 6-23 所示。

（3）由于物体的内部结构已在半个剖视图中表达清楚，因此，半个视图中的虚线一般省略不画。

半剖视图的标注方法与剖视图的标注规则相同。

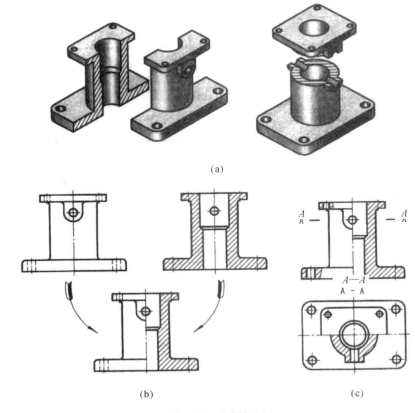

(a)

(b)   (c)

图 6-21   半剖视图

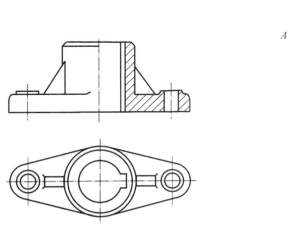

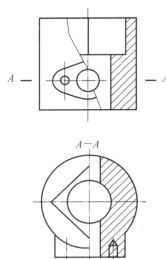

图 6-22   基本对称物体的半剖视图   图 6-23   轮廓线与中心线重合,不宜作半剖视图

3.局部剖视图

用剖切面局部地剖开物体所得的剖视图,称为局部剖视图。

当物体只有局部的内部结构需要表示,而又不宜采用全剖视图;或轮廓线与对称中心线重合,不宜采用半剖视图时均可采用局部剖视图,如图 6-24 所示。

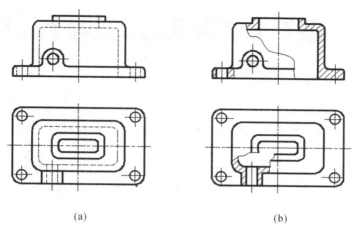

(a)　　　　　　　　　　　　　　　　(b)

图 6-24　局部剖视图

图 6-24(a)所示为箱体的两视图,通过分析箱体的形状结构可以看出,上下和左右都不对称,为了将箱体的内外结构形状表达清楚,其主视图和俯视图都不宜采用全剖视图或半剖视图,采用图 6-24(b)所示的局部剖视图,则很清楚地表达了箱体的内外结构形状。

画局部剖视图应注意以下几点:

(1)局部剖视图中,视图部分和剖视部分一般以波浪线为分界线,波浪线的画法如图 6-25 所示。

(2)当被剖切结构为回转体时,允许将该结构的中心线作为视图部分与局部剖视的分界线,如图 6-26 所示的主视图。

(3)局部剖视图是一种比较灵活的表达方法。它的剖切位置和范围可根据实际需要确定。但在一个视图中,局部剖视图的数量不宜过多,以免使图形零乱,影响清晰。

(4)对于剖切位置明显的局部视图,一般不予标注,如图 6-23～图 6-26 所示。必要时,可按全剖视图的标注方法标注。

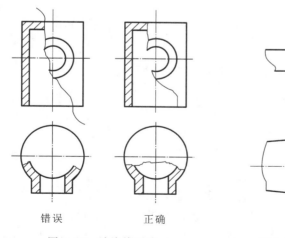

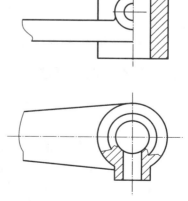

错误　　　　　　正确

图 6-25　波浪线画法　　　　　　图 6-26　回转体的局部剖视图

任务3 断 面 图

3.1 断面图的概念及种类

1.断面图的概念

假想用剖切平面将物体的某处切断,仅画出该剖切平面与物体接触部分的图形,称为断面图,简称断面。

画断面图时,应特别注意断面图与剖视图之间的区别:断面图只要求画出物体被切处的断面投影,而剖视图除了要画出断面投影外,还要画出剖切面后面物体的完整投影,如图6-27所示。

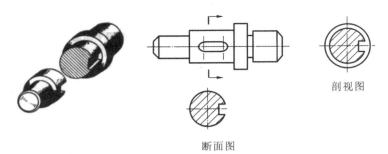

剖视图

断面图

图6-27 断面图的概念

断面图主要用于表达物体某一局部的断面形状,如轴类零件上的键槽、销孔、物体上的肋板、轮辐以及各种型材的断面形状等。

为了得到断面的实形,剖切平面通常应垂直于物体的主要轮廓线或轴线。

2.断面图的种类

根据断面图在图样中的不同位置,可分为移出断面图和重合断面图。

(1)移出断面图。

画在视图(或剖视图)之外的断面图,称为移出断面图,如图6-27所示。

(2)重合断面图。

画在视图之内的断面图,称为重合断面图,如图6-33所示。

3.2 断面图的画法及标注

1.移出断面图的画法及标注

1)移出断面图的画法

(1)移出断面图的轮廓线用粗实线绘制。

(2)移出断面图尽可能画在剖切平面的延长线上,如图6-27所示。必要时可配置在其他适当位置,如图6-28中的$A—A,B—B$所示。也可按投影关系配置,如图6-28中的$C—C$所示。断面图形对称时也可画在视图的中断处,如图6-29所示。在不致引起误解时,允许将图形旋转,如图6-31所示。

(3)当剖切平面通过由回转面形成的孔或凹坑等结构的轴线时,这些结构按剖视图绘制,如图6-30所示。

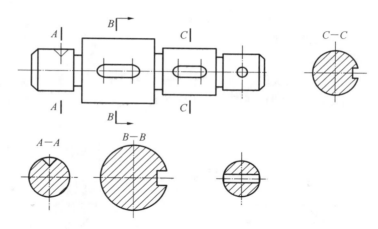

图 6-28　移出断面图的画法和配置

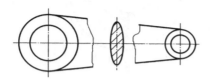

图 6-29　移出断面图画在视图中断处

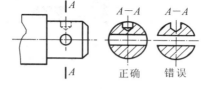

图 6-30　移出断面图按剖视图绘制(1)

（4）当剖切平面通过非圆孔，会导致出现两个完全分离的断面时，这些结构应按剖视图要求绘制，如图 6-31 所示。

（5）为了得到断面实形，剖切平面一般应垂直于被剖部分的轮廓线，当移出断面是由两个或多个相交的剖切平面剖切得到时，中间一般应断开，图 6-32 所示。

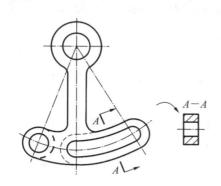

图 6-31　移出断面图按剖视图绘制(2)

图 6-32　移出断面图由两个或多个相交平面剖切时的画法

2）移出断面图的标注

（1）移出断面图一般应在断面图的上方用大写拉丁字母标注断面图的名称"×—×"，用剖切符号表示剖切位置和投射方向，并注上相同的字母，如图 6-28 中的"B—B"所示。

（2）配置在剖切符号延长线上的不对称移出断面，可省略字母，如图 6-27 所示。

（3）不配置在剖切符号延长线上的对称移出断面，以及按投影关系配置的不对称移出断面，均可省略箭头，如图 6-28 中的"A—A""C—C"所示。

（4）配置在剖切符号或剖切线（点画线）延长线上的对称移出断面，以及配置在视图中断处的对称移出断面,均不必标注,如图 6-28 和图 6-29 所示。

2.重合断面图的画法及标注

1)重合断面图的画法

重合断面图的轮廓线用细实线绘制。当视图中的轮廓线与重合断面图重叠时,视图中的轮廓线仍应连续画出,不可间断,如图 6-33(a)所示。

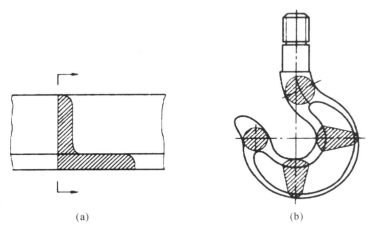

(a)   (b)

图 6-33 重合断面图

2)重合断面图的标注

图形对称的重合断面不必标注,如图 6-33(b)所示。不对称的重合断面不必标注字母,如图 6-33(a)所示。

任务4 其他表达方法

4.1 局部放大图

为了清楚地表示物体上某些细小结构,将这种细小结构用大于原图形所采用的比例画出的图形,称为局部放大图。

局部放大图可画成视图、剖视图、断面图,它与被放大部分的原表达方式无关。局部放大图应尽量配置在被放大部位的附近,如图 6-34 所示。

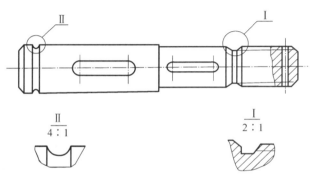

图 6-34 局部放大图(1)

局部放大图的标注,是在视图上用细实线圈出被放大的部位,并在局部放大图的上方标明所采用的比例,如图 6-35(a)所示。当同一物体上有几个被放大部分时,必须用大写罗马数字依次标明被放大的部位,并在局部放大图的上方标出相应的罗马数字和所采用的比例,如图 6-34 所示。

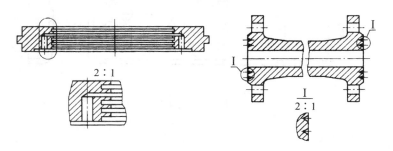

图 6-35 局部放大图(2)

同一物体上不同部位的局部放大图,当图形相同或对称时,只需画出一个,如图 6-35(b)所示。

局部放大图的比例,系指该图形中物体要素的线性尺寸与实际物体相应要素的线性尺寸之比,而与原图形所采用的比例无关。

4.2 简化画法和规定画法

简化画法是包括规定画法、省略画法、示意画法等在内的图示方法。

(1)对于物体的肋、轮辐及薄壁等,如按纵向剖切,这些结构都不画剖面符号,而用粗实线将它与其邻接部分分开,如图 6-36 所示。

(2)当回转体上均匀分布的肋、轮辐、孔等结构不处于剖切平面上时,可将这些结构旋转到剖切平面上画出,如图 6-37 所示。

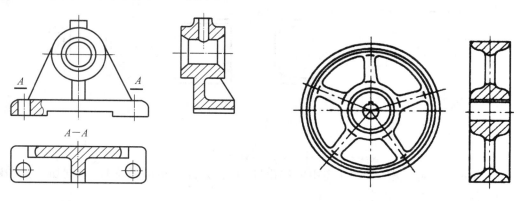

图 6-36 肋的规定画法   图 6-37 均匀分布轮辐的规定画法

(3)当物体具有若干相同且成规律分布的孔时,可画出一个或几个,其余用细点画线表示其中心位置,在图中注明孔的总数,如图 6-38 所示。

(4)当物体具有若干相同结构,并按一定规律分布时,只需画出几个完整的结构,其余用细实线连接起来,并注明结构的总数,如图 6-39 所示。

(5)物体上的沟槽、滚花等网状结构,用粗实线完全或部分地表示出来,如图 6-40 所示。

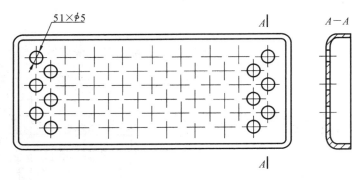

图 6-38 直径相同且成规律分布的孔的画法

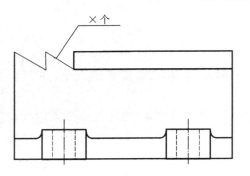

图 6-39 相同结构的简化画法

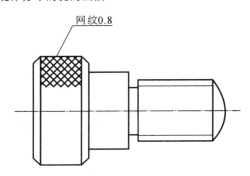

图 6-40 滚花的简化画法

（6）物体上较小的结构，在一个图形中已表示清楚时，其他图形可简化或省略不画，如图 6-41(a)所示；对于斜度不大的结构，如在一个图形中已表示清楚，其他图形可按小端画出，如图 6-41(b)所示；在不致引起误解时，零件图中的小圆角、小倒角均可省略不画，但必须注明尺寸或在技术要求中说明，如图 6-41(c)所示。

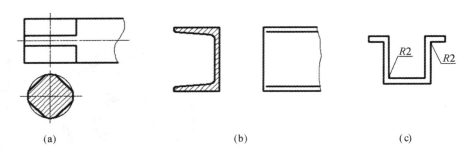

(a)   (b)   (c)

图 6-41 较小结构的简化画法

（7）在不致引起误解时，零件图中的移出断面图，允许省略剖面符号，但剖切位置和断面图的标注必须遵守规定，如图 6-42 所示。

（8）与投影面倾斜角度小于或等于 30°的圆或圆弧，其投影可用圆或圆弧代替，如图 6-43所示。

（9）当图形不能充分表达平面时，可用平面符号（相交的两条细实线）表示，如图 6-44 所示。

（10）在不致引起误解时，图形中的过渡线、相贯线允许用直线或圆弧简化，如图 6-45 所示。

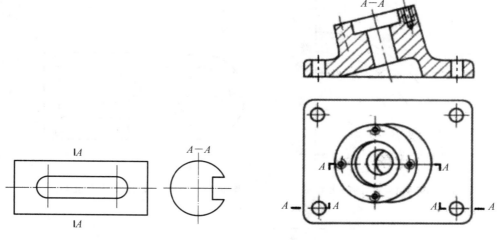

图 6-42 移出断面图的简化画法

图 6-43 倾斜的圆和圆弧的简化画法

（11）圆柱形法兰和类似零件上均匀分布的孔，可按图 6-45 所示绘制。

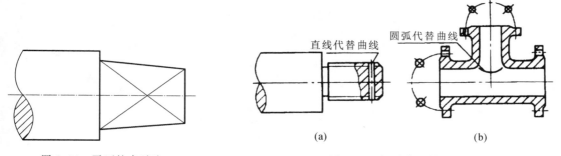

图 6-44 平面的表示法

图 6-45 相贯线的简化画法

（12）较长的物体（轴、杆、型材等）沿长度方向的形状一致或按一定规律变化时，可断开后缩短绘制（尺寸必须标注实际长度），如图 6-46 所示。

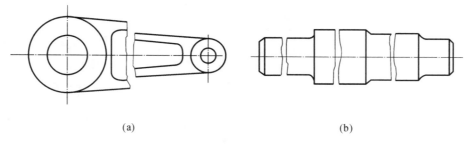

图 6-46 较长零件的简化画法

（13）在不致引起误解时，对称物体的视图可只画一半或四分之一，并用细实线在对称中心线的两端画出两条与其垂直的平行线，如图 6-47 所示。

（14）需要表示位于剖切平面前面的结构时，这些结构按假想投影的轮廓线（双点画线）绘制，如图 6-48 所示。

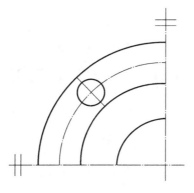

图 6-47 对称物体的简化画法

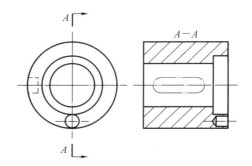

图 6-48 剖切平面前的结构简化画法

项目 7

标准件和常用件

在机器或部件的装配中，经常使用螺纹紧固件、键、销和滚动轴承等，这些零件使用量大，因此国家标准中对它们的结构、尺寸、画法等各方面都已标准化。在结构和尺寸等各个方面都已标准化的机件，称为标准件。

齿轮、弹簧等都是机器或部件中常用的零件，齿轮中的某些结构和尺寸，圆柱螺旋压缩、拉伸、扭转弹簧都已标准化。将部分重要参数标准化、系列化的机件，称为常用件。

在绘图时，对这些零件的形状和结构，如螺纹的牙型、齿轮的齿廓、弹簧的螺旋外形等，不需要按真实投影画出，只需根据国家标准规定的画法、代号或标记进行绘图和标注。

本项目主要介绍上述标准件、常用件的基本知识，规定画法和标记，标注方法，以及它们的连接装配图的画法。

任务 1　螺　纹

螺纹是零件上一种常见的结构，常用的几种螺纹大部分都已标准化。

1.1　螺纹的形成

螺纹是指在圆柱或圆锥表面上沿着螺旋线所形成的、具有相同轴向剖面的连续凸起和凹陷。凸起是指螺纹两侧面间的实体部分，又称为牙；凹陷部分称为沟槽。螺纹凸起的顶部，连接相邻两个牙侧的螺纹表面，称为牙顶；螺纹沟槽的底部，连接相邻两个牙侧的螺纹表面，称为牙底。在圆柱或圆锥外表面上所形成的螺纹，称为外螺纹。在圆柱或圆锥内表面上所形成的螺纹,称为内螺纹。

螺纹通常是车削而成的,如图 7-1 所示。将工件夹紧在车床的卡盘中做匀速旋转,车刀沿其轴线做匀速移动,当车刀切入工件一定深度时,便在工件表面加工出螺纹。

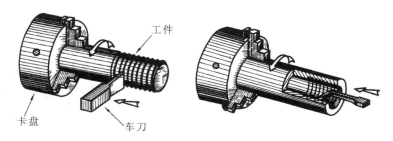

图 7-1　车削螺纹

1.2　螺纹的结构要素

1. 螺纹牙型

在通过螺纹轴线的剖面上,螺纹的轮廓形状,称为螺纹牙型。常见的螺纹牙型有三角形、梯形、锯齿形和方形,如图 7-2 所示。

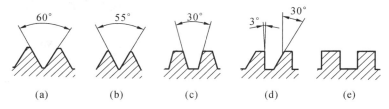

图 7-2　螺纹的牙型

(a) 普通螺纹(M)　(b) 管螺纹(G 或 R)　(c) 梯形螺纹(Tr)　(d) 锯齿形螺纹(B)　(e) 矩形螺纹

2. 公称直径

螺纹的公称直径,是指螺纹的大径。如图 7-3 所示,螺纹大径是与外螺纹牙顶或内螺纹牙底相重合的假想圆柱面的直径。螺纹小径是与外螺纹牙底或内螺纹牙顶相重合的假想圆柱面的直径。螺纹中径是在大径与小径之间的一个假想圆柱面的直径,该圆柱面母线通过牙型的凸起宽度和沟槽宽度相等。

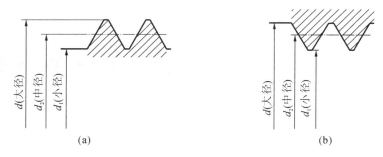

图 7-3　螺纹的公称直径

（a）外螺纹　（b）内螺纹

3. 线数(n)

螺纹有单线和多线之分。沿一条螺纹线形成的螺纹,称为单线螺纹;沿轴向等距分布的两条或两条以上的螺旋线所形成的螺纹,称为多线螺纹,如图 7-4 所示。

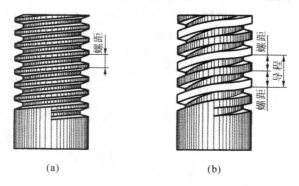

(a)   (b)

图 7-4 螺纹的线数

(a) 单线螺纹   (b) 多线螺纹

4.螺距(P)和导程(S)

螺纹相邻两牙在中径线上对应两点间的轴向距离,称为螺距,用 P 表示。同一条螺旋线上的相邻两牙在中径线上对应两点间的轴向距离,称为导程,用 S 表示。它们之间的关系为

单线螺纹:$S = P$

多线螺纹:$S = nP$

5.旋向

螺纹分右旋和左旋两种。顺时针旋转旋入的螺纹称为右旋螺纹;逆时针旋转旋入的螺纹称为左旋螺纹。亦可采用右手法则或左手法则来判断,如图 7-5 所示。通常采用右旋螺纹。

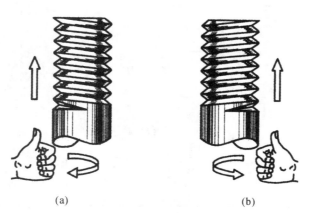

(a)   (b)

图 7-5 螺纹的旋向

(a) 左旋   (b) 右旋

牙型、大径、导程、线数、旋向是确定螺纹的五个要素。只有五个要素完全相同时,内、外螺纹才能旋合。

1.3 螺纹的种类

螺纹的牙型、大径和螺距是螺纹最基本的三个要素,称为螺纹的三要素。国家标准中对螺纹的三要素做了统一的规定。螺纹牙型、大径和螺距都符合国家标准的螺纹,称为标准螺纹。螺纹牙型符合国家标准,但大径或螺距不符合国家标准的螺纹,称为特殊螺纹。标注

时,应在牙型符号前加注"特"字。螺纹牙型不符合国家标准的螺纹是非标准螺纹。普通螺纹、英制管螺纹、梯形螺纹和锯齿形螺纹均为标准螺纹,都有各自的特征代号;矩形螺纹是非标准螺纹,它没有特征代号。螺纹按用途可分为连接螺纹和传动螺纹两种,具体如下。

$$
螺纹
\begin{cases}
连接螺纹
\begin{cases}
普通螺纹(M)
\begin{cases}
粗牙\\
细牙
\end{cases}\\
管螺纹
\begin{cases}
用螺纹密封的管螺纹
\begin{cases}
圆锥内螺纹(Rc)\\
圆锥外螺纹(R)\\
圆柱管螺纹(Rp)
\end{cases}\\
非螺纹密封的管螺纹(G)
\end{cases}
\end{cases}\\
传动螺纹
\begin{cases}
梯形螺纹(Tr)\\
锯齿形螺纹(B)\\
矩形螺纹
\end{cases}
\end{cases}
$$

1.4 螺纹的画法

1. 螺纹的规定画法

为了简化画图工作,国家标准中指出螺纹不需要按真实投影画出。国家标准中规定了螺纹的画法,如图 7-6 和图 7-7 所示。

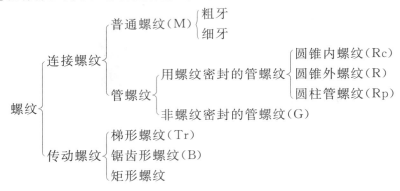

图 7-6　外螺纹的规定画法

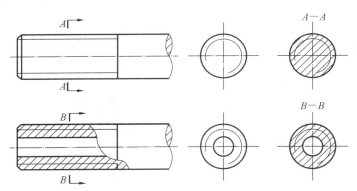

图 7-7　内螺纹的规定画法

（1）螺纹可见时,螺纹的牙顶（外螺纹大径、内螺纹小径）用粗实线画出;牙底（外螺纹小径、内螺纹大径）用细实线画出,且在螺杆的倒角或倒圆部分也应画出。在垂直于螺纹轴线的投影面上的视图中,表示牙底的细实线圆只画约 3/4 圈,倒角圆省略不画。

(2)有效螺纹的终止线(简称螺纹终止线)用粗实线表示。当外螺纹剖开时,其终止线只画出表示牙型高度的一小段。

(3)在内、外螺纹的剖视、剖面图中,其剖面线都必须画到粗实线。

(4)在绘制螺纹小径时,小径通常近似画成大径的 0.85。

(5)当需要表示螺纹牙型时,可采用局部剖视图或局部放大图表示。

(6)在绘制不可见的螺纹时,所有图线均按虚线绘制。

2.螺纹连接的规定画法

以剖视图表示内、外螺纹连接时,其旋合部分应按外螺纹绘制,其余部分仍按各自的画法表示。当剖切平面通过实心螺杆轴线时,螺杆按不剖绘制,如图 7-8 所示。

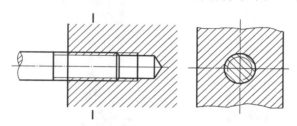

图 7-8　螺纹连接的规定画法

由于内、外螺纹连接时,内、外螺纹的五大要素必须完全相同,所以表示大、小径的粗实线和细实线应分别对齐,这与倒角的大小无关。

3.有关螺纹的各种结构及画法

1)倒角

为了便于内、外螺纹旋合,并防止端部螺纹碰伤,一般在螺纹的端部做出倒角,在投影为圆的视图上,倒角圆省略不画。

2)螺尾和退刀槽

螺纹的螺尾和退刀槽如图 7-9 所示。在加工螺纹时,由于工艺原因,螺纹收尾部分形成一小段向光滑表面过渡的、牙底不完整的螺纹,称为螺尾。当需要表示螺尾时,螺尾部分的牙底用与轴线成 30° 的细实线绘制,如图 7-10 所示。但一般情况下不画出螺尾。

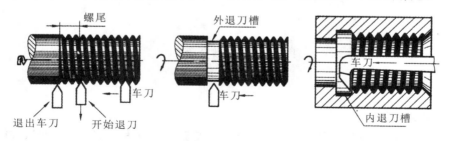

图 7-9　螺纹的螺尾、退刀槽

3)不通螺孔

加工不通螺孔时,先按螺纹小径选用钻头,加工出圆孔后,再用丝锥攻出螺纹。由于钻头端部是 118° 锥面,所以钻孔底部也有 118° 锥孔,在图上简化画成 120°,如图 7-11 所示。

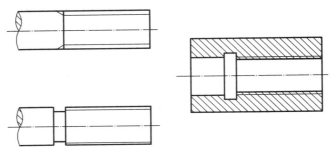

图 7-10　螺尾、退刀槽的画法

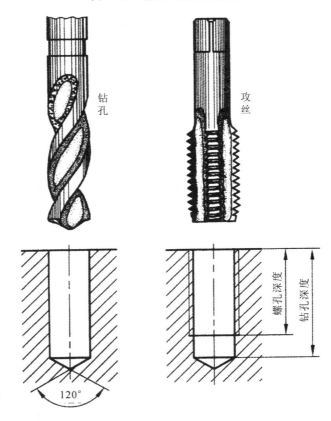

图 7-11　不通螺孔的画法

1.5　螺纹的标注

1. 标准螺纹的标记

螺纹按国家标准的规定画法画出后,图上并未表明牙型、公称直径、螺距、线数和旋向等要素,需在图上注写国家标准规定的各种标准螺纹的标记,见表 7-1。螺纹的标记内容及格式为

单线螺纹:$\boxed{特征代号}\boxed{公称直径}×\boxed{螺距}\boxed{旋向}-\boxed{公差带代号}-\boxed{旋合长度代号}$

多线螺纹:$\boxed{特征代号}\boxed{公称直径}×\boxed{导程(螺距\ P)}-\boxed{公差带代号}-\boxed{旋合长度代号}$

1）特征代号

普通螺纹的特征代号为"M",管螺纹的特征代号为"G 或 R",梯形螺纹的特征代号为

"Tr",锯齿形螺纹的特征代号为"B"。

　　2)公称直径

　　一般为螺纹大径,但管螺纹标注中,螺纹特征代号后面为尺寸代号,即管子的内径,单位为英寸,管螺纹的直径要查其标准确定。

　　3)旋向

　　左旋时要标注"LH",右旋时不标注。

表7-1　常用螺纹的规定标记

螺纹种类			标记方式	说　明
连接螺纹	普通螺纹	粗牙	M12-5g　6g 顶径公差带代号 中径公差带代号 螺纹大径	(1)螺纹的标记,应注在大径的尺寸线或在其引出线上; (2)粗牙螺纹不标注螺距; (3)细牙螺纹标注螺距
			M12LH - 7H - L 旋合长度 中径和顶径公差带代号 旋向(左旋)	
		细牙	M12×1.5-5g　6g 螺距	
	管螺纹	非螺纹密封的管螺纹	非螺纹密封的内管螺纹标记为:G1/2 内螺纹公差等级只有一种,不标注公差等级	(1)特征代号右边的数字是尺寸代号,即管子内通径,单位为英寸。管螺纹的直径需查其标准确定。尺寸代号采用小一号的数字书写; (2)在图上从螺纹大径画指引线进行标注
			非螺纹密封的外管螺纹标记为:G1/2A 外螺纹公差等级分为A级和B级两种,需标注	
		用螺纹密封的管螺纹	螺纹密封的圆柱内管螺纹标注:Rp1/2-LH 只有一种公差带,不标注公差带代号	
			螺纹密封的圆锥内管螺纹标准:Rc1/2 只有一种公差带,不标注公差带代号	
			螺纹密封的圆锥外管螺纹标注:R1/2 只有一种公差带,不标注公差带代号	
传动螺纹	梯形螺纹	单线	Tr40×7 - 7e 中径公差带代号 螺距 螺纹大径	(1)单线螺纹注螺距,多线螺纹注导程、螺距; (2)旋合长度分为中等(N)和长(L)两组,中等旋合长度可以不标注; (3)旋向分为左旋和右旋两种,左旋标注"LH",右旋不标注
		多线	Tr40×14(P7)LH-7H-L 旋向(左旋) 导程(P螺距)	

续表

螺纹种类			标 记 方 式	说　明
传动螺纹	锯齿形螺纹	单线	B40×7 - LH - 7e 中径公差带代号 旋向(左旋) 螺距 螺纹大径	（1）单线螺纹注螺距,多线螺纹注导程、螺距; （2）旋合长度分为中等(N)和长(L)两组,中等旋合长度可以不标注; （3）旋向分为左旋和右旋两种,左旋标注"LH",右旋不标注
		多线	B40×14(P7)-LH-7A-L 导程(P螺距)	

4）公差带代号

公差带代号由表示其大小的公差等级数字和表示其位置的基本偏差代号(字母)所组成。对于普通螺纹,要同时注出中径在前、顶径在后的两项公差带代号,中径和顶径公差带代号相同时,只注一个。但梯形螺纹、锯齿形螺纹只标注中径公差带代号。代号中的字母外螺纹用小写,内螺纹用大写。

5）旋合长度代号

两个互相配合的螺纹,沿其轴线方向相互旋合部分的长度,称为旋合长度。螺纹旋合长度分为短、中、长三组,分别用代号 S、N、L 表示,中等旋合长度代号 N 不标注。

2.特殊螺纹的标记

特殊螺纹的标注方法,可查阅有关国家标准。

3.非标准螺纹的标记

对于非标准螺纹,不仅应画出螺纹的牙型,还应注出所需的全部尺寸及有关要求。当线数为多线,旋向为左旋时,应在图样的适当位置注明,如图 7-12 所示。

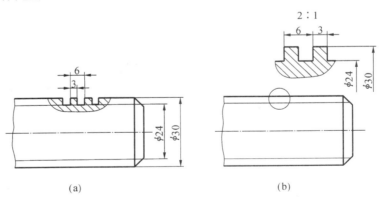

图 7-12　非标准螺纹的标注

（a）注法一　（b）注法二

任务 2　螺纹紧固件及其连接装配图的画法

螺纹紧固件就是通过一对内、外螺纹的连接作用来连接和紧固一些零部件。如图 7-13 所示,常用的螺纹紧固件包括螺栓、螺柱(亦称双头螺柱)、螺钉、螺母和垫圈等,国家标准对其结构形式、尺寸和技术要求等作了统一的规定。在机器设计中,选用这些标准件时,不需要画出这些零件的图样,只需写出其标记,据以采购。

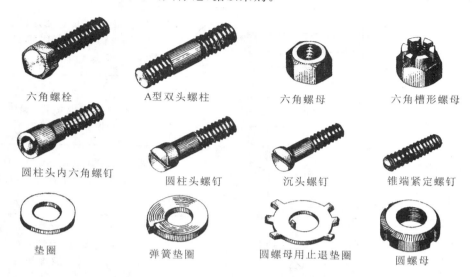

六角螺栓　　　　　A型双头螺柱　　　　六角螺母　　　　六角槽形螺母

圆柱头内六角螺钉　　圆柱头螺钉　　　沉头螺钉　　　锥端紧定螺钉

垫圈　　　　　弹簧垫圈　　　圆螺母用止退垫圈　　　圆螺母

图 7-13　常用螺纹紧固件

表 7-2 列举了一些常用的螺纹紧固件的图例和标记示例。

表 7-2　常用螺纹紧固件标记示例

名称及标准号	图　　例	标记及说明
六角头螺栓 GB/T 5782—2016	50　M10	螺栓 GB/T 5782—2016—M10×50 〔A 级六角螺栓,螺纹规格为 M10, 公称长度 l=50〕
双头螺柱 GB/T 897~900—1988	b_m　50　M10 A型 b_m　50　M10 B型	螺柱 GB/T 897—1988—M10×50 (两端均为粗牙普通螺纹,螺纹规格为 M10,公称长度 l=50,B 型,$b_m=1d$ 的双头螺柱) 螺柱 GB/T 898—1988—AM10—M10×1×50 (旋入机体一端为粗牙普通螺纹,旋入螺母一端为螺距 P=1 的细牙螺纹,螺纹规格为 M10,公称长度 l=50,A 型,$b_m=1.25d$ 的双头螺柱)
开槽圆柱头螺钉 GB/T 65—2016	50　M10	螺钉 GB/T 65—2016—M10×50 (开槽圆柱头螺钉,螺纹规格为 M10,公称长度 l=50)
开槽沉头螺钉 GB/T 68—2016	50　M10	螺钉 GB/T 68—2016—M10×50 (开槽沉头螺钉,螺纹规格为 M10,公称长度 l=50)

续表

名称及标准号	图 例	标记及说明
十字槽沉头螺钉 GB/T 819.1—2016		螺钉 GB/T 819.1—2016—M10×50 (十字槽沉头螺钉,螺纹规格为 M10,公称长度 $l=50$)
开槽锥端紧定螺钉 GB/T 71—1985		螺钉 GB/T 71—1985—M5×20 (开槽锥端紧定螺钉,螺纹规格为 M5,公称长度 $l=20$)
Ⅰ型六角螺母 A级和B级 GB/T 6170—2015		螺母 GB/T 6170—2015—M10 (A级的Ⅰ型六角螺母,螺纹规格为 M10)
平垫圈-A级 GB/T 97.1—2002 平垫圈 倒角型-A型 GB/T 97.2—2002		垫圈 GB/T 97.1—2002—10—140HV (A级平垫圈,公称尺寸(指螺纹大 径)$d=10$,机械性能等级为 140 HV 级,从标准中可查得,当垫圈公称尺寸 $d=10$ 时,该垫圈的孔径为 $\phi10.5$)
标准型弹簧垫圈 GB/T 93—1987		垫圈 GB/T 93—1987—10 (标准型弹簧垫圈,规格(指螺纹大 径)为 10)

如图 7-14 所示,利用螺纹紧固件连接零件的形式有三种:螺栓连接、双头螺柱连接和螺钉连接。下面分别介绍它们的连接装配图的画法。

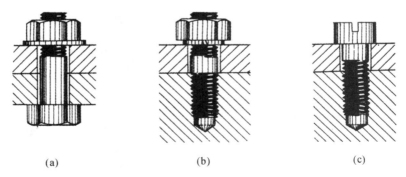

(a)　　　　　　　　(b)　　　　　　　　(c)

图 7-14　螺纹紧固件连接
(a)螺栓连接　(b)螺柱连接　(c)螺钉连接

2.1　螺栓连接

图 7-15 所示为螺栓连接。所用的螺纹紧固件有螺栓、螺母和垫圈。常用于连接不太厚且能钻成通孔的零件。垫圈的作用是增加支承面积和防止拧紧螺母时损伤零件的表面,并使得螺母的压力均匀分布在零件表面上。被连接零件上的通孔直径稍大于螺纹大径,具体尺寸可查表。

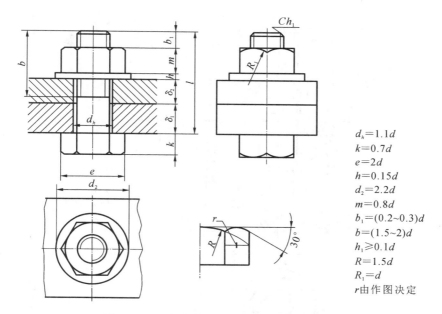

$d_h = 1.1d$
$k = 0.7d$
$e = 2d$
$h = 0.15d$
$d_2 = 2.2d$
$m = 0.8d$
$b_1 = (0.2 \sim 0.3)d$
$b = (1.5 \sim 2)d$
$h_1 \geqslant 0.1d$
$R = 1.5d$
$R_1 = d$
r 由作图决定

图 7-15 六角头螺栓连接装配图的比例画法

为了便于画图,装配图中的螺纹紧固件可以不按标准中的规定的尺寸画出,而采用以螺纹大径(d)的比例值画装配图,这种画法称为比例画法。

画螺栓连接装配图时,连接零件的厚度(δ_1,δ_2),各螺纹紧固件的形式和螺纹大径是已知的,然后按下列公式计算出螺栓的公称长度 l:

$l \geqslant$ 被连接零件的总厚度($\delta_1 + \delta_2$)+垫圈厚度(h)+螺母高度(m)+螺栓伸出螺母的高度(b_1)

式中 h、m 的数值从相应标准中查得;b_1 一般取为 $0.2d \sim 0.3d$,而不再查标准。然后根据公称长度 l 的计算值,在螺栓标准的 l 公称系列值中,选用标准长度 l,从而确定螺栓的标记。

螺栓的标记为

螺栓 GB/T 5782—2016—M$d \times l$

例如,螺栓、螺母和垫圈的规定标记分别为:螺栓 GB/T 5782—2016—M10$\times l$、螺母 GB/T 6170—2015—M10、垫圈 GB/T 97.1—2002—10—140HV,被连接零件厚度分别为 $\delta_1 = 14$,$\delta_2 = 17$,先查表得 $h = 2$,$m = 8.4$,然后计算得公式右边的值为 $43.4 \sim 44.4$,再查螺栓标准中的 l 公称系列值,从中选取螺栓的公称长度 $l = 45$。这样就确定螺栓标记为

螺栓 GB/T 5782—2016—M10$\times$45

2.2 双头螺柱连接

图 7-16 所示为双头螺柱连接,所用的螺纹紧固件有螺柱、螺母、平垫圈或弹簧垫圈。双头螺柱连接常用于被连接零件太厚或由于结构上的限制不宜用螺栓连接的场合。被连接零件中的一个加工出螺孔,其余零件都加工出通孔。弹簧垫圈起防松作用。

双头螺柱的两端都有螺纹,一端全部旋入被连接零件的螺孔中,称为旋入端;另一端用来拧紧螺母,称为紧固端。旋入端的长度由螺纹大径和带螺孔零件的材料所决定。按旋入端长度不同,国家标准规定双头螺柱有下列四种:

(1)用于钢、青铜零件 $b_m = 1d$(标准编号 GB/T 897—1988)

(2)用于铸铁零件 $b_m = 1.25d$(标准编号 GB/T 898—1988)

123

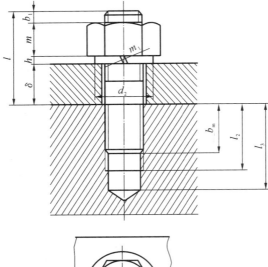

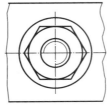

$d_2=1.5d$
$m_1=0.1d$
$h=0.2d$
$l_2=b_m+0.5d$
$l_3=b_m+d$

图 7-16　双头螺柱连接装配图的比例画法

（3）用于材料强度在铸铁与铝之间的零件　$b_m=1.5d$（标准编号 GB/T 899—1988）

（4）用于铝零件　$b_m=2d$（标准编号 GB/T 900—1988）

画双头螺柱连接装配图时,被连接加工出通孔的零件厚度(δ)和带螺孔的被连接零件的材料,以及各螺纹紧固件的形式和螺纹大径是已知的,和画螺栓连接装配图一样,先计算出双头螺柱的公称长度 l:

$l\geqslant$加工出通孔的零件厚度(δ)+垫圈厚度(h)+螺母高度(m)+螺柱伸出螺母的高度(b_1)

再取标准长度值,然后确定双头螺柱的标记。

双头螺柱的形式、尺寸和规定标记为

A 型:螺柱 GB/T 897—1988　　AM$d\times l$

B 型:螺柱 GB/T 898—1988　　M$d\times l$

2.3　螺钉连接

图 7-17 所示为螺钉连接,所用的螺纹紧固件只有螺钉,它不用螺母。一般用于受力不大,又不经常拆装的地方。被连接零件中的一个加工出螺孔,其余零件都加工出通孔。

画螺钉连接装配图时,被连接零件的厚度和带螺孔的被连接零件的材料,以及螺钉的形式及螺纹大径都是已知的,先计算出螺钉的公称长度 l:

$l\geqslant$ 加工出通孔的零件厚度(δ)＋螺钉旋入螺孔的深度(L_1)

螺钉旋入螺孔的深度 L_1 的大小,与螺纹大径和加工出螺孔的零件材料有关,画图时可按双头螺柱旋入端长度 b_m 的计算方法来确定,再取标准长度值,最后确定螺钉的标记。特别要注意的是,螺钉头部起子槽的画法,它在主、俯两个视图之间是不符合投影关系的,在俯视图上要与圆的对称中心线成 $45°$ 倾斜。

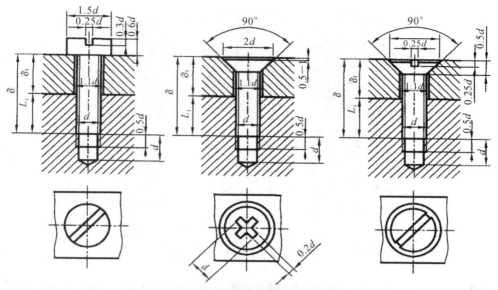

图 7-17 常见螺钉连接装配图的比例画法

紧定螺钉用来固定两个零件的相对位置,图 7-18 所示为紧定螺钉连接装配图的画法。

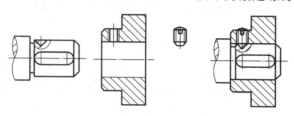

图 7-18 紧定螺钉连接装配图

螺钉的规定标记类似于螺纹,其规定标记为

$$螺钉 GB/T\ 70.1—2000 \quad Md×l$$

2.4 螺纹紧固件连接装配图的规定画法

在画螺纹紧固件的连接装配图时,应遵守下列规定:

(1) 两零件接触表面画一条线,不接触表面画两条线。

(2) 相邻的两零件,其剖面线方向应相反,或者方向一致,间隔不等;同一零件的剖面线的方向和间隔都应一致。

(3) 对于紧固件和实心零件(如螺钉、螺栓、螺母、垫圈、键、销、球、轴等),若剖切平面通过它们的基本轴线,则这些零件都按不剖绘制,只画外形;需要时,可采用局部剖视。

(4) 在剖视图中,当其边界不画波浪线时,应将剖面线绘制整齐。

(5) 在画螺纹紧固件的连接装配图时,还可采用以下的简化画法:

① 可将零件上的倒角和因倒角而产生的截交线省去不画,如图 7-19(a)所示。

② 对于不穿通的螺孔,可以不画出钻孔深度,仅按螺纹部分的深度(不包括螺尾)画出,如图 7-19(b)所示。

③ 螺钉头部的一字槽、十字槽可用比粗实线稍宽的线型来表示,如图 7-19(c)所示,各种螺钉头部的简化画法可查阅制图标准。

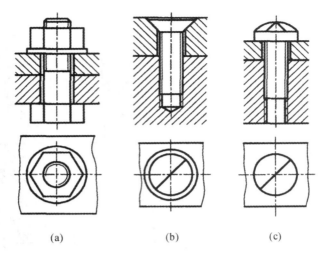

(a)　　　　　　　　　(b)　　　　　　　　　(c)

图 7-19　螺纹连接装配图的简化画法

任务3　键　连　接

　　键通常用来连接轴和装在轴上的转动零件(如齿轮、带轮等),使它们和轴一起转动,起传递扭矩的作用。

3.1　键的种类和标记

　　常用的键有普通平键、半圆键和钩头楔键,如图 7-20 所示。它们都已标准化,使用时按其标记直接外购即可。

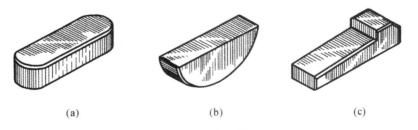

(a)　　　　　　　　　(b)　　　　　　　　　(c)

图 7-20　常用键

(a)普通平键　(b)半圆键　(c)钩头楔键

　　由于普通平键有 A(圆头)、B(方头)、C(单圆头)三种。在标记时,A 型平键省略 A 字,而 B 型、C 型应写出 B 或 C。

A 型:键 $b×L$　GB/T 1096—2003

B 型:键 B $b×L$　GB/T 1096—2003

C 型:键 C $b×L$　GB/T 1096—2003

　　半圆键的标记为

键 $b×L$　GB/T 1099.1—2003

　　钩头楔键的标记为

键 $b×L$　GB/T 1565—2003

3.2 键连接装配图的画法

用上述三种键连接的轴和轮,必须在轴和轮上加工出键槽。装配好后,键有一部分嵌在轴上的键槽内,另一部分嵌在轮的键槽内,这样就可以保证轴和轮一起转动,如图 7-21 所示。

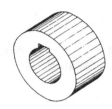

图 7-21 键连接

画键连接装配图时,首先应知道轴的直径和键的形式,然后查有关标准,确定键的公称尺寸 b 和 h,以及轴和轮上键槽的尺寸,并选定键的标准长度 L。

1.普通平键连接装配图的画法

用普通平键连接时,其两侧面为工作面,键的两侧面和下底面都应和轴上的键槽的相应表面接触,而键的顶面与轮的键槽顶面之间则应有间隙,如图 7-22 所示。

在剖视图中,当剖切平面通过键的纵向对称平面剖切时,键按不剖绘制,此时通常采用局部剖视图来表示轴上的键槽。当剖切平面横向剖切键时,则被剖切的键应画剖面线。

2.半圆键连接装配图的画法

半圆键连接与普通平键连接相似,半圆键的一部分装在轴上半圆形的键槽内,另一部分装入轮的键槽中,其两侧面为工作面,与轴和轮的键槽两侧面接触,键的顶面与轮的键槽顶面之间应留有间隙,如图 7-23 所示。

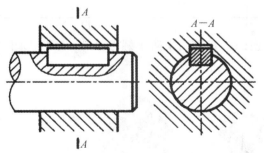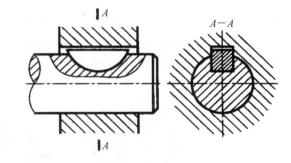

图 7-22 普通平键连接装配图画法   图 7-23 半圆键连接装配图的画法

3.钩头楔键连接装配图的画法

钩头楔键顶面是 1:100 的斜度,装配时打入键槽,依靠键的顶面和底面与轮和轴之间挤压的摩擦力而连接,即键的顶面和底面为工作面,必须与轮、轴的键槽紧密接触,不能有间隙,故画图时上下两接触面应画一条线,如图 7-24 所示。

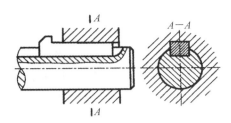

图 7-24　钩头楔键连接装配图的画法

任务 4　销　连　接

4.1　销的种类和标记

常用的销有圆柱销、圆锥销和开口销三种,它们都已标准化,其简图和标记见表 7-3。

表 7-3　常用销的简图和标记

名称及标准号	图　例	标记及说明
圆柱销 GB/T 119.1—2000 GB/T 119.2—2000	$\phi 10h8$　80	销 GB/T 119—2000 B10×80 (B 型圆柱销,公称直径 $d=10$,长度 $l=80$) 注:同一直径的圆柱销有四种公差,故有 A,B, C,D 四种形式
圆锥销 GB/T 117—2000	1:50　$\phi 10h8$　80	销 GB/T 117—2000 A10×80 (A 型圆锥销,公称直径 $d=10$,长度 $l=80$) 注:GB/T 117—2000 圆锥销有 A 型(磨削)和 B 型(车削)两种
开口销 GB/T 91—2000	45　8	销 GB/T 91—2000 8×45 (公称直径 $d=8$,长度 $l=45$) 注:公称直径 $d=8$ 是指轴上销孔的直径,而不 是开口销的实际直径

圆柱销和圆锥销通常用于零件间的定位或连接;开口销用来防止螺母松开,或者用来防止其他零件从轴上脱出,如图 7-25 所示。

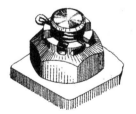

图 7-25　销连接

4.2　销连接装配图的画法

圆柱销和圆锥销连接装配图的画法如图 7-26(a)和图 7-27 所示。国家标准规定,在装配图中,对于轴、销等实心零件,若按纵向剖切,且剖切平面通过其轴线时,则这些零件均按不剖绘制。如需要表明它的结构时，则可用局部剖视图表示。若垂直于轴或销的轴线剖切时，被剖切到的轴和销均应画出剖面线。

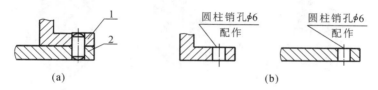

图 7-26 圆柱销连接

（a）装配图 （b）被连接零件的销孔尺寸注法

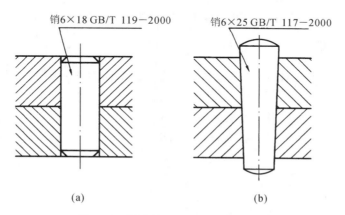

图 7-27 圆柱销、圆锥销的尺寸标注

（a）圆柱销的尺寸标注 （b）圆锥销连接装配图

圆柱销和圆锥销连接，要求被连接零件装配在一起后，再加工销孔，并在零件图上加以注明，如图 7-26(b)所示。

开口销常要与槽形螺母配合使用。它穿过螺母上的槽和轴或螺杆上的孔以防螺母松动，如图 7-28 所示。

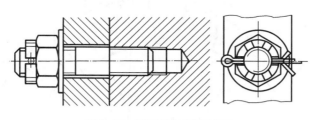

图 7-28 开口销连接装配图

任务 5 齿 轮

齿轮应用极为广泛，它可用来传递动力，也可用来传递运动。常见齿轮有：圆柱齿轮（用于两平行轴之间传动）、圆锥齿轮（用于两相交轴之间传动）、蜗轮与蜗杆（用于两交叉轴之间的传动），如图 7-29 所示。

齿轮的齿形有渐开线、摆线、圆弧等形状，本书主要介绍渐开线标准齿轮的有关知识和规定画法。

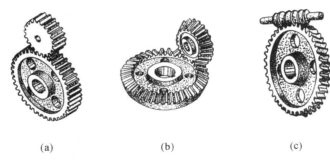

(a)　　　　　　　　(b)　　　　　　　　(c)

图 7-29　齿轮

(a) 圆柱齿轮传动　(b) 圆锥齿轮传动　(c) 蜗轮与蜗杆传动

5.1　圆柱齿轮

圆柱齿轮的轮齿主要有直齿、斜齿和人字齿等。下面主要介绍渐开线齿廓的标准齿轮的有关知识和画法。

1. 圆柱齿轮各部分名称及尺寸关系

图 7-30 所示为互相啮合的两个齿轮的一部分。

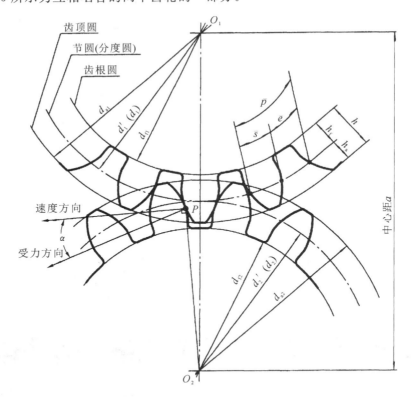

图 7-30　啮合齿轮

1）节圆直径 d' 和分度圆直径 d

连心线 O_1O_2 上两相切的圆称为节圆,直径用 d' 表示,而两节圆的切点则称为节点,用 P 来表示。当加工齿轮时,作为齿轮分度的圆称为分度圆,用 d 来表示其直径。对于正确安装的标准齿轮,节圆和分度圆重合。

2）齿顶圆直径 d_a 和齿根圆直径 d_f

齿轮顶部所在的圆柱称为齿顶圆，直径用 d_a 表示；齿轮根部所在的圆柱称之为齿根圆，直径用 d_f 表示。

3）齿距 p、齿厚 s 和槽宽 e

分度圆上，相邻两齿对应点间的弧长称为齿距，用 p 表示；一个齿轮齿廓间的弧长称之为齿厚，用 s 表示；一个齿槽齿廓间的弧长称为槽宽，用 e 表示。对于标准齿轮 $s=e=p/2$。

4）齿高 h、齿顶高 h_a、齿根高 h_f

齿根圆与齿顶圆间的径向距离称为齿高，用 h 表示；齿根圆与分度圆间的径向距离称为齿根高，用 h_f 表示；齿顶圆与分度圆间的径间距离称为齿顶高，用表示 h_a 表示。齿高与齿顶高、齿根高的关系为 $h=h_f+h_a$。

5）齿数 z、模数 m、压力角 α

齿轮的轮齿个数称为齿数，用 z 表示。由于分度圆周长 $\pi d=pz$，故 $d=pz/\pi$。令 $m=p/\pi$，则有 $d=mz$。m 称为齿轮的模数，它反映了轮齿尺寸的大小和齿轮的承载能力，是进行设计和制造的主要参数。一对啮合的齿轮模数 m 相等。不同模数的齿轮应由不同模数的刀具来加工，为了便于设计和制造，国家标准规定了模数系列值，如表 7-4 所示。相啮合的两轮齿齿廓在 P 点的公法线与两节圆的公切线所形成的锐角称压力角，用 α 表示，标准直齿圆柱齿轮 $\alpha=20°$。一对啮合齿轮的压力角 α 相等。

表 7-4　齿轮模数系列（GB/T 1357—2008）

分　类	模　　　数
第一系列	1　1.25　1.5　2　2.5　3　4　5　6　8　10　12　16　20　25　32　40　50
第二系列	1.75　2.25　2.75　（3.25）　3.5　（3.75）　4.5　5.5　（6.5）　7　9　（11）　14　18　22　28　36　45

注：优先选用第一系列，括号内的模数尽可能不用，本表未摘录小于1的模数。

6）中心距 a

啮合两齿轮轴线间的距离称为中心距，用 a 表示。

标准直齿圆柱齿轮各基本尺寸计算公式，如表 7-5 所示。

表 7-5　标准直齿圆柱齿轮各基本尺寸计算公式

基本参数：模数 $m=p/\pi$　齿数 z

序号	名称	符号	计算公式
1	齿顶高	h_a	$h_a=m$
2	齿根高	h_f	$h_f=1.25m$
3	齿高	h	$h=h_a+h_f=2.25m$
4	齿顶圆直径	d_a	$d_a=d+2h_a=m(z+2)$
5	齿根圆直径	d_f	$d_f=d-2h_f=m(z-2.5)$
6	分度圆直径	d	$d=mz$
7	中心距	a	$a=(d_1+d_2)/2=m(z_1+z_2)/2$

2.规定画法

1）单个齿轮的规定画法（见图7-31）

（1）在表示外形的两视图中，齿顶圆和齿顶线用粗实线来表示；分度圆和分度线用点画线来表示；齿根圆和齿根线用细实线来表示，也可省略不画。

（2）在与齿轮轴线平行的投影面上所得的视图中，一般采用全剖或半剖，此时轮齿部分注意要按不剖处理，齿顶线和齿根线用粗实线表示，分度线用点画线表示。

（3）若为斜齿或人字齿齿轮，可在外形视图或者半剖视图的未剖分部分画上三条平行的细实线，以表示轮齿的方向。

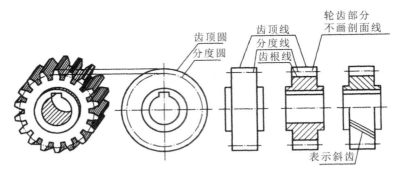

图7-31 单个齿轮画法

2）啮合画法（见图7-32）

（1）在反映齿轮轴线的视图中，节线用一条点画线表示，齿根线分别用两条粗实线表示；齿顶线的表示法是将一轮齿作为可见，用粗实线画，另一轮齿作为不可见，用虚线表示，也可省略不画。

（2）在齿轮端视图中，齿顶圆用粗实线表示，节圆用细点画线表示，啮合区内交线也可省略不画，齿根圆用细实线表示，一般略去不画。

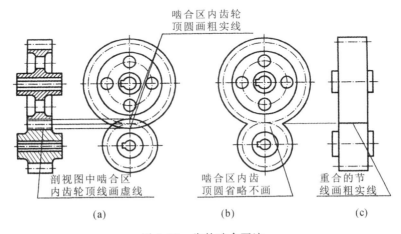

图7-32 齿轮啮合画法

（a）规定画法 （b）省略画法 （c）外形画法

3.直齿圆柱齿轮工作图

在齿轮工作图中，必须直接注出 d_a 和 d 值，d_f 值不注，另在图样右上角参数表中写明 m、z 等基本参数。其他内容与一般零件工作图相同，如图7-33所示。

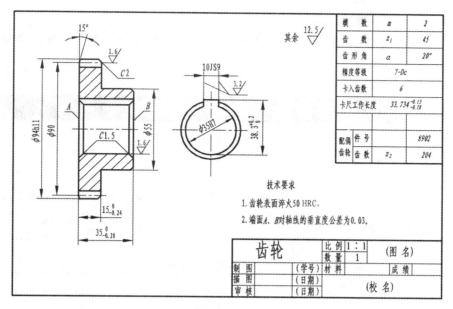

模　数	m	2
齿　数	z_1	45
齿形角	α	20°
精度等级		7-Dc
卡入齿数		6
卡尺工作长度		$33.734^{-0.13}_{-0.18}$
配偶齿轮	件号	8902
	齿数 z_2	204

技术要求

1. 齿轮表面淬火50 HRC。

2. 端面 A、B 对轴线的垂直度公差为0.03。

齿轮	比例	1:1	（图名）
	数量	1	
制图　（学号）	材料		成绩
描图　（日期）			
审核　（日期）		（校名）	

图 7-33　直齿圆柱齿轮零件图

5.2　直齿圆锥齿轮

由于圆锥齿轮的轮齿在锥面上，因此齿形及模数沿轴向变化。大端的法向模数为标准模数，法向齿形为标准渐开线。在轴剖面内，大端背锥素线与分度锥素线垂直，轴线与分度锥素线的夹角 δ 称为分度圆锥角，它也是一个基本参数。直齿圆柱齿轮的基本尺寸计算公式仍适用于大端的法向参数计算。

1. 直齿圆锥齿轮的画法

（1）在反映其轴线的视图中一般采用全剖。齿顶线和齿根线用粗实线表示，轮齿按不剖处理，分度线用细点画线表示。齿顶线、齿根线和分度线的延长线交于轴线。

（2）在端视图中，大端和小端齿顶圆用粗实线表示，大端齿根圆和小端齿根圆不必画，大端分度圆用细点画线表示，小端分度圆不画，如图 7-34 所示。

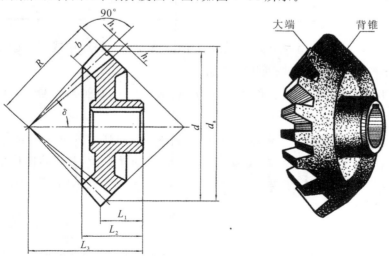

图 7-34　圆锥齿轮

2.圆锥齿轮啮合的规定画法

圆锥齿轮啮合时,两分度圆锥相切,锥顶交于一点,齿轮轮齿部分和啮合区的画法与直齿圆柱齿轮啮合画法相同。

任务 6　滚动轴承与弹簧

6.1　滚动轴承

轴承是支承转动轴及轴上零件的标准件,使用时应根据设计要求,选用标准型号。通用画法的尺寸比例,如表 7-6 所示。常用滚动轴承的类型及特征画法和规定画法的尺寸比例,如表 7-7 所示。

表 7-6　通用画法的尺寸比例示例

通 用 画 法 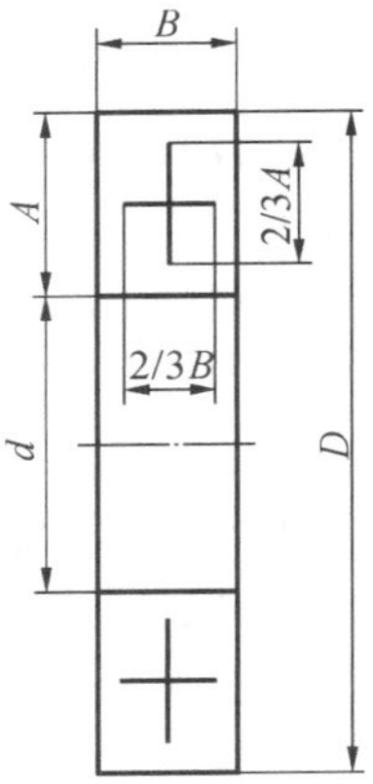	外圈无挡边 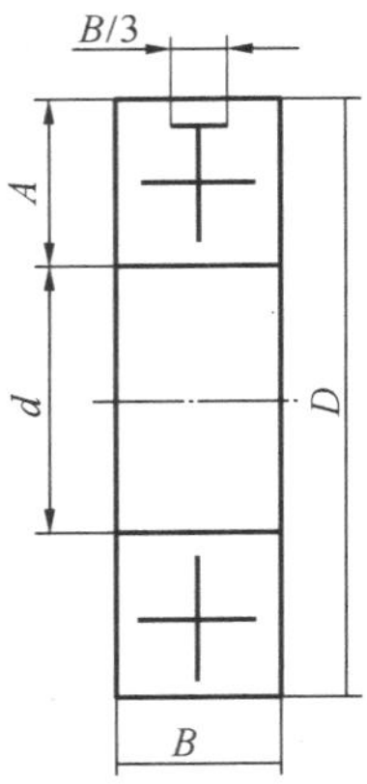	内圈有单挡边 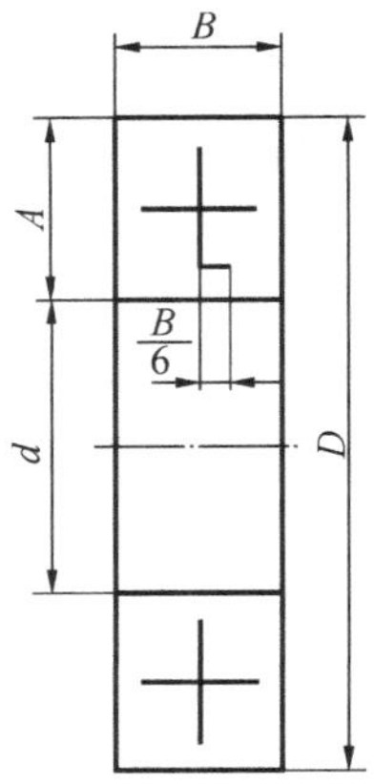

在画滚动轴承时,可采用规定画法,也可采用简单画法中的通用或特征画法。在规定画法中,只画轴承的一半,另一半按通用画法画。

滚动轴承代号由一系列数字和字母组成,其结构分别为前置代号、基本代号和后置代号。

前置代号用于表示成套轴承分部件,用字母表示。基本代号共由 5 位数字组成,其中右起第一、二位数字表示轴承内径,右起第三位数字表示轴承直径,右起第四位数字表示轴承宽度,右起第五位数字表示轴承类型。后置代号由字母和数字表示轴承结构、公差及技术要求等的特殊要求。

表 7-7　滚动轴承类型及特征画法和规定画法的尺寸比例示例

轴承类型	特征画法	规定画法
深沟球轴承 GB/T 276—2013)	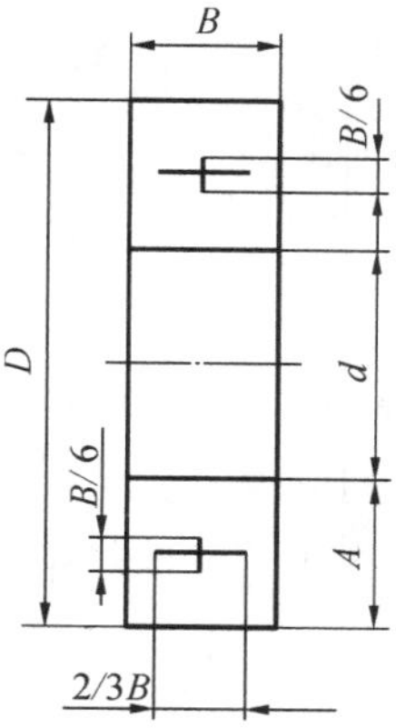	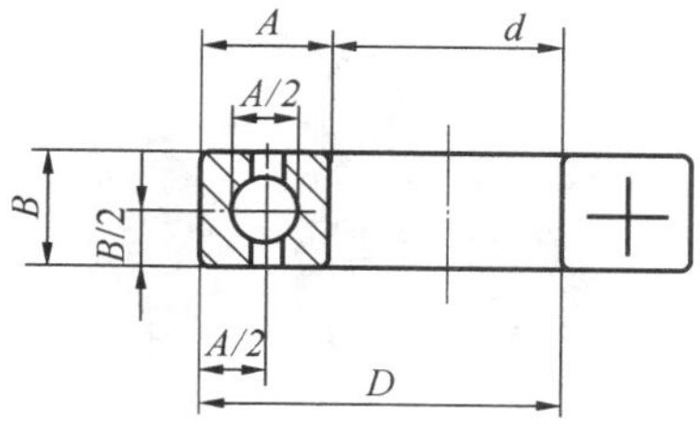
圆柱滚子轴承 GB/T 283—2007)		
角接触球轴承 GB/T 292—2007)	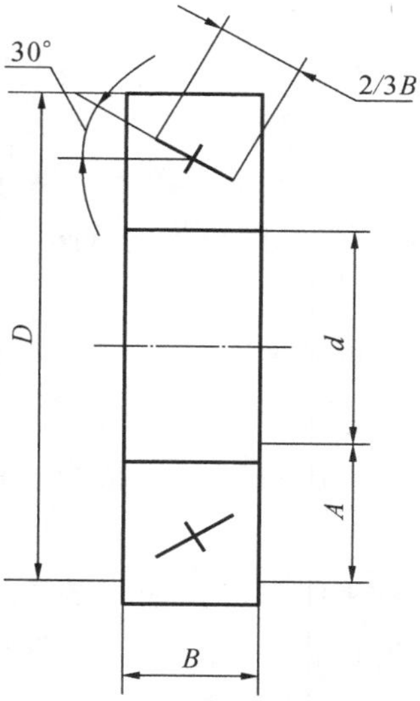	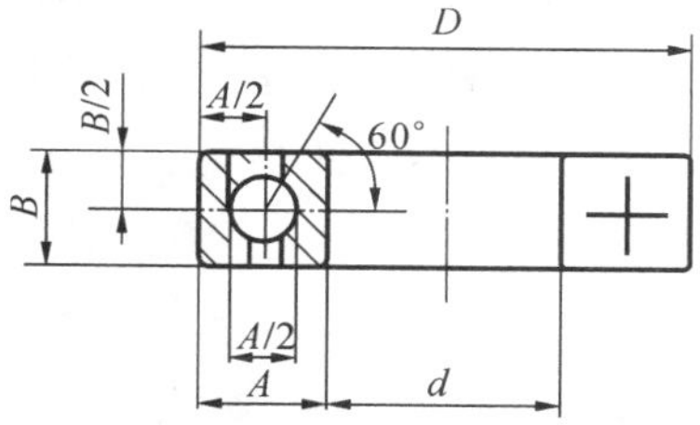
圆锥滚子轴承 GB/T 297—2015)		
推力球轴承 GB/T 301—2015)	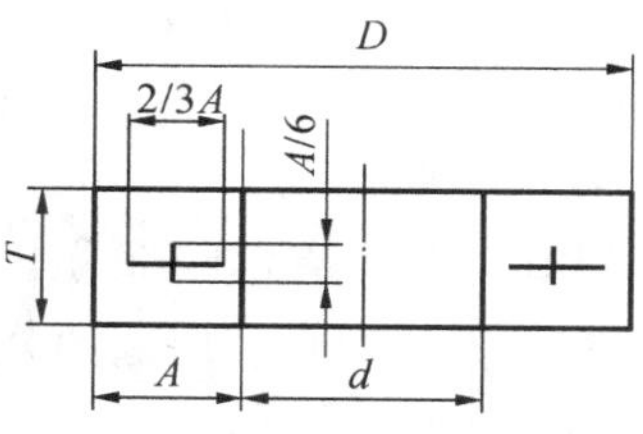	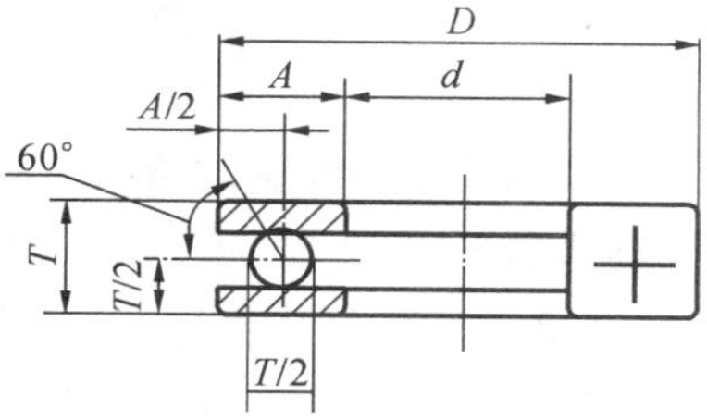

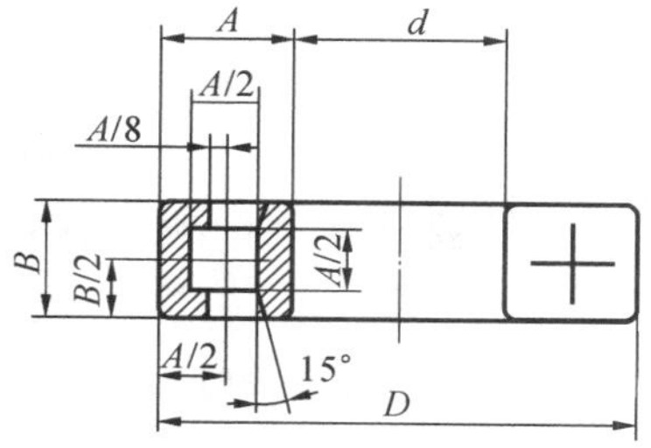

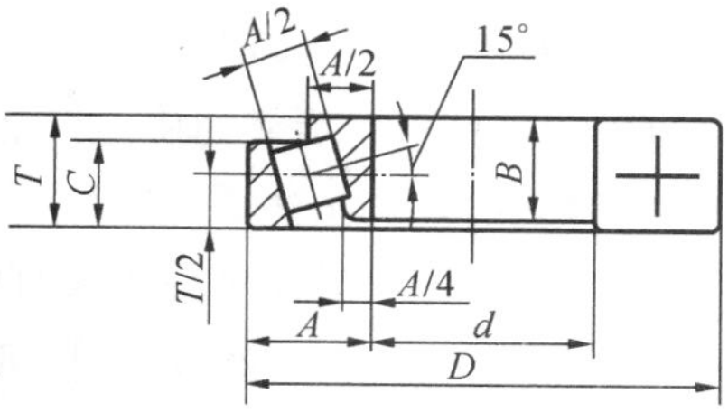

6.2 弹簧

弹簧常见的形式有螺旋弹簧、板弹簧和蜗卷弹簧等,如图 7-35 所示。

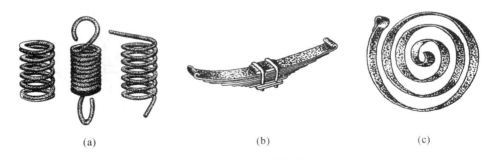

（a）　　　　　　　　　　（b）　　　　　　　　　　（c）

图 7-35　常见的弹簧形式

（a）圆柱弹簧　（b）板弹簧　（c）蜗卷弹簧

下面主要介绍一下圆柱螺旋压缩弹簧。

1. 结构参数

（1）簧丝直径 d:制造弹簧的钢丝直径。

（2）弹簧外径 D:弹簧的最大直径。

（3）弹簧内径 D_1:弹簧的最小直径, $D_1 = D - 2d$。

（4）弹簧中径 D_2:弹簧的平均直径, $D_2 = (D + D_1)/2$。

（5）节距 t:除两端支承圈外,相邻两圈的轴向距离。

（6）支承圈数 n_2、有效圈数 n 和总圈数 n_1:支承圈数为两端并紧磨平的圈数,一般为 1.5、2 和 2.5;有效圈数是中间相等节距的圈数;总圈数为支承圈数与有效圈数之和,即 $n_1 = n + n_2$。

（7）自由高度 H_0:没有外力作用时弹簧的高度, $H_0 = nt + (n_2 - 0.5)d$。

（8）展开长度 L:即坯料长度, $L \approx n_1 \sqrt{(\pi D_2)^2 + t^2}$。

（9）旋向:与螺旋线的旋向含义相同,分右旋和左旋,一般为右旋。

2. 弹簧的规定画法

（1）在平行于螺旋弹簧轴线的投影面的视图中,其各圈的轮廓应画成直线。

（2）有效圈数在 4 圈以上时,可以每端只画 1～2 圈(支承圈除外),其余可省略不画。

（3）螺旋弹簧均可画成右旋,但左旋弹簧不论画成左旋或右旋,一律要注明"左"字。

（4）螺旋压缩弹簧如要求两端并紧且磨平时,不论支承圈多少均按支承圈为 2.5 圈绘制,必要时也可按实际结构绘制。

圆柱螺旋压缩弹簧的绘图步骤如图 7-36 所示。

具体如下:①计算 D_2、H_0;②作矩形 $ABCD$;③作支承圈部分和簧丝直径相等的圆及半圆;④画出有效圈部分和簧丝直径相等的圆;⑤按旋向作相应圆的公切线及剖面线。

弹簧的表示方法有视图、剖视图和示意图,如图 7-37 所示。

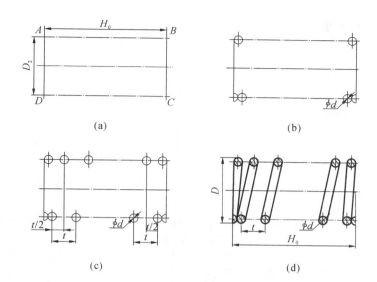

图 7-36　圆柱螺旋压缩弹簧的绘图步骤

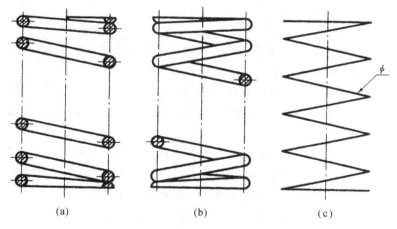

图 7-37　圆柱螺旋压缩弹簧的表达方法

（a）剖视图　（b）视图　（c）示意图

项目

8

零件图

知识目标
- 了解零件图的概念和表达方法；
- 了解零件的工艺结构和构形设计方式的表达；
- 了解零件的技术要求内容。

技能目标
- 能够使用零件的表达方法绘制零件的三视图和标注尺寸；
- 能够采用零件的工艺结构绘制零件图和设计零件图；
- 能够正确表达零件图的技术要求。

机械图包括零件图和装配图。本项目主要介绍零件图的内容、表达方法、尺寸标注以及表面粗糙度等技术要求的基本知识。通过本章的学习和训练，读者可了解工程图知识在机械工程中的应用，并能阅读一般的机械工程图样，绘制简单的零件图。

机械工程是应用十分广泛的一种工程门类，具有较强的代表性。在人类的生产活动和日常生活中，都将会遇到各种各样的机械产品，而任何机械的设计、制造、安装、调试、使用、维护，以及技术革新、发明创造等都离不开机械图方面的知识。因此，机械图不仅是机械工程师的技术语言和信息载体，而且对于非机械类的工程技术人员来说，也是必须掌握的基本知识和基本技能之一。

任务 1　零件图的概念和表达方法选择

1.1　零件图的作用

零件图是生产中指导制造和检验零件的主要图样，它不仅应将零件的材料，内、外结构形状和大小表示清楚，而且还要对零件的加工、检验、测量提供必要的技术要求。在绘制零件图时应考虑下述的一些问题：该零件的作用以及与其他零件的关系；该零件的形状、结构和加工方法；为了完整、清晰地表达该零件的形状和大小，应选用哪些视图，标注哪些尺寸，标明哪些技术要求？

1.2 零件图的内容

图 8-1 所示轴承座是整体轴承中一个重要的零件,如图 8-2 所示的是它的零件图。从图中可看出一张完整的零件图必须包括下列内容:

图 8-1 轴承座立体图

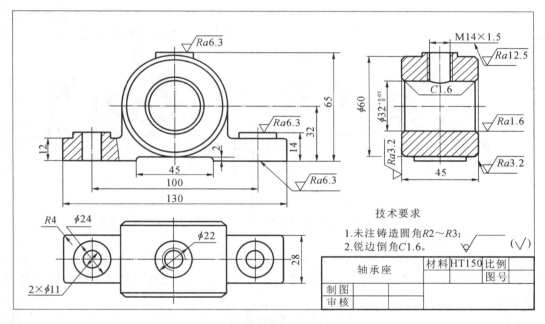

图 8-2 轴承座零件图

1.一组视图

用各种表达方法完整、清楚地表达出零件的内、外结构形状。

2.完整的尺寸

应标注出制造和检验零件所需的全部尺寸。

3.技术要求

用规定的符号、数字、字母或文字注解,说明零件在加工、检验或装配时应达到的一些技术要求,如零件的表面粗糙度、尺寸公差、形状和位置公差以及材料热处理等方面的要求。

4.标题栏

放在图样的右下角,用来填写零件的名称、材料、比例、图号及有关责任人的签字等内容。

1.3 零件表达方案的选择与尺寸标注

1.3.1 零件表达方案的选择

正确、完整、清晰地表达零件内、外结构形状,并且要考虑读图方便、画图简单,是选择零件表达方案的基本要求。要达到这些要求,就要分析零件的结构特点,选用恰当的表达方法。首先选好主视图,再选其他视图及表达方法。

1. 主视图的选择

主视图的选择包括零件的安放位置和投射方向两个方面的内容。

(1)零件的安放位置应符合零件的工作位置和加工位置原则。

(2)主视图的投射方向应突出零件各部分的形状和位置特征。

图 8-1 所示轴承座,按工作位置考虑应按图 8-3(a)所示位置安放。按此位置安放,可选择投射方向有 A、B 两个方向。从 A 向投射得到如图 8-3(b)所示的主视图,这时圆筒和底板结合情况很明显,而且轴承座特征非常突出。如选 B 向作主视方向并取半剖得到如图 8-3(c)所示的主视图,虽然凸台与圆筒及圆筒内、外结构都比较清楚,但圆筒与底板的位置及整体形状特征反映不如 A 向清楚。所以还是选 A 向作为主视图投射方向比较好。

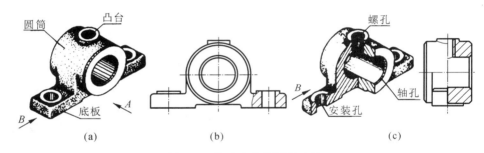

图 8-3 轴承座主视图的选择

(a)轴承座的安放位置 (b)选择 A 向作主视图 (c)选择 B 向作主视图

2. 其他视图及表达方法的选择

其他视图及表达方法的选择,要根据零件的复杂程度和内、外结构情况等进行综合考虑,使每个视图或表达方法都有一个表达重点。优先选择基本视图以及在基本视图上作剖视或断面等。

轴承座主视图选好后,再选半剖的左视图,表达凸台螺孔及圆筒内部结构形状。另选俯视图补充表达凸台和底板的形状特征。具体表达方案如图 8-4 所示。

1.3.2 零件图的尺寸标注

零件图中的尺寸,是加工和检验零件的重要依据。因此,零件图中的尺寸标注要求做到:正确、完整、清晰和合理。为了达到这些要求,除了要严格遵守国家标准有关尺寸标注的基本规定,保证定形定位尺寸及整体尺寸完整,不多注漏注尺寸,尺寸配置清晰、醒目易找外,还应合理地选择尺寸基准,使标注尺寸便于加工和测量。

1. 尺寸基准及其选择

尺寸基准就是确定尺寸位置的几何要素。零件有长、宽、高三个方向,每个方向必须有一个主要尺寸基准,另外有一个或几个辅助尺寸基准。根据基准的作用不同,尺寸基准又分设计基准和工艺基准两种。

(1)设计基准:根据零件的构形和设计要求而确定的基准。一般是机器或部件用以确

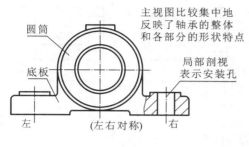

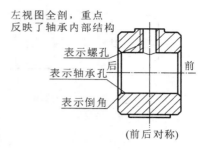

图 8-4 轴承座的表达方案

定零件位置的面和线。

（2）工艺基准：为便于加工和测量而确定的基准。一般是在加工过程中用以确定零件加工或测量位置的一些面和线。

选择尺寸基准时，尽量使设计基准与工艺基准重合，当两者不能做到统一时，应选择设计基准作为主要基准，工艺基准作为辅助基准。但要注意的是，主要基准与辅助基准之间必须要有一个联系尺寸。

轴承座的尺寸基准选择及尺寸标注，如图 8-5 所示。

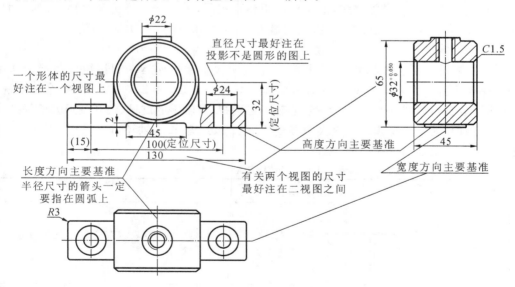

图 8-5 轴承座尺寸基准选择及尺寸标注

2.零件尺寸标注的一般原则

（1）零件的重要尺寸应直接标注。零件上的重要尺寸是指影响零件工作性能的尺寸、有配合要求的尺寸和确定各部分结构相对位置的尺寸等。如轴承座的定位尺寸 32 和 100 及配合尺寸 $\phi 32$ 上偏差 ＋0.05，下偏差 0 等尺寸就是重要尺寸，在零件图上应直接标出（见图 8-5）。

（2）尺寸标注要便于加工和测量，如图 8-6 所示。

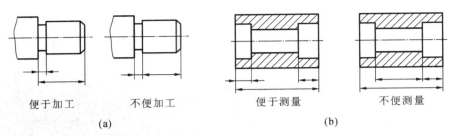

便于加工　　　　　不便加工　　　　便于测量　　　　不便测量

(a)　　　　　　　　　　　　　　　(b)

图 8-6　尺寸标注要便于加工和测量

（3）不要注成封闭尺寸链。图 8-7(a)中注出了总长和各段长度 A、B、C，形成了封闭尺寸链，将给加工造成困难。所以应按如图 8-7(b)所示的形式标注。

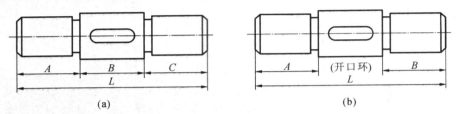

(a)　　　　　　　　　　　　　　　(b)

图 8-7　尺寸链

(a) 封闭尺寸链　(b) 开口尺寸链

（4）零件上常见的结构要素的尺寸注法，如表 8-1 所示。如果是标准结构要素，其尺寸应查有关标准手册确定。

1.3.3　零件表达方案的选择和尺寸标注举例

生产实际中的零件种类繁多，形状和作用各不相同，为了便于分析和掌握，根据它们的结构形状及作用，大致可以分为轴套类、轮盘类、支架类和箱体类等几种类型。

1. 轴套类零件

轴套类零件包括各种轴和套，在机器或部件中大多起传递运动和扭矩以及定位作用。其主体结构为直径不同的回转体，而且一般都在车床上加工。所以，一般只用一个基本视图（轴线水平放置），如图 8-8(a)所示。实心轴不必剖视，对轴上的键槽、销孔及退刀槽等结构，常用移出断面、局部剖视和局部放大图等表达方法表示，较长的轴还可以采用折断画法，对空心轴或套，则用全剖或局部剖表示。

表 8-1　常见结构要素的尺寸注法

零件结构类型		标注方法	说　明
螺孔	通孔	$3×M6-6H$　$3×M6-6H$	$3×M6$ 表示直径为 6，均匀分布的 3 个螺孔
	不通孔	$3×M6-6H$　▽10 孔▽12　　$3×M6-6H$　▽10 孔▽12	螺孔深度可与螺孔直径连注；需要注出孔深时，应明确标注孔深尺寸

续表

零件结构类型		标 注 方 法	说　　明
光孔	一般孔	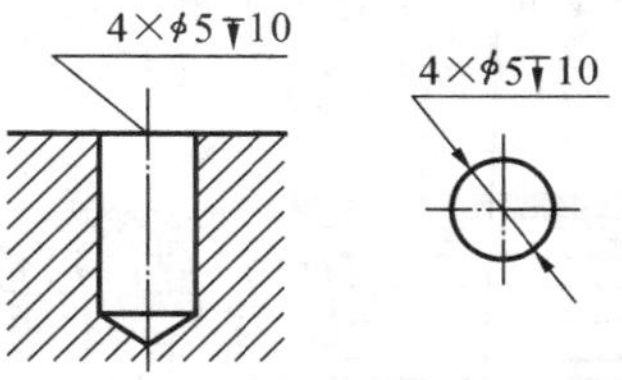 4×φ5▼10　　　4×φ5▼10	4×φ5 表示直径为 5,均匀分布的 4 个光孔。孔深与孔径连注
	锥销孔	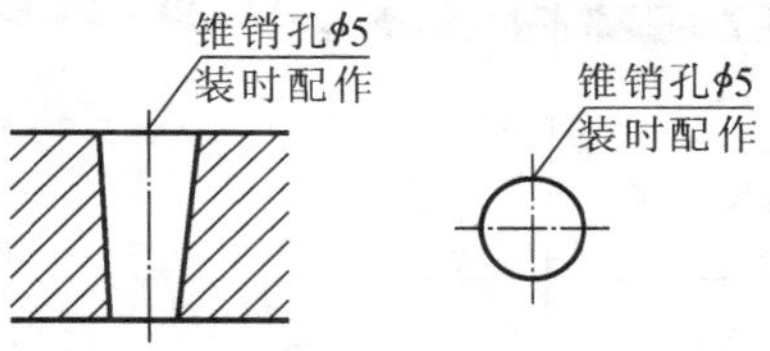 锥销孔φ5 装时配作　　锥销孔φ5 装时配作	φ5 为与锥销孔相配的圆锥销小头的直径。锥销孔通常是相邻两零件装在一起时加工的
沉孔	锪平面	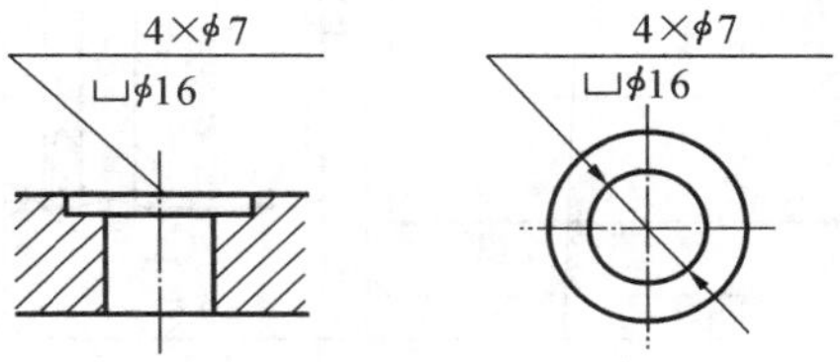 4×φ7　　　4×φ7 ⊔φ16　　　⊔φ16	锪平面 φ16 的深度不需标注,一般锪平到不出现毛面为止
	锥形沉孔	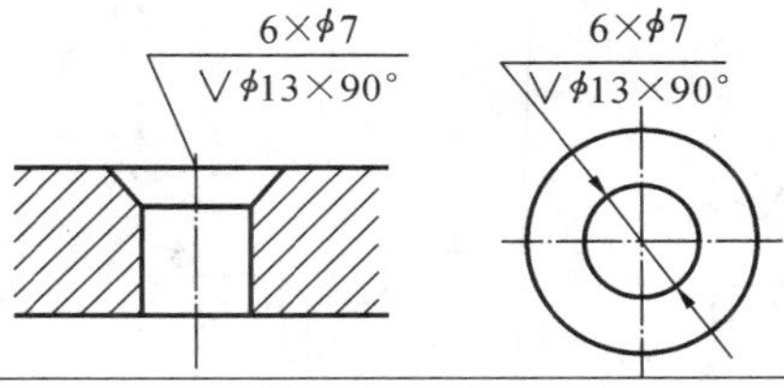 6×φ7　　　6×φ7 ∨φ13×90°　　∨φ13×90°	6×φ7 表示直径为 7,均匀分布的 6 个孔
	柱形沉孔	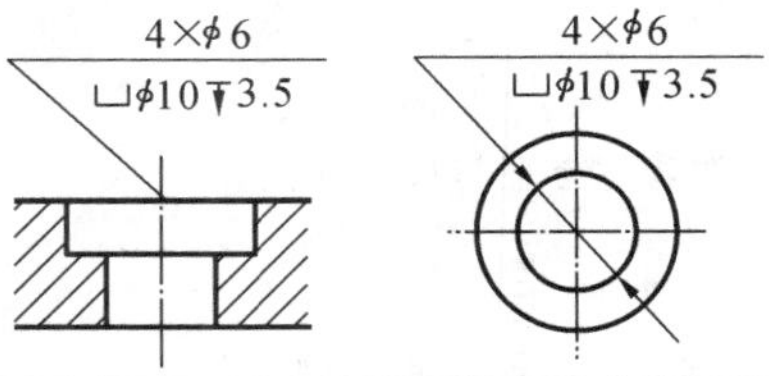 4×φ6　　　4×φ6 ⊔φ10▼3.5　　⊔φ10▼3.5	柱形沉孔的小直径为 6,大直径为 10,深度为 3.5,均需标注
	倒角	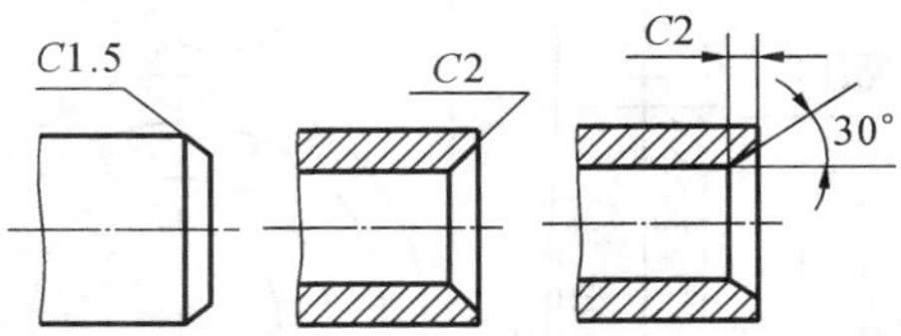 C1.5　　C2　　C2　30°	倒角 1.5×45°时,可注成 C1.5;倒角不是 45°时,要分开标注

标注尺寸时,可选择轴线为高度和宽度主要尺寸基准,长度主要基准通常选择比较重要的端面或安装结合面。注意按加工顺序安排尺寸,把不同工序的尺寸分别集中,方便加工和测量。如图 8-8 所示的是一传动轴表达方案与尺寸标注的例子。

2.轮盘类零件

轮盘类零件包括各种手轮、带轮、法兰盘、轴承盖等。其主体结构也为回转体,但其径向尺寸远远大于轴向尺寸,呈盘状。此外还有轴孔、均匀分布的肋和螺栓孔等辅助结构。它在机器或部件中主要起传动、支承或密封作用。轮盘类零件一般需用1~2个基本视图表达，另采用一些局部视图、局部剖视或移出断面等方法表达其辅助结构。如图8-9所示轴承端盖，可选 A 和 B 作为主视图投射方向。取 A 向并全剖作主视图，符合加工位置，注上尺寸后看图很方便。如果取 B 向作主视图投射方向，虽然形状特征明显，但不如选 A 向看图方便。

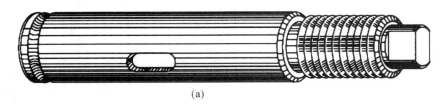

(a)

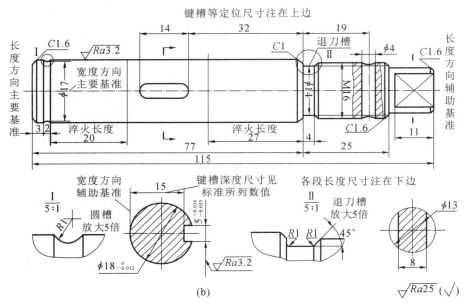

(b)

图 8-8　轴的表达方案与尺寸标注

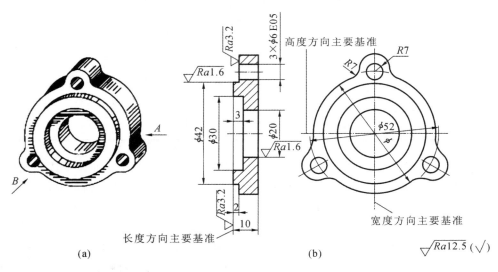

(a)　　　　　　　　　(b)

图 8-9　轴承盖的表达方案与尺寸标注

轮盘类零件尺寸基准选择与轴套类零件相同。对于均布的孔,其定位尺寸通常要注出定位圆周的直径,如图 8-9 所示的 $\phi52$。

3.支架类零件

支架类零件包括拨叉、支架、连杆和支座等。这类零件一般由支承、安装和连杆三部分组成,支承部分一般为圆筒或半圆筒,或带圆弧的叉,安装部分为方形或圆形底板,连接部分常为各种形状的肋板。由于它们的形状较为复杂,且不规则,常具有不完整和歪斜的形体,其加工工序较多,往往没有不变的加工位置,所以主视图一般按其工作位置或将其倾斜部分摆正来选择。一般用两个或两个以上基本视图表示主要结构形状,并在基本视图上作适当剖视表达内部形状。而用局部、斜视或局部剖等表达歪斜部分形状,复杂的肋板则用断面图表示。

支架类零件长、宽、高三个方向的主要尺寸基准,一般为对称面、轴线、中心线或较大的加工面。定位尺寸较多,应优先标注出,然后按形体分析法标注各部分定形尺寸。如图 8-10 所示为一支架类零件的表达方案和尺寸标注的示例。

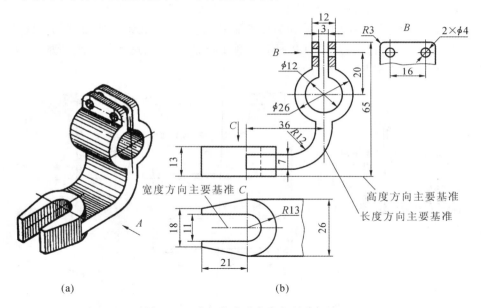

图 8-10 支架的表达方案与尺寸标注

4.箱体类零件

箱体类零件包括阀体、泵体和箱体等,在机器或部件中主要起包容、支承或定位其他零件的作用。其结构较为复杂,多为外形简单,内形复杂的箱体。一般要用三个或三个以上的基本视图表达,并在基本视图上作各种剖视表达其内部结构,另用局部视图表示尚未表达清楚的结构。

如图 8-11 所示为电动机上接线盒的表达方案与尺寸标注的示例。

5.其他零件

除了上述四种典型类零件外,还有薄板、镶嵌和注塑等零件。这里只简要介绍薄板冲压零件的表达特点。

在电子、通信及仪器仪表等设备中的底板、支架等零件,大多是用板材剪裁、冲孔,再冲压成型的。这类零件的弯折处,一般有小圆角,零件的板面上有许多孔和槽,以便安装电气

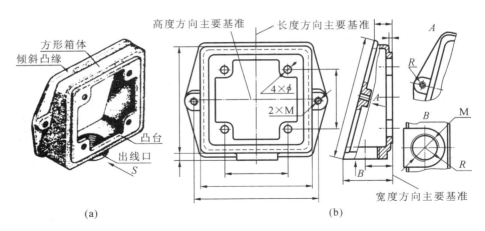

图 8-11　接线盒的表达方案与尺寸标注

元件或部件，并将该零件安装到机架上。这种孔一般为通孔，在不致引起看图困难时，只画反映实形的视图，而其他视图中的虚线不必画出。

如图 8-12(a)所示的端子匣，即为薄板冲压件，它是用冷轧钢冲压成型的。此处共采用三个基本视图表达，并在主、左视图上用了半剖和局部剖，使表达比较完整清楚，其表达方案的选择与尺寸标注如图 8-12(b)所示。

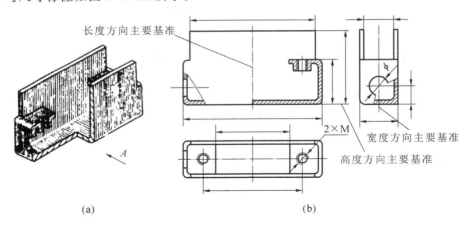

图 8-12　端子匣的表达方案与尺寸标注

任务 2　零件的构形设计与工艺结构

零件的结构形状，主要是根据它在部件(或机械)中的作用决定的。但是，制造工艺对零件的结构也有某些要求。因此，在画零件图时，应该使零件的结构既能满足使用上的要求，又要方便制造。

2.1　零件的构形设计简介

零件在机器或部件中的作用不同，其结构形状也各不相同。所以，零件的结构形状是由设计要求、加工方法、装配关系、技术经济思想和工业美学等方面确定的。由于零件在机器或部件中都有相应的位置和作用，每个零件上可能具有支承、容纳、传动、连接、定位、密封和

146

防松等一项或几项功能结构,而这些功能结构又要通过相应的加工方法(如铸造、机加工等)来实现。因此,零件的构形设计主要考虑设计要求和工艺要求两个方面。

(1) 设计要求决定零件的主体结构。

(2) 工艺要求决定零件的工艺结构。

除此之外,零件构形还要求轻便、经济和美观。

下面以图 8-13 所示从动轴为例,说明零件构形设计的过程。

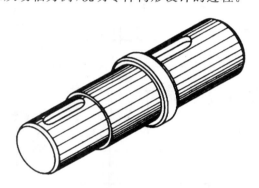

图 8-13　从动轴

从动轴是某减速器中的零件,其主要功用是装在两个滚动轴承中,用来支承齿轮并传递扭矩,还要求与外部设备连接,把运动传出去。从动轴的加工方法主要是车削,然后是铣键槽。因此,它的构形设计过程如表 8-2 所示。

表 8-2　从动轴的构形设计过程

结构形状形成过程	主要考虑的问题	结构形状形成过程	主要考虑的问题
(1)	为伸出外部与其他机器相接,制出一轴颈	(4)	为了支承齿轮和用轴承支承轴,轴端做成轴颈
(2)	为了用轴承支承轴又在左端做一轴颈	(5)	为了与齿轮连接,左端做一键槽;为了与外部设备连接,右端也做一键槽;为了装配方便、保护装配表面,多处做成倒角和退刀槽
(3)	为了固定齿轮的轴向位置,增加一稍大的凸肩		

2.2　零件常见的工艺结构

为了使零件的毛坯制造、机械加工、测量和装配更加顺利、方便,零件的主体结构确定之后,还必须设计出合理的工艺结构。零件常见的工艺结构如表 8-3 所示。

表 8-3　零件常见工艺结构

内　　容	图　　例	说　　明
铸造圆角和拔模斜度	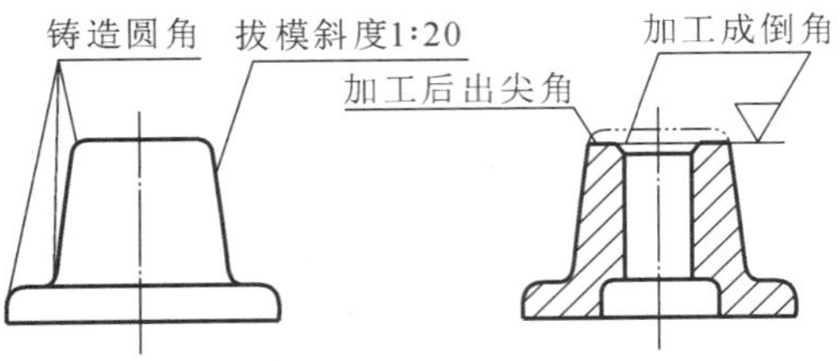 铸造圆角　拔模斜度1:20　加工成倒角　加工后出尖角	为防止砂型在尖角处脱落和避免铸件冷却收缩时在尖角处产生裂纹,铸件各表面相交处应做成圆角 　为起模方便,铸件表面沿拔模方向作出斜度,一般为1:20。起模斜度若无特殊要求时,图中可不画出,也不做标注
铸件壁厚	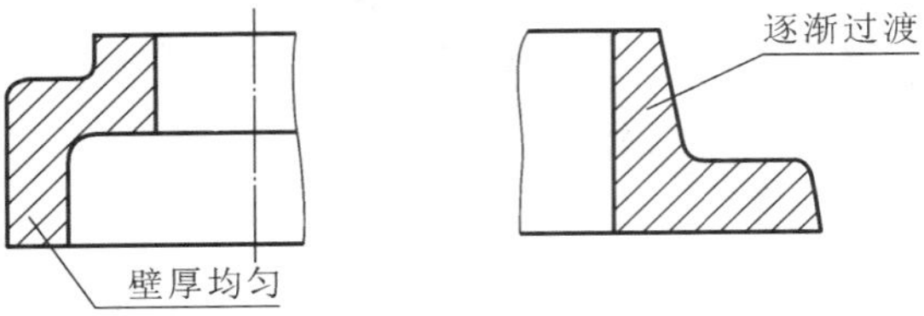 逐渐过渡　壁厚均匀	为了避免浇铸后零件各部分因冷却速度不同,而产生缩孔、裂纹等缺陷,因此,尽可能使铸件壁厚均匀或逐渐变化
凸台和凹坑	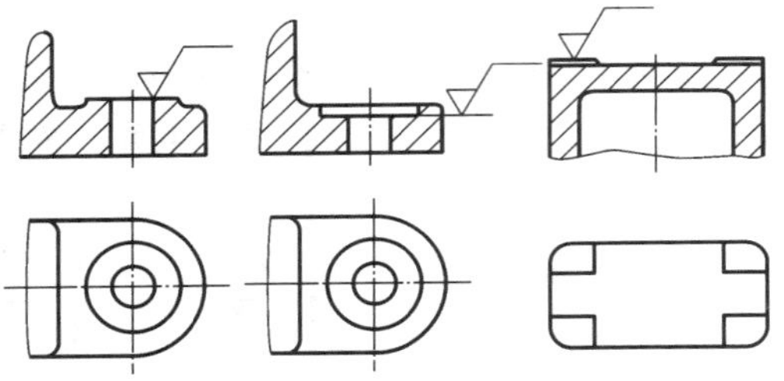	为了使两零件表面接触良好、减少加工面积,常在铸件上设计出凸台和凹坑
倒角和倒圆	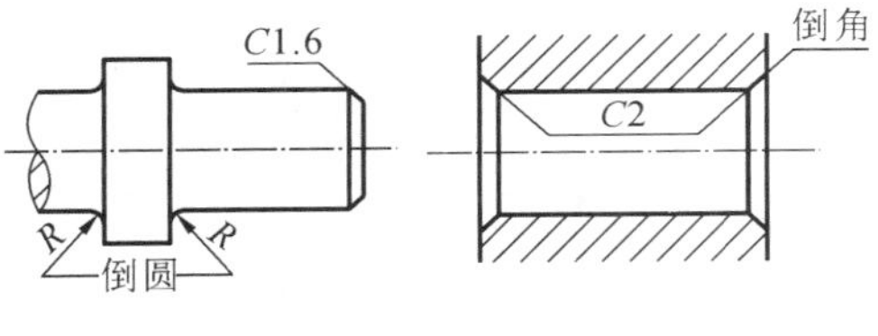 C1.6　倒角C2　R　倒圆	为了方便装配和去掉毛刺、锐边,在轴或孔的端部一般都应加工出倒角 　对阶梯形的轴或孔,为了防止应力集中所产生的裂纹,常把轴肩、孔肩处加工成倒圆
退刀槽和砂轮越程槽	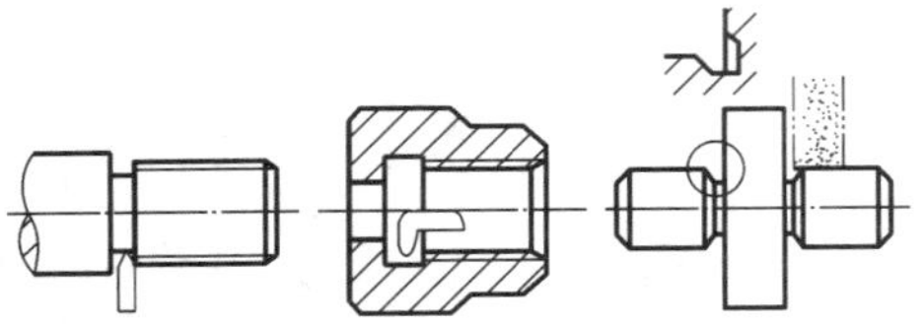	在车削加工、磨削加工和车螺纹时,为了便于退出刀具或使砂轮越过加工面,经常在待加工面的末端先加工出退刀槽或砂轮越程槽
合理的钻孔结构	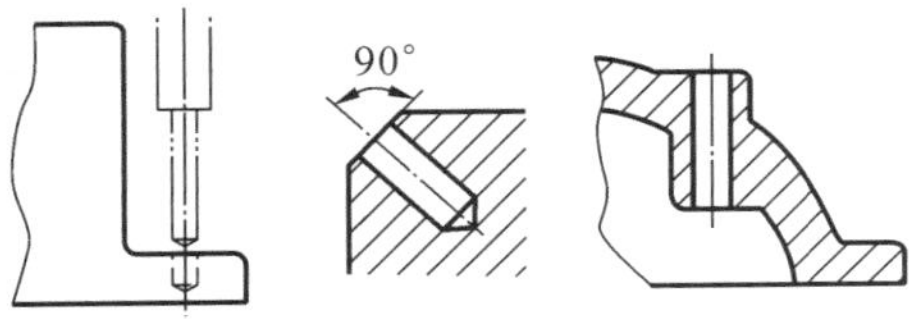 90°	用钻头加工时,钻头的轴线应尽量垂直于被加工零件表面,以保证正确的钻孔位置和不损坏钻头。同时还要考虑方便钻头加工

任务3 零件的技术要求

零件图上除了有表达零件结构形状的图形及尺寸大小外,还必须有加工制造该零件时应达到的一些技术要求。零件的技术要求主要有:表面粗糙度、极限与配合公差、形位公差及材料热处理等方面的要求。

3.1 表面结构

1.表面结构的评定参数

评定表面结构的参数分为轮廓参数(根据 GB/T 3505—2009)、图形参数(根据 GB/T 18618—2009)和支承率曲线参数(基于 GB/T 18778.2—2003 和 GB/T 18778.3—2006)三种。各参数代号见表 8-4～表 8-6,参数定义参见各相关标准。

目前在生产中主要用 R 轮廓的幅度参数 Ra(a 表示轮廓的算术平均偏差)和 Rz(z 表示轮廓的最大高度)来评定表面结构,其中以 Ra 应用最广。

表 8-4　根据 GB/T 3505—2009 定义的轮廓参数代号

轮廓类型	幅 度 参 数								间距参数	混合参数	曲线和相关参数
	峰谷值					平均值					
R 轮廓(粗糙度参数)	Rp	Rv	Rz	Rc	Rt	Ra	Rq Rsk Rku		Rsm	R	$Rmr(c)$ $R\delta c$ Rmr
W 轮廓(波纹度参数)	Wp	Wv	Wz	Wc	Wt	Wa	Wq Wsk Wku		Wsm	W	$Wmr(c)$ $W\delta c$ Wmr
P 轮廓(原始轮廓参数)	Pp	Pv	Pz	Pc	Pt	Pa	Pq Psk Pku		Psm	P	$Pmr(c)$ $P\delta c$ Pmr

表 8-5　根据 GB/T 18618—2009 定义的图形参数代号

类 型	参 数
粗糙度轮廓(粗糙度图形参数)	R　Rx　AR
波纹度轮廓(波纹度图形参数)	W　Wx　AW　Wte

表 8-6　基于 GB/T 18778.2—2003 和 GB/T 18778.3—2006 的支承率曲线参数代号

类 型		参 数
基于线性支承率曲线	根据 GB/T 18778.2—2003 的粗糙度轮廓参数(滤波器的根据 GB/T 18778.1—2002 选择)	Rk　Rpk　Rvk　$Mr1$　$Mr2$
	根据 GB/T 18778.2 的粗糙度轮廓参数(滤波器的根据 GB/T 18618—2009 选择)	Rke　$Rpke$　Rmq　$Mr1e$　$Mr2e$
基于概率支承率曲线	粗糙度轮廓(滤波器的根据 GB/T 18778.1—2002 选择)	Rpq　Rvq　Rmq
	原始轮廓滤波 λ_s	Ppq　Pvq　Pmq

2. 评定表面结构的表面粗糙度的参数规定数值

表面粗糙度参数从轮廓的算术平均偏差 Ra 和轮廓的最大高度 Rz 中选取。在幅度参数常用的参数值范围内(Ra 为 $0.025 \sim 6.3~\mu m$，Rz 为 $0.1 \sim 25~\mu m$)推荐优先选用 Ra 值。Ra、Rz 的数值规定见表 8-7。根据表面功能和生产的经济合理性，当选的数值系列不能满足要求时，可选用表 8-8 中的补充系列值。

表 8-7　轮廓的算术平均偏差 Ra 和轮廓的最大高度 Rz 的数值(摘自 GB/T 1031—2009)(单位：μm)

参数	取值				参数	取值				
Ra	0.012	0.2	3.2	50	Rz	0.025	0.4	6.3	100	1600
	0.025	0.4	6.3	100		0.05	0.8	12.5	200	—
	0.05	0.8	12.5	—		0.1	1.6	25	400	—
	0.1	1.6	25	—		0.2	3.2	50	800	—

表 8-8　Ra 和 Rz 的补充系列值(摘自 GB/T 1031—2009)　　　　(单位：μm)

参数	取值				参数	取值				
Ra	0.008	0.080	1.00	10.0	Rz	0.032	0.32	4.0	40	500
	0.010	0.125	1.25	16.0		0.040	0.50	5.0	63	630
	0.016	0.160	2.0	20		0.063	0.63	8.0	80	1000
	0.020	0.25	2.5	32		0.080	1.00	10.0	125	1250
	0.032	0.32	4.0	40		0.125	1.25	16.0	160	—
	0.040	0.50	5.0	63		0.160	2.0	20	250	—
	0.063	0.63	8.0	80		0.25	2.5	32	320	—

3. 表面粗糙度参数的选用

在实践中提供了表面粗糙度参数选取的类比原则(见表 8-9)，表面粗糙度参数与公差等级、公称尺寸的对应关系(见表 8-10)，加工方法与表面粗糙度参数 Ra 值的关系(见表 8-11)，供设计参考。

表 8-9　表面粗糙度参数选取的类比原则

表面类别	表面粗糙度参数要求(Ra 值)	
	小一些	大一些
工作面或摩擦面	√	
荷载(或比压)大的表面	√	
受变荷载或应力集中部位	√	
尺寸、几何公差精度高或配合性质要求稳定的表面	√	
同一公差等级时，孔比轴的表面		√
配合相同时，大尺寸比小尺寸的结合面		√
间隙配合比过盈配合的表面		√
防腐、密封要求高的表面	√	

表 8-10　表面粗糙度参数与公差等级、公称尺寸的对应关系

公差等级 IT	公称尺寸/mm	$Ra/\mu m$	$Rz/\mu m$	公差等级 IT	公称尺寸/mm	$Ra/\mu m$	$Rz/\mu m$
2	≤10	0.250～0.040	0.16～0.20	6	≤10	0.02～0.32	1.0～1.6
	>10～50	0.050～0.080	0.20～0.40		>10～80	0.40～0.63	2.0～3.2
	>50～180	0.10～0.16	0.50～0.80		>80～250	0.80～1.25	4.0～6.3
	>180～500	0.20～0.32	1.0～1.6		>250～500	1.6～2.5	8.0～10
3	≤18	0.050～0.080	0.25～0.40	7	≤6	0.40～0.63	2.0～3.2
	>18～50	0.10～0.16	0.50～0.80		>6～50	0.80～1.25	4.0～6.3
	>50～250	0.20～0.32	1.0～1.6		>50～500	1.6～2.5	8.0～10
	>250～500	0.40～0.63	2.0～3.2	8	≤6	0.40～0.63	2.0～3.2
4	≤6	0.050～0.080	0.25～0.40		>6～120	0.80～1.25	4.0～6.3
	>6～50	0.10～0.16	0.50～0.80		>120～500	1.6～2.5	8.0～10
	>50～250	0.20～0.32	1.0～1.6	9	≤10	0.80～1.25	4.0～6.3
	>250～500	0.40～0.63	2.0～3.2		>10～120	1.6～2.5	8.0～10
5	≤6	0.10～0.16	0.50～0.80		>120～500	3.2～5.0	12.5～20
	>6～50	0.20～0.32	1.0～1.6	10	≤10	1.6～2.5	8.0～10
	>50～250	0.40～0.63	2.0～3.2		>10～120	3.2～5.0	12.5～20
	>250～500	0.80～1.25	4.0～6.3		>120～500	6.3～10	25～40

表 8-11　加工方法与表面粗糙度 Ra 值的关系　　　　　　（单位：μm）

加工方法		Ra	加工方法		Ra	加工方法		Ra
砂模铸造		80～20*	铰孔	粗铰	40～20	齿轮加工	插齿	5～1.25*
模型锻造		80～10		半精铰、精铰	2.5～0.32*		滚齿	2.5～1.25*
车外圆	粗车	20～10	拉削	半精拉	2.5～0.63		剃齿	1.25～0.32*
	半精车	10～2.5		精拉	0.32～0.16	切螺纹	板牙	10～2.5
	精车	1.25～0.32	刨削	粗刨	20～10		铣	5～1.25*
镗孔	粗镗	40～10		精刨	1.25～0.63		磨削	2.5～0.32*
	半精镗	2.5～0.63*	钳工加工	粗锉	40～10	镗磨		0.32～0.04
	精镗	0.63～0.32		细锉	10～2.5	研磨		0.63～0.16
圆柱铣和端铣	粗铣	20～5*		刮削	2.5～0.63	精研磨		0.08～0.02
	精铣	1.25～0.63*		研磨	1.25～0.08	抛光	一般抛	1.25～0.16
钻孔、扩孔		20～5	插削		40～2.5		精抛	0.08～0.04
锪孔、锪端面		5～1.25	磨削		5～0.01*			

注：① 表中数据系对钢材加工而言的；
　　② 标注 * 的为该加工方法可达到的 Ra 极限值。

151

4.表面结构符号及其参数值的标注方法

给出表面结构要求时,应标注其参数代号和相应数值,并包括要求解释的以下四项重要信息:

①三种轮廓(R、W、P)中的一种;

②轮廓特征;

③满足评定长度要求的取样长度个数;

④要求的极限值。

(1) 表面结构的图形符号及其含义(见表 8-12)。

表 8-12 表面结构的图形符号及其含义(摘自 GB/T 131—2006)

符号名称	符 号	含义及说明
基本图形符号		表示未指定工艺方法的表面。仅用于简化代号的标注,当通过一个注释解释时可单独使用,没有补充说明时不能单独使用
扩展图形符号		要求去除材料的图形符号。表示用去除材料方法获得的表面,仅当其含义是"被加工并去除材料的表面"时可单独使用
扩展图形符号		不允许去除材料的图形符号。表示不去除材料的表面,如铸、锻等。也可用于表示保持上道工序形成的表面,不管这种情况是通过去除材料还是不去除材料形成的
完整图形符号	(1)　(2)　(3)	用于标注表面结构特征的补充信息。(1)(2)(3)符号分别用于"允许任何工艺""去除材料""不去除材料"方法获得的表面标注

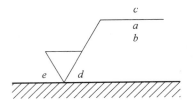

图 8-14 补充要求的注写位置($a\sim e$)

(2) 表面结构完整图形符号的组成。

为了明确表面结构要求,除了标注表面结构参数和数值外,必要时应标注补充要求,补充要求包括加工工艺、表面纹理及方向、加工余量等。

在完整符号中对表面结构的单一要求和补充要求应注写在图 8-14 所示的指定的位置。

位置 a——注写表面单一的要求,包括表面结构参数代号、极限值、传输带或取样长度。在参数代号和极限值间应插入空格。

位置 a 和 b——注写两个或多个表面结构要求,如位置不够时,图形符号应在垂直方向扩大,以空出足够的空间。

位置 c——注写加工方法、表面处理、涂层或其他加工工艺要求等。

位置 d——注写要求的表面纹理和纹理方向,如"="""$\times$"等。

位置 e——注写所要求加工余量。

(3) 表面结构代号的含义(见表 8-13)。

表 8-13　表面结构代号含义(摘自 GB/T 131—2006)

No.	符　号	含义/解释
1	$\sqrt{Rz\,0.4}$	表示不允许去除材料,单向上限值,默认传输值,R 轮廓,粗糙度的最大高度 0.4 μm,评定长度为 5 个取样长度(默认),"16%规则"(默认)
2	$\sqrt{Rz\max 0.2}$	表示去除材料,单向上限值,默认传输值,R 轮廓,粗糙度的最大高度 0.2 μm,评定长度为 5 个取样长度(默认),"最大规则"
3	$\sqrt{0.008-0.8/Ra\,3.2}$	表示去除材料,单向上限值,传输带 0.008 mm~0.8 mm,R 轮廓,算术平均偏差 3.2 μm,评定长度为 5 个取样长度(默认),"16%规则"(默认)
4	$\sqrt{-0.8/Ra\,3\ 3.2}$	表示去除材料,单向上限值,传输带:根据 GB/T 6062,取样长度 0.8 mm(λ_s 默认 0.0025 mm),R 轮廓:算术平均偏差 3.2 μm,评定长度包含 3 个取样长度,"16%规则"(默认)
5	$\sqrt{\begin{array}{l}U\,Ra\max 3.2\\ L\,Ra\,0.8\end{array}}$	表示不允许去除材料,双向极限值,两极限值均使用,默认传输带,R 轮廓,上限值:算术平均偏差 3.2 μm,评定长度为 5 个取样长度(默认),"最大规则",下限值:算术平均偏差 0.8 μm,评定长度为 5 个取样长度(默认),"16%规则"(默认)
6	$\sqrt{0.8-25/Wz\,3\ 10}$	表示去除材料,单向上限值,传输带 0.8 mm~25 mm,W 轮廓,波纹度最大高度 10 μm,评定长度为 3 个取样长度(默认),"16%规则"(默认)

(4) 表面结构要求在图样中的注法(见表 8-14)。

表 8-14　表面结构要求在图样中的注法(摘自 GB/T 131—2006)

No.	标 注 示 例	解　释
1		应使表面结构的注写和读取方向与尺寸的注写和读取方向一致
2		表面结构要求可标注在轮廓线上,必要时表面结构符号也可以用带箭头或黑点的指引线引出标注

续表

No.	标 注 示 例	解 释
3	铣 *Rz3.2*　　　　车 *Rz3.2* ∅28	表面结构符号可以用带箭头或黑点的指引线引出标注
4	∅120H7 *Rz12.5* ∅120h6 *Rz6.3*	在不致引起误解时,表面结构要求可以标注在给定的尺寸线上
5	*Ra1.6*　0.1　　　*Rz6.3* ∅10±0.1　⊕ ∅0.2 A B	表面结构要求可标注在几何公差框格的上方
6	*Ra1.6*　　*Rz6.3*　　*Rz6.3* *Rz6.3*　　　　　　*Ra1.6*	表面结构要求可以直接标注在延长线上,或用带箭头的指引线引出标注
7	*Ra3.2*　*Rz1.6*　*Ra6.3* *Ra3.2*	圆柱和棱柱表面的表面结构要求只标注一次,如果棱柱表面有不同的表面结构要求,则应分别单独标注

（5）表面结构的简化注法（见表 8-15）。

表 8-15 表面结构的简化注法（摘自 GB/T 131—2006）

No.	标 注 示 例	解 释
1	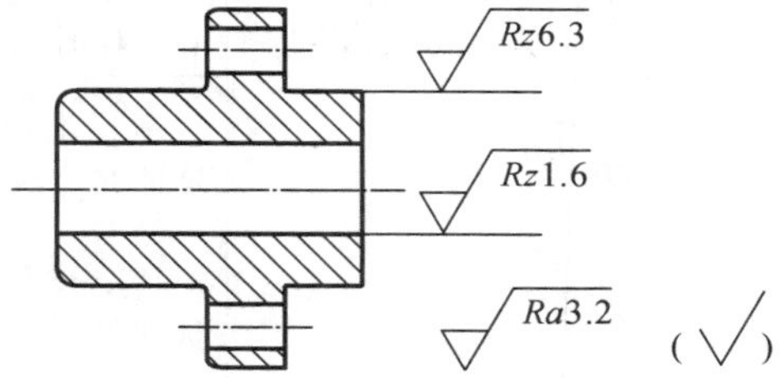	如果工件的多数（包括全部）表面具有相同的表面结构要求，则统一标注在图样的标题栏附近，此时（除全部表面具有相同要求情况外），表面结构要求的符号后面应有：在圆括号内给出无任何其他标注的基本符号
2	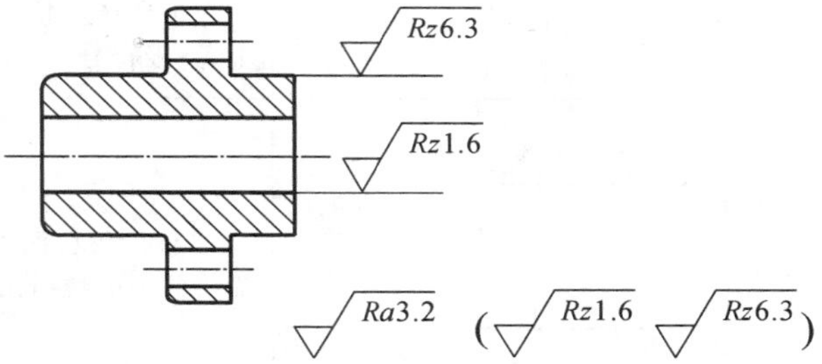	在圆括号内给出不同的表面结构要求，不同的表面结构要求应直接标在图形中
3	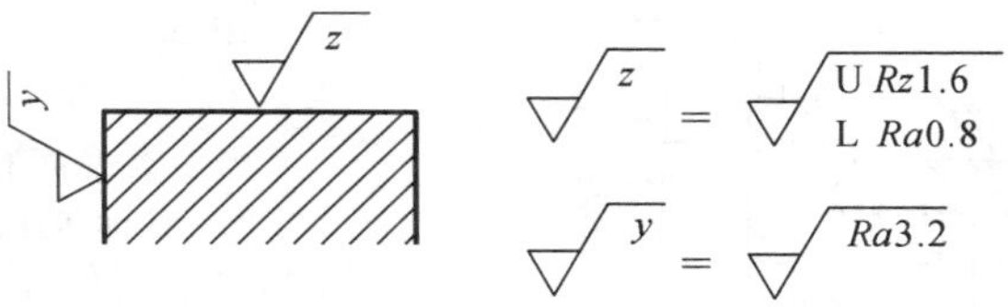	当多个表面具有的表面结构要求或图样空间有限时，可用带字母的完整符号，以等式的形式，在图形或标题栏附近，对有相同表面结构要求的表面进行简化标注
4	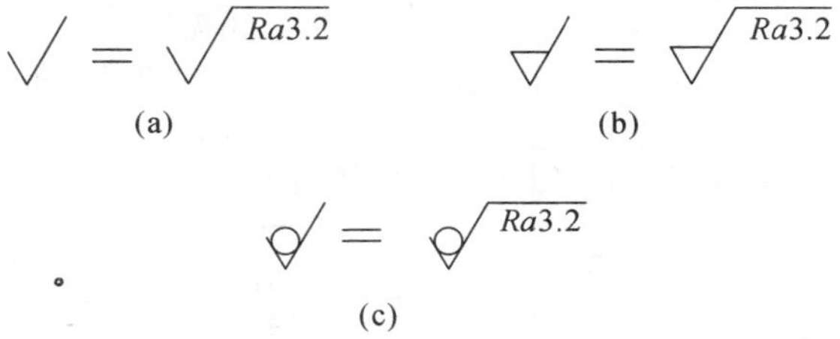	多个表面有共同的要求可以用基本符号、扩展符号以等式的形式给出多个表面共同的结构要求
5	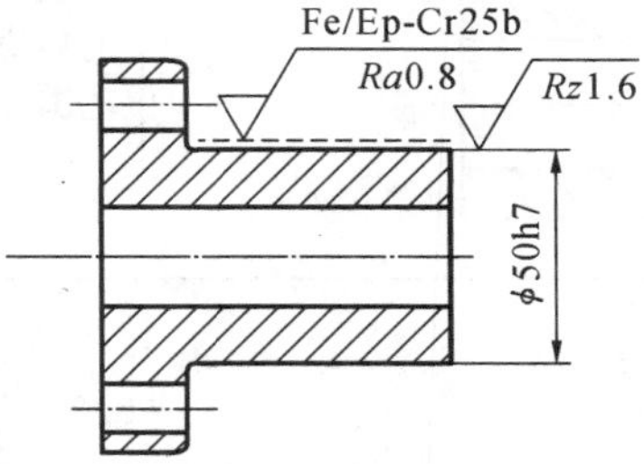	由几种不同的工艺方法获得的统一表面，当需要明确每种工艺方法的表面结构要求时，可按图中所示方法标注。如左图，同时给出了镀覆前后的表面结构要求

（6）表面结构新旧标准在图样标注方法上的变化。

表面结构标准 GB/T 131—2006 与 GB/T 131—1993 相比在图样标注方法上有很大的不同。考虑到在新旧标准的过渡时期，采取旧标准的图样还会存在一段时间，故在表 8-16 中列出了新旧标准在图样标注方法上的变化，供大家参考。

155

表 8-16　表面结构新旧标准在图样标注方法上的变化

GB/T 131—1993	GB/T 131—2006	说　明
1.6 ▽　1.6 ▽	√Ra1.6	参数代号和数值的标注位置发生变化,且参数代号 Ra 在任何时候都不可以省略
Ry3.2 ▽　Ry3.2 ▽	√Rz3.2	新标准用 Rz 代替了旧标准的 Ry
Ry3.2 ▽	√Ra3 6.3	评定长度中的取样长度个数如果不是 5
3.2 ▽ 1.6 ▽	√ U Ra3.2 L Ra1.6	在不致产生歧义的情况下,上、下限符号 U、L 可以省略
		对下面和右面的标注用带箭头的指引线引出
		当多数表面有相同结构要求时,旧标准是在右上角用"其余"字样标注,而新标准是在标题栏附近,在圆括号内给出无任何其他标注的基本符号,或者给出不同的表面结构要求
		表面结构要求在镀涂(覆)前后应该用粗点画线画出其范围

3.2　极限与配合

1.零件的互换性概念

在制造机器或设备时,为了便于装配和维修,要求在按同一图样加工的零件中,任取一件,不经任何挑选修配就能顺利地装配使用,并能达到规定的技术性能要求,零件所具有的这种性质称为零件的互换性。具有互换性的零件,既能保证产品质量的稳定性,又便于实现高效率的专业化生产,还能满足生产部门广泛协作的要求,并使设备使用、维护方便。

2.极限与配合的概念

实际生产中,零件的尺寸是不可能做到绝对精确的,为了使零件具有互换性,就必须对零件尺寸限定一个变动范围,这个范围既要保证相互结合零件的尺寸之间形成一定的关系,以满足不同的使用要求,又要在制造上经济合理,这就形成了"极限与配合"。

3.有关极限与配合的术语及定义(GB/T 1800.1—2009)

有关极限与配合的术语及定义如图 8-15 所示。

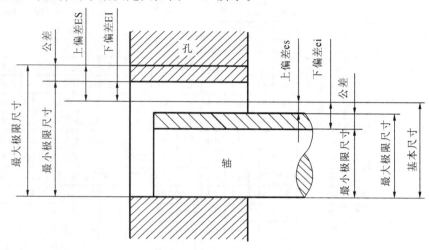

图 8-15　有关极限与配合的术语及定义

（1）基本尺寸:设计时给定的尺寸。

（2）实际尺寸:零件完工后实际测量所得的尺寸。

（3）极限尺寸:允许尺寸变化的两个界限值。它以基本尺寸为基数来确定,极限尺寸中较大的一个称为最大的极限尺寸,较小的一个称为最小的极限尺寸。

（4）尺寸偏差(简称偏差):某一尺寸减去基本尺寸所得的代数差。尺寸偏差有上偏差和下偏差之分。

$$上偏差(es 轴,ES 孔)=最大极限尺寸-基本尺寸$$

$$下偏差(ei 轴,EI 孔)=最小极限尺寸-基本尺寸$$

（5）尺寸公差(简称公差):允许尺寸的变动量。

$$公差=最大极限尺寸-最小极限尺寸=上偏差-下偏差$$

（6）零线:表示基本尺寸的一条直线。用以确定偏差和公差。

（7）尺寸公差带(简称公差带):由代表上、下偏差的两条直线所限定的一个区域,如图8-16 所示。

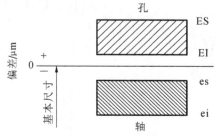

图 8-16　公差的术语及定义

（8）标准公差：国家标准规定用以确定公差带大小的公差，如表 8-17 所示。标准公差用 IT 表示，IT 后面的阿拉伯数字是标准公差等级。国家标准将公差等级分为 20 级，即 IT01、IT0、IT1～IT18。其尺寸精度从 IT01～IT18 依次降低。

表 8-17　标准公差数值(GB/T 1800.1—2009)

基本尺寸/mm		标准公差等级																		
大于	至	IT01	IT0	IT1	IT2	IT3	IT4	IT5	IT6	IT7	IT8	IT9	IT10	IT11	IT12	IT13	IT14	IT15	IT16	IT17	IT18
		公差值/μm												公差值/mm							
—	3	0.3	0.5	0.8	1.2	2	3	4	6	10	14	25	40	60	0.1	0.14	0.25	0.4	0.6	1	1.4
3	6	0.4	0.6	1	1.5	2.5	4	5	8	12	18	30	48	75	0.12	0.18	0.3	0.48	0.75	1.2	1.8
6	10	0.4	0.6	1	1.5	2.5	4	6	9	15	22	36	58	90	0.15	0.22	0.36	0.58	0.9	1.5	2.2
10	18	0.5	0.8	1.2	2	3	5	8	11	18	27	43	70	110	0.18	0.27	0.43	0.7	1.1	1.8	2.7
18	30	0.6	1	1.5	2.5	4	6	9	13	21	33	52	84	130	0.21	0.33	0.52	0.84	1.3	2.1	3.3
30	50	0.6	1	1.5	2.5	4	7	11	16	25	39	62	100	160	0.25	0.39	0.62	1	1.6	2.5	3.9
50	80	0.8	1.2	2	3	5	8	13	19	30	46	74	120	190	0.3	0.46	0.74	1.2	1.9	3	4.6
80	120	1	1.5	2.5	4	6	10	15	22	35	54	87	140	220	0.35	0.54	0.87	1.4	2.2	3.5	5.4
120	180	1.2	2	3.5	5	8	12	18	25	40	63	100	160	250	0.4	0.63	1	1.6	2.5	4	6.3
180	250	2	3	4.5	7	10	14	20	29	46	72	115	185	290	0.46	0.72	1.15	1.85	2.9	4.6	7.2
250	315	2.5	4	6	8	12	16	23	32	52	81	130	210	320	0.52	0.81	1.3	2.1	3.2	5.2	8.1
315	400	3	5	7	9	13	18	25	36	57	89	140	230	360	0.57	0.89	1.4	2.3	3.6	5.7	8.9
400	500	4	6	8	10	15	20	27	40	63	97	155	250	400	0.63	0.97	1.55	2.5	4	6.3	9.7

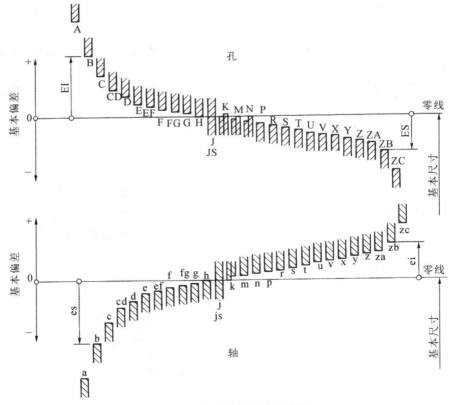

图 8-17　基本偏差系列示意图

（9）基本偏差：国家标准规定的用以确定公差带相对于零线位置的上偏差或下偏差，即指靠近零线的那个偏差。孔和轴各有 28 个基本偏差，如图 8-17 所示。

从图中可以看出：

① 孔的基本偏差用大写字母表示，轴的基本偏差用小写字母表示；

② 当公差带在零线上方时，基本偏差为下偏差，当公差带在零线下方时，基本偏差为上偏差。

4.配合的概念

基本尺寸相同的相互结合孔和轴公差带之间的关系，称为配合。配合分为间隙配合、过盈配合和过渡配合三种，如图 8-18 所示。

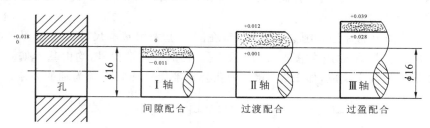

图 8-18 配合的种类

（1）间隙配合：孔与轴配合时，始终产生间隙（包括最小间隙为零）的配合，如图 8-18 所示的 Ⅰ 轴与孔的配合。

（2）过渡配合：孔与轴配合时，有时产生间隙，有时产生过盈的配合，如图 8-18 所示的 Ⅱ 轴与孔的配合。

（3）过盈配合：孔与轴配合时，始终产生过盈（包括最小过盈为零）的配合，如图 8-18 所示的 Ⅲ 轴与孔的配合。

5.配合制度

国家标准规定了两种配合制度，即基孔制配合和基轴制配合。

1）基孔制配合

基本偏差为一定的孔的公差带，与不同基本偏差的轴公差带形成各种松紧程度不同的配合的一种制度，如图 8-19 所示。

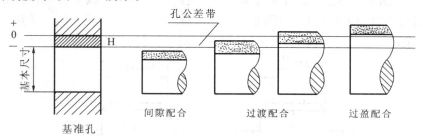

图 8-19 基孔制配合

基孔制的孔为基准孔，代号为 H，其下偏差为零，上偏差为正值，由标准公差决定。

2）基轴制配合

基本偏差为一定的轴的公差带，与不同基本偏差的孔公差带形成各种松紧程度不同的配合的一种制度，如图 8-20 所示。

基轴制的轴为基准轴，代号为 h，其上偏差零，下偏差为负值，由标准公差决定。

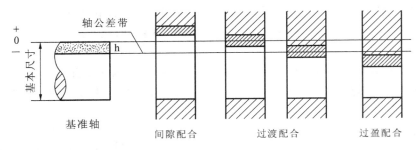

图 8-20 基轴制配合

一般情况下,应优先选用基孔制,只在特殊情况下或与标准件配合时,才选用基轴制。

6.极限与配合的标注

(1)在零件图上的标注。国家标准规定,在图样上采用基本尺寸后跟所要求的公差带代号或对应的偏差数值表示,如图 8-21 所示。孔、轴的公差带代号,均由基本偏差代号和表示标准公差等级的数字组成,如 H7、K6 等为孔公差带代号,h6、f7 等为轴的公差带代号。

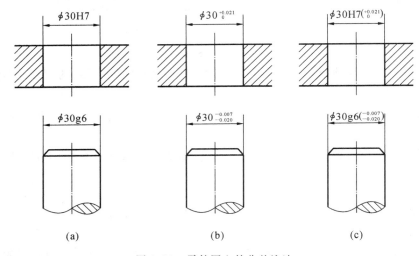

图 8-21　零件图上的公差注法

(2)在装配图上的标注。国家标准规定,在装配图上采用分数形式标注。分子为孔公差带代号,分母为轴公差带代号,如图 8-22 所示。其孔、轴公差带代号均可采用零件图上标注的三种形式。

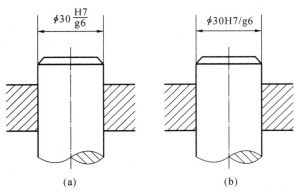

图 8-22　装配图上配合代号注法

3.3 形位公差简介

1.形位公差的基本概念(GB/T 1182—2008)

形状公差是指零件表面的实际形状对其理想形状所允许的变动全量;位置公差是指零件表面的实际位置对其理想位置所允许的变动全量。形状和位置公差,简称形位公差。

2.形位公差代号及标注示例

在工程技术图样中,形位公差应采用代号标注。当无法采用代号标注时,允许在技术要求中用文字说明。形位公差代号包括形位公差的项目代号(共有两类十四项)、形位公差框格及指引线、形位公差值和其他有关符号、基准代号等,如图 8-23 所示。

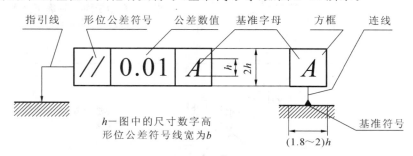

图 8-23　形位公差代号与基准代号

形位公差代号的标注方法示例如表 8-18 所示。

表 8-18　形位公差代号的标注方法示例

分类	项目	标注示例	说明
形状公差	直线度 ──		圆柱表面上任一素线的形状所允许的变动全量(0.02 mm)(左图) ϕ10 轴线的形状所允许的变动全量(ϕ0.04 mm)(右图)
	平面度 ▱		实际平面的形状所允许的变动全量(0.05 mm)
	圆度 ○		在圆柱轴线方向上任一横截面的实际圆所允许的变动全量(0.02 mm)
	圆柱度		实际圆柱面的形状所允许的变动全量(0.05 mm)

续表

分类	项 目	标 注 示 例	说 明
形状或位置公差	线轮廓度 ⌒	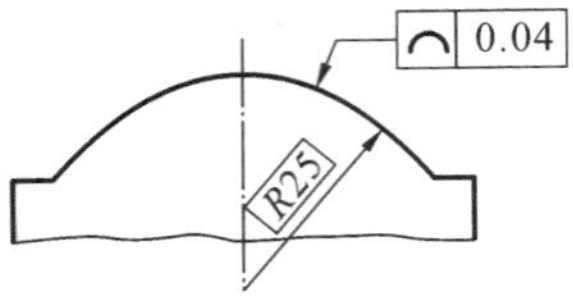 ⌒ 0.04 R25	在零件宽度方向,任一横截面上实际线上轮廓形状所允许的变动全量(0.04 mm) （尺寸线上有方框之尺寸为理想轮廓尺寸）
	面轮廓度 ⌓	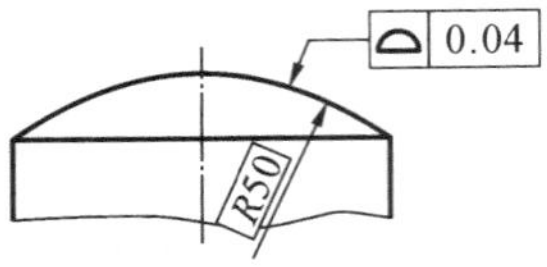 ⌓ 0.04 R50	实际表面的轮廓形状所允许的变动全量(0.04 mm)
位置公差	平行度 ∥ 垂直度 ⊥ 倾斜度 ∠	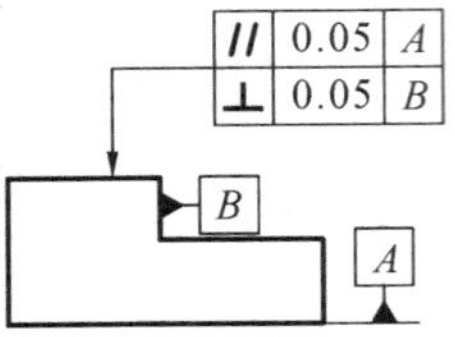 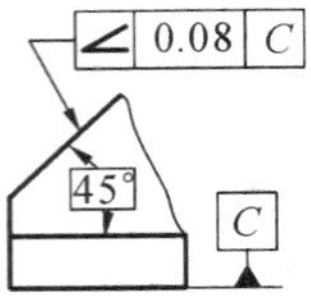 ∥ 0.05 A ⊥ 0.05 B ∠ 0.08 C B A 45° C	实际要素对基准在方向上所允许的变动全量(∥ 为 0.05 mm, ⊥ 为 0.05 mm, ∠ 为 0.08 mm)
	同轴度 ◎ 对称度 ⊜ 位置度 ⊕	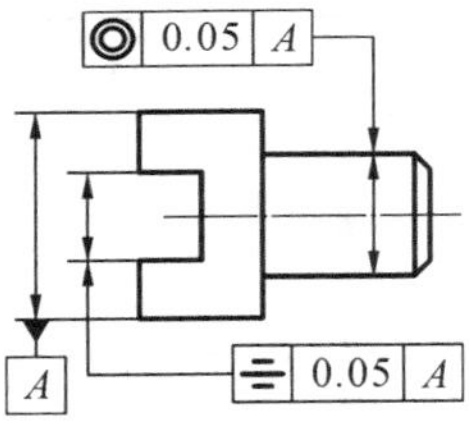 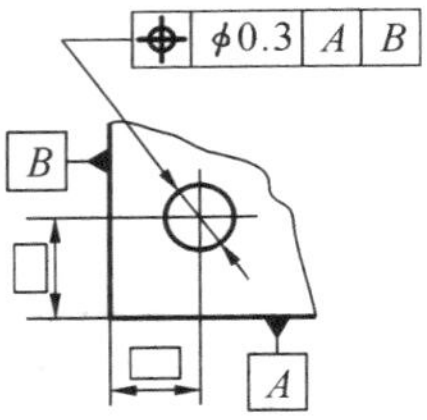 ◎ 0.05 A ⊕ φ0.3 A B B A ⊜ 0.05 A A	实际要素对基准在位置上所允许的变动全量(◎ 为 0.05 mm, ⊜ 为 0.05 mm, ⊕ 为 φ0.3 mm)(尺寸线上有方框之尺寸为理想位置尺寸)
	圆跳动 ↗ 全跳动 ↗↗	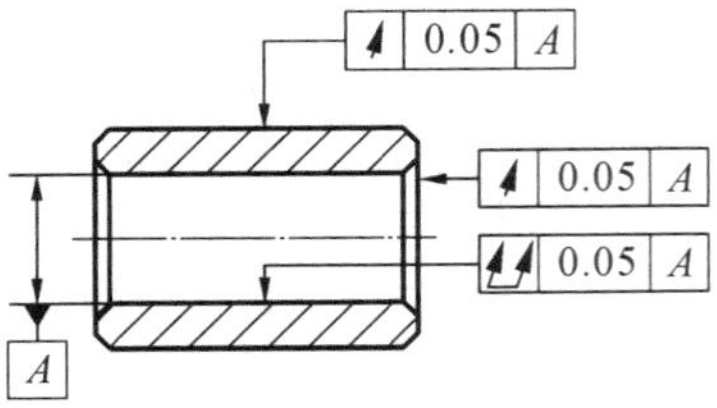 ↗ 0.05 A ↗ 0.05 A ↗↗ 0.05 A A	实际要素绕基准轴线回转一周时所允许的最大跳动量(圆跳动); 实际要素绕基准轴线连续回转时所允许的最大跳动量(全跳动); (图中从上至下所注,分别为圆跳动的径向跳动、端面跳动及全跳动的径跳)

项目 9

装配图

知识目标

- 了解装配图的概念和作用；
- 了解装配图的表达方法和尺寸注法；
- 了解装配图的技术要求、零件序号与明细栏的内容及格式；
- 了解装配图的形状结构和拆画装配图的步骤。

技能目标

- 能够正确地表达装配图的方位、标注装配图的整体尺寸；
- 能够使用零件序号与明细栏表达装配图零件的准确位置；
- 能够使用视图的投影方法绘制装配视图；
- 能够通过装配图的表达方法测绘零件图。

任何机器或部件是由若干零件，按一定的装配关系和要求装配而成的。表达机器或部件的工作原理、性能要求及各零件间的装配连接关系等内容的图样，称为装配图。本项目将介绍装配图的有关知识、部件的表达方法，以及绘制和阅读装配图的基本方法等内容。

任务 1　装配图的作用和内容

1.1　装配图的作用

装配图是表达机器或部件的图样，通常用来表达机器或部件的结构形状、工作原理和技术要求，以及零件、部件间的装配连接关系，是机械设计和生产中的重要技术文件之一。在产品设计中，一般先根据产品的工作原理图画出装配图，然后再根据装配图进行零件设计，并画出零件图；在产品制造中，装配图是制定装配工艺规程、进行装配和检验的技术依据；在机器使用和维修时，也需要通过装配图来了解机器的工作原理和构造。

图 9-1 所示为一个球阀的装配图，由于是初次接触装配图，所以还画出了这个球阀的轴测装配图（见图 9-2），以便互相对照，帮助读图。

在阅读或绘制部件装配图时，必须了解部件的装配关系和工作原理，部件中主要零件的形状、结构与作用，以及各个零件间的相互关系等。下面对图 9-1 所示的球阀做一些简要的介绍。

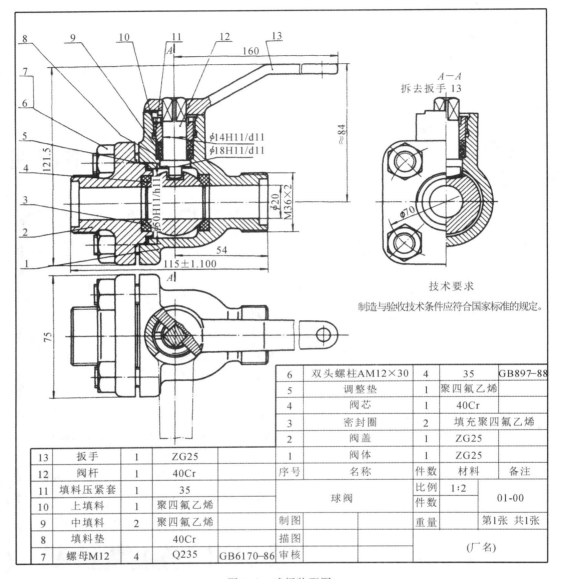

图 9-1 球阀装配图

6	双头螺柱AM12×30	4	35	GB897-88
5	调整垫	1	聚四氟乙烯	
4	阀芯	1	40Cr	
3	密封圈	2	填充聚四氟乙烯	
2	阀盖	1	ZG25	
1	阀体	1	ZG25	
序号	名称	件数	材料	备注

13	扳手	1	ZG25	
12	阀杆	1	40Cr	
11	填料压紧套	1	35	
10	上填料	1	聚四氟乙烯	
9	中填料	2	聚四氟乙烯	
8	填料垫		40Cr	
7	螺母M12	4	Q235	GB6170-86

	球阀		比例	1:2	01-00
			件数		
制图			重量		第1张 共1张
描图					
审核				（厂名）	

在管道系统中，阀是用于启闭和调节流体流量的部件。球阀是阀的一种，它的阀芯是球形的。其装配关系是：阀体1和阀盖2均带有方形的凸缘，它们用四个双头螺柱6和螺母7连接（注意轴测图已剖去球阀左前方的一部分），并用合适的调整垫5调节阀芯4与密封圈3之间的松紧程度。在阀体上部有阀杆12，阀杆下部有凸块，榫接阀芯4上的凹槽（轴测图中阀杆12未剖去，可以看出它与阀芯4的关系）。为了密封，在阀体与阀杆之间加进填料垫8、填料9和10，并且旋入填料压紧套11。球阀的工作原理是：扳手13的方孔套进阀杆12上部的四棱柱，当扳手处于如图9-1所示的位置时，则阀门全部开启，管道畅通（对照装配图与轴测装配图）；当扳手按顺时针方向旋转90°时（扳手处于如装配图的俯视图中双点画线所示的位置），则阀门全部关闭，管道断流。从俯视图的局部剖视中，可以看到阀体1顶部定位凸块的形状（为90°的扇形），该凸块用以限制扳手13的旋转位置。这个球阀中的各个零件的主要形状大多也可以从图9-1和图9-2中看出。

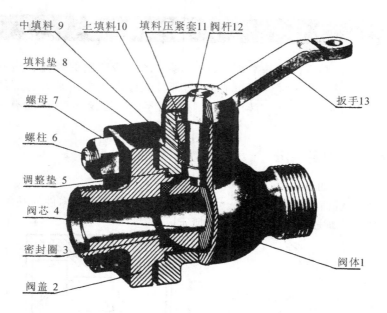

中填料 9　上填料10　填料压紧套11 阀杆12

填料垫 8

螺母 7

螺柱 6

调整垫 5

阀芯 4

密封圈 3

阀盖 2

扳手13

阀体1

图 9-2　球阀轴测装配图

1.2　装配图的内容

一张完整的装配图,必须具有下列内容。

1. 一组视图

用一组视图完整、清晰、准确地表达出机器的工作原理、各零件的相对位置及装配关系、连接方式和重要零件的结构形状。前面所叙述的各种基本表达方法,如视图、剖视、断面、局部放大图等,都可以用来表达装配体。

图 9-2 是球阀的轴测装配图。它直观地表示了球阀的结构,但不能清晰地表示各零件的装配关系。图 9-1 是球阀的装配图,图中采用了三个基本视图。由于结构基本对称,因此主视图采用了全剖,左视图采用了半剖,而又因为上述两视图已将球阀的结构和装配关系基本反映清楚,所以在俯视图中只需采用局部剖视。

2. 必要的尺寸

装配图上要有表示机器或部件的规格(性能)的尺寸、零件之间的配合尺寸、外形尺寸、部件和机器的安装尺寸和其他重要尺寸等检验和安装时所需要的一些尺寸。在图 9-1 所示球阀的装配图中,公称直径 $\phi20$ 为规格尺寸,$\phi70$、54 等为安装尺寸,$\phi18\frac{H11}{d11}$、$\phi50\frac{H11}{h11}$ 等为装配尺寸,121.5、75 为外形尺寸。

3. 技术要求

说明机器或部件的性能和装配、调整、试验等所必须满足的技术条件。如图 9-1 所示的部件,其技术要求是:制造与验收技术条件应符合国家标准的规定。

4. 零部件的序号、明细栏和标题栏

在装配图中,应对每个不同的零部件编写序号,并在明细栏中依次填写每个零件的名称、代号、数量和材料等内容。标题栏一般包括零部件名称、比例、绘图及审核人员的签名等。

任务 2　装配图的表达方法

装配图的表达方法和零件图基本相同,所以零件图中所应用的各种表达方法都适用于装配图。但由于部件是由若干零件所组成的,而部件装配图主要用来表达部件的工作原理和装配连接关系,以及主要零件的结构形状,因此,与零件图比较,装配图还有一些规定画法和特殊的表达方法。

2.1　装配图的规定画法

装配图的规定画法如下。

(1) 两零件的接触面和配合面只画一条线。但是,如果两相邻零件的基本尺寸不相同,即使间隙很小,也必须画成两条线,如图 9-3 所示。

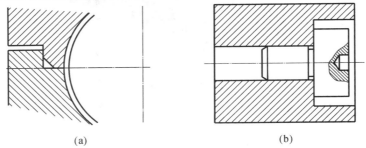

(a)　　　　　　　　　　　　　　　(b)

图 9-3　接触面和非接触面画法、剖面线的画法

(2) 相邻两个或多个零件的剖面线应有区别,或者方向相反,或者方向一致但间隔不等,并相互错开,如图 9-3(a)所示。在同一张装配图中,所有剖视图、断面图中同一零件的剖面线方向、间隔和倾斜角度应一致,这样有利于找出同一零件的各个视图,想象其形状和装配关系。

(3) 对于标准件以及实心的球、手柄、键等零件,若剖切平面通过其对称平面或基本轴线时,则这些零件均按不剖绘制。在表明零件的凹槽、键槽、销孔等构造时,可用局部剖视图表示,如图 9-4 所示。

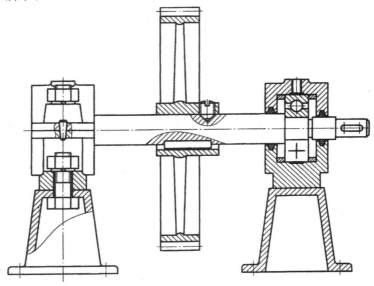

图 9-4　剖视图中不剖零件的画法

（4）零件被弹簧挡住的部分，其轮廓线不画。可见部分应从弹簧丝剖切面的中心线往外画，如图 9-5 所示。

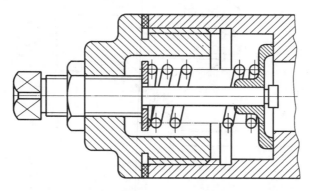

图 9-5　零件被弹簧挡住部分轮廓线的画法

2.2　装配图的特殊画法

1.拆卸画法

为了表示装配体内部结构被某些零件遮挡住的零件，或在某一视图上不需要画出某些零件时，可拆去某些零件后再画，也可选择沿零件结合面进行剖切，如图 9-6(a)所示的 $A—A$ 剖视图。

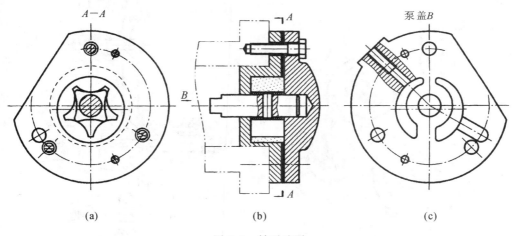

(a)　　　　　　　　　　　(b)　　　　　　　　　　　(c)

图 9-6　转子油泵

2.单独表达法

若所选择的视图已将大部分零件的形状、结构表达清楚，但仍有少数零件的某些方面还未表达清楚，可单独画出这些零件的视图或剖视图，如图 9-6(c)所示的转子油泵中的泵盖 B 向视图。

3.假想画法

为表示部件或机器的作用、安装方法，可将其他相邻零件、部件的部分轮廓用双点画线画出，如图 9-6(b)所示。假想轮廓的剖面区域内不画剖面线。

当需要表示运动零件的运动范围或运动的极限位置时，可按其运动的一个极限位置绘制图形，再用双点画线画出另一极限位置的图形，如图 9-7 所示。

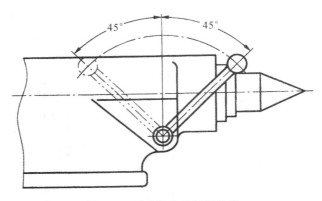

图 9-7　运动零件的极限位置

4.展开画法

当轮系的各轴线不在同一平面内时,可假想沿传动路线上各轴线顺序剖切,然后展开在一个平面上,画出剖视图,如图 9-8 所示。

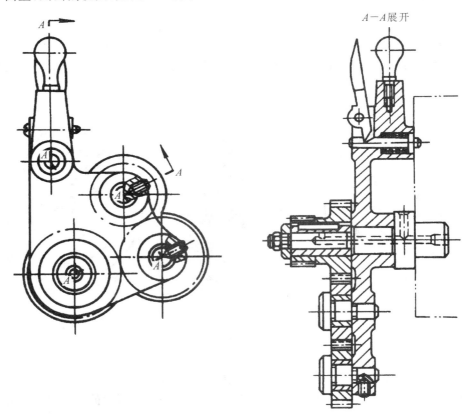

图 9-8　装配图中的展开画法

2.3　装配图的简化画法

对于装配图中若干相同的零部件组如螺栓连接等,允许详细地画出一处,其余只需用点画线表示其位置即可。如图 9-9 所示,在装配图上零件的工艺结构如小圆角、倒圆、倒角、退刀槽、起模斜度等可不画出。

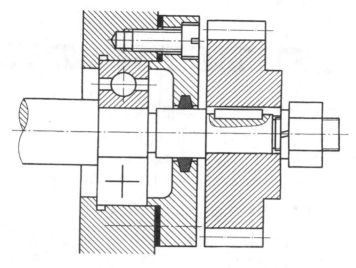

图 9-9　装配图中的简化画法

任务 3　装配图中的尺寸标注

装配图的作用是表达零部件的装配关系,不是制造零件的直接依据。因此,装配图不需注出零件的全部尺寸,而只需标注一些必要的尺寸。这些尺寸按其作用不同,大致可分为规格尺寸、装配尺寸、安装尺寸、外形尺寸和其他重要尺寸五大类尺寸。

1.规格尺寸

说明机器、部件工作性能或规格的尺寸,它是设计、了解和选用产品时的主要依据。如图 9-1 中球阀的公称直径 $\phi20$。

2.装配尺寸

包括保证有关零件间装配性质的尺寸、保证零件间相对位置的尺寸、装配时进行加工的有关尺寸等。如图 9-1 中阀盖和阀体的配合尺寸 $\phi50\dfrac{H11}{h11}$ 等。

3.安装尺寸

将机器或部件安装到地基上,或部件与其他零件、部件相连接时所需要的尺寸。如图 9-1 中与安装有关的尺寸:≈84、54、M36×2 等。

4.外形尺寸

表示机器或部件的外形轮廓总长、总宽和总高的尺寸。它反映了机器或部件的体积大小,即该机器或部件在包装、运输和安装过程中所占空间的大小。如图 9-1 中的球阀的总长、总宽和总高分别为 115 ± 1.100、75 和 121.5。

5.其他重要尺寸

除以上四类尺寸外,在设计中确定的、在装配或使用中必须说明的尺寸,如运动零件的位移尺寸等。

需要说明的是,上述五类尺寸之间不是孤立无关的,装配图上的某些尺寸有时兼有几种意义,例如球阀中的尺寸 115 ± 1.100,它既是外形尺寸,又与安装有关。此外,一张装配图中也不一定都具有上述五类尺寸。在标注尺寸时,必须明确每个尺寸的作用,对装配图没有意义的结构尺寸不需注出。

任务4　装配图的技术要求、零件序号与明细栏

4.1　装配图中的技术要求

装配图上的技术要求主要是针对该装配体的工作性能、装配及检验要求、调试要求及使用与维护要求所提出的,不同的装配体具有不同的技术要求。

装配图技术要求一般采用文字注写在明细栏的上方或图样下方的空白处。

4.2　装配图零件序号与明细栏

为便于图样管理、生产准备、机器装配和看懂装配图,对装配图上各零部件都必须编注序号。同一装配图中相同的零部件(即每一种零部件)只编写一个序号,并在标题栏上方填写与图中序号一致的明细栏,不能产生差错。

1.零件序号

装配图中的序号编注一般由指引线(细实线)、圆点(或箭头)、横线(或圆圈)和序号数字组成,如图9-10所示。具体要求如下:

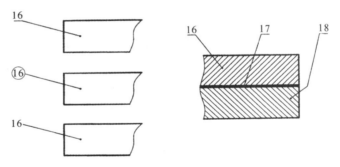

图 9-10　序号的组成

(1)指引线不要与轮廓线或剖面线等图线平行,指引线之间不允许相交,但指引线允许弯折一次。

(2)指引线末端不便画出圆点时,可在指引线末端画出箭头,箭头指向该零件的轮廓线。

(3)序号数字比装配图中的尺寸数字大一号。

(4)对紧固件组或装配关系清楚的零件组,允许采用公共指引线,如图9-11所示。

(5)零件的序号应按顺时针或逆时针方向在整个一组图形外围顺次整齐排列,并尽量使序号间隔相等,如图9-2所示。

2.明细栏

明细栏则按GB/T 10609.2—2009规定绘制。各工厂企业有时也有各自的标题栏、明细栏格式,本课程推荐的装配图明细栏格式如图9-12所示。

绘制和填写明细栏时应注意以下问题:

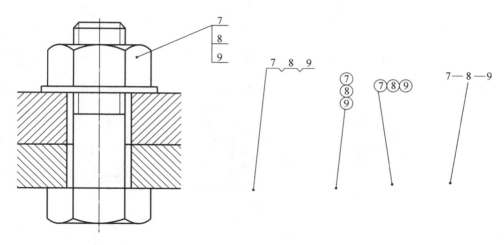

7
8
9
7 8 9
⑦
⑧
⑨
⑦⑧⑨
7—8—9

图 9-11　零件组序号

140
15
45
15
35
6 轴承座 1 HT200
5 下轴瓦 1 ZCuSn10P1
4 上轴瓦 1 ZCuSn10P1
3 轴承盖 1 HT200
2 螺栓M12×110 2 GB5782-86
1 螺母M12 4 GB6170-86
序号 名称 数量 材料 备注
滑动轴承
共 张 第 张 比例 1:1
数 量 图号
制图 (签名) (日期)
审核 (签名) (日期)
(校名)
8
8
4×8
25
20
25
25
15
15

图 9-12　装配图明细栏格式

(1) 明细栏和标题栏的分界线是粗实线，明细栏的外框竖线是粗实线，明细栏的横线和内部竖线均为细实线(包括最上一条横线)。

(2) 序号应自下而上顺序填写，如向上延伸位置不够，可以在标题栏紧靠左边的位置自下而上延续。

(3) 标准件的国标代号可写入备注栏。

任务 5　常见的装配工艺结构

为了保证各零件的装配质量，使机器或部件达到规定的力学性能，在设计绘图时，应考虑使用合理的装配工艺结构和常见装置，并应达到装拆方便的目的。

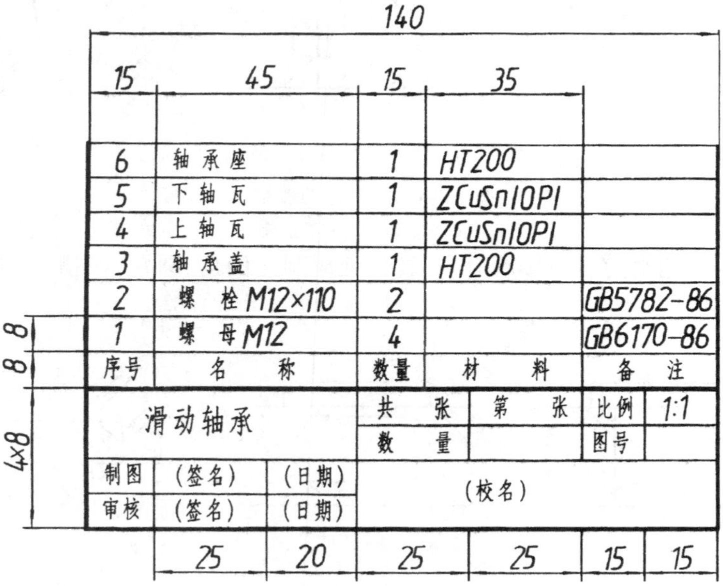

5.1 装配工艺结构

为了避免装配时表面发生互相干涉,两零件在同一方向上(横向或竖向)只应有一个接触面,如图 9-13 所示。

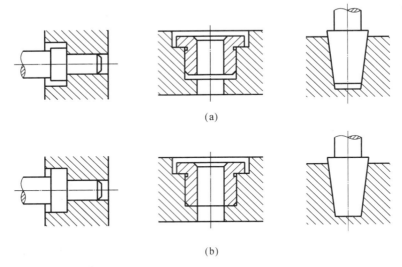

图 9-13　两零件的接触面

(a) 正确　(b) 不正确

两零件有一对相交的表面接触时,在转角处应制出倒角、圆角、凹槽等,以保证表面接触良好,如图 9-14 所示。

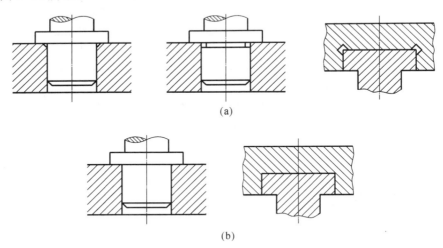

图 9-14　直角接触面处的结构

(a) 正确　(b) 不正确

零件的结构设计要考虑维修时拆卸方便,如图 9-15 所示。其中图 9-15(a)所示的结构易于拆卸,图 9-15(b)所示的结构无法拆卸。

用螺栓连接的地方要留足装拆的活动空间,如图 9-16 所示。

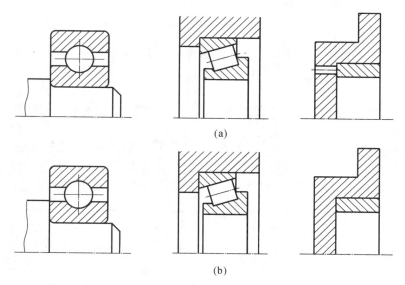

(a)

(b)

图 9-15　装配结构要便于拆卸
（a）正确　（b）不正确

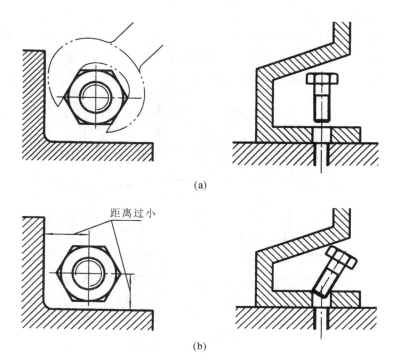

(a)

距离过小

(b)

图 9-16　螺纹连接装配结构
（a）正确　（b）不正确

5.2 机器上的常见装置

1.螺纹防松装置

为防止机器在工作中由于振动而将螺纹紧固件松开,常采用双螺母、弹簧垫圈、止动垫圈和开口销等防松装置,其结构如图 9-17 所示。

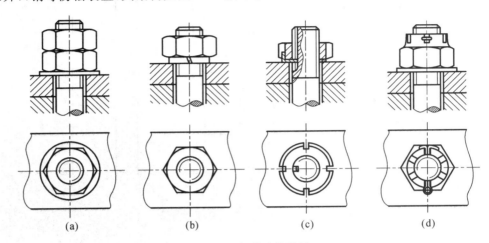

图 9-17 螺纹防松装置

（a）双螺母 （b）弹簧垫圈 （c）止动垫圈 （d）开口销

2.滚动轴承的固定装置

使用滚动轴承时,须根据受力情况采用一定的结构,将滚动轴承的内、外圈固定在轴上或机体的孔中。因考虑到工作温度的变化会导致滚动轴承工作时卡死,所以应留有少量的轴向间隙,如图 9-18 所示,右端轴承内外圈均做了固定,左端只固定了内圈。

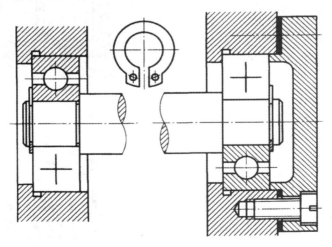

图 9-18 滚动轴承固定装置

3.密封装置

为了防止灰尘、杂屑等进入轴承,并防止润滑油的外溢以及阀门或管路中的气、液体的泄漏,通常采用图 9-19 所示的密封装置。

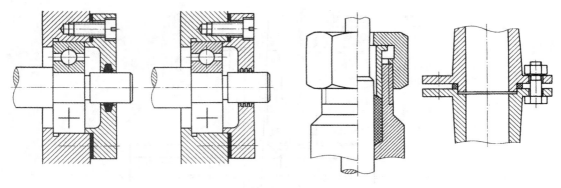

图 9-19　密封装置

任务 6　测绘装配体和绘制装配图

6.1　测绘装配体

部件测绘是对装配体进行测量并绘制零件草图,然后根据零件草图绘制装配图,再由装配图拆画零件图的过程。它是工程技术人员必须熟练掌握的基本技能,也是复习、巩固及应用所学制图知识的一个重要阶段。

在生产实践中,对原有机器进行维修和技术改造,或者设计新产品和仿造原有设备时,往往要测绘有关机器的一部分或全部,称为部件测绘或测绘。测绘的过程大致可按顺序分为以下几个步骤:了解测绘的对象和拆卸零部件,画装配示意图,测绘零件(非标准件)草图,画部件装配图,画零件图。其中测绘零件草图的方法和步骤已于项目 8 中讲述,由零件图画部件装配图与由零件图画装配图所述的方法和步骤相同,由部件装配图画零件图的方法和步骤则将在后面讲述,所以在这里只扼要地说明最前面的两个步骤。

1.了解测绘对象和拆卸零部件

要通过对实物的观察,了解有关情况和参阅有关资料,了解部件的用途、性能、装配关系和结构特点等。球阀部件的情况可参见图 9-1 及相应的简要介绍。

在初步了解部件的基础上,要依次拆卸各零件,通过对各零件的作用和结构的仔细分析,可以进一步了解这个球阀部件中各零件的装配关系。要特别注意零件间的配合关系,弄清其配合性质是间隙配合、过盈配合,还是过渡配合。拆卸时为了避免零件的丢失和产生混乱,一方面要妥善保管零件,另一方面可对各零件进行编号,并分清标准件和非标准件,做相应的记录。标准件只需在测量尺寸后查阅标准,核对并写出规定标记,不必画零件草图和零件图。

2.画装配示意图

装配示意图是通过目测,徒手用简单的线条示意性地画出的部件或机器的图样。可用来表达部件或机器的结构、装配关系、工作原理和传动路线等,作为重新装配部件或机器和画装配图时的参考。如图 9-20 所示为球阀的装配示意图。画装配示意图时,应采用机械制图国家标准"机构运动简图符号"(GB/T 4460—2013)中所规定的符号。

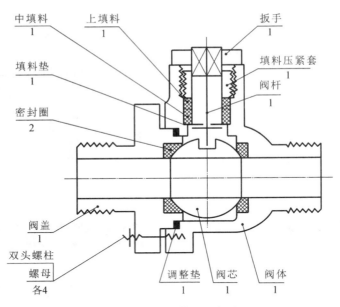

中填料
1

上填料
1

扳手
1

填料压紧套
1

填料垫
1

阀杆
1

密封圈
2

阀盖
1

双头螺柱

螺母

各4

调整垫　阀芯　阀体
1　　　1　　　1

图 9-20　球阀装配示意图

6.2　由零件图画装配图

部件是由一些零件所组成的,根据部件所属的零件图,就可以拼画成部件的装配图。下面以图 9-2 所示的球阀为例,说明由零件图画装配图的步骤和方法。主要零件的零件图见图 9-21,其他非标准件的零件图,因限于篇幅,不全部列出。

1.了解部件的装配关系和工作原理

对部件实物(见图 9-2)或装配示意图(见图 9-20)进行仔细的分析,了解各零件间的装配关系和部件的工作原理。这个球阀各组成零件间的装配关系和球阀的工作原理前面已经介绍,此处不再赘述。

2.确定表达方案

根据已学过的机件的各种表达方法(包括装配图的一些特殊的表达方法),考虑选用哪种表达方案,才能较好地反映部件的装配关系、工作原理和主要零件的结构形状。

画装配图与画零件图一样,应先确定表达方案,也就是进行视图选择。首先,选定部件的安放位置和选择主视图,然后选择其他视图。

装配图表达的重点与零件图有所不同,一般都采用剖视图作为主要表达方法,以便将装配体的结构特点、工作原理及各零件间的装配关系表示清楚,如图 9-1 所示。

1)装配图主视图的选择

部件的安放位置,应与部件的工作位置相符合,这样对设计和指导装配都会带来方便。当部件的工作位置确定后,接着就选择部件的主视图方向。球阀的工作位置情况多变,但一般是将其通路放成水平位置。当部件的工作位置确定后,经过比较,应选用能清楚地反映主要装配关系和工作原理的那个视图作为主视图,并采取适当的剖视,比较清晰地表达各个主要零件以及零件间的相互关系。在图 9-1 中所选定的球阀的主视图就体现了上述选择主视图的原则。

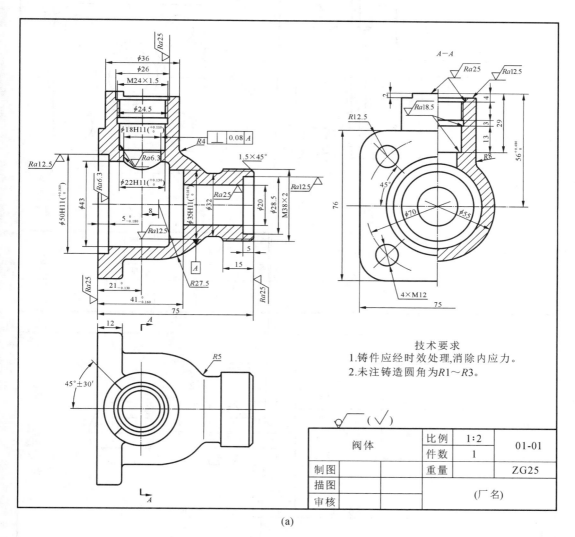

(a)

图 9-21 球阀主要零件的零件图

(a) 阀体零件图　(b) 阀盖零件图　(c) 阀杆零件图

(d) 阀芯零件图　(e) 密封圈零件图　(f) 填料压紧套零件图　(g) 扳手零件图

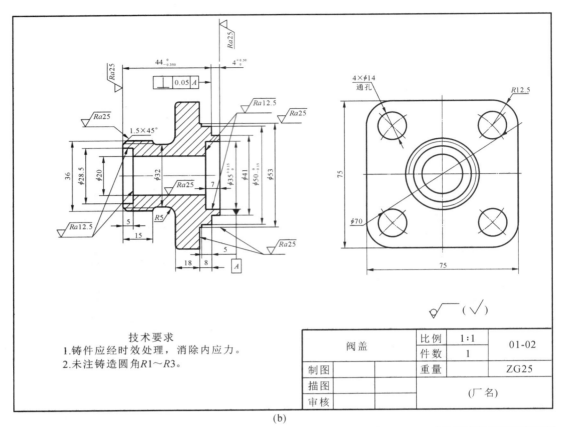

技术要求
1.铸件应经时效处理，消除内应力。
2.未注铸造圆角R1～R3。

阀盖		比例	1:1	01-02
		件数	1	
制图		重量		ZG25
描图				
审核			(厂名)	

(b)

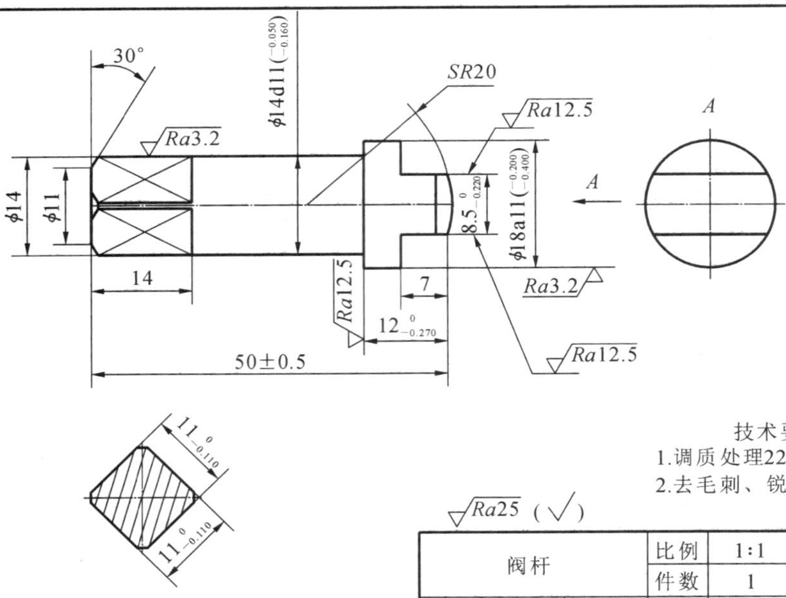

技术要求
1.调质处理220～250 HB。
2.去毛刺、锐边。

阀杆		比例	1:1	01-03
		件数	1	
制图		重量		40Cr
描图				
审核			(厂名)	

(c)

续图 9-21

178

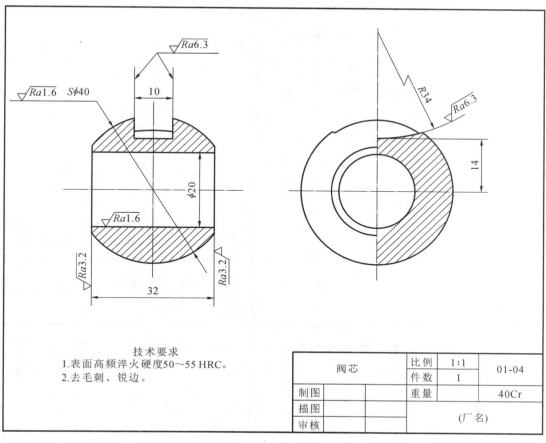

技术要求
1.表面高频淬火硬度50～55 HRC。
2.去毛刺、锐边。

阀芯	比例	1:1	01-04
	件数	1	
制图		重量	40Cr
描图		（厂名）	
审核			

(d)

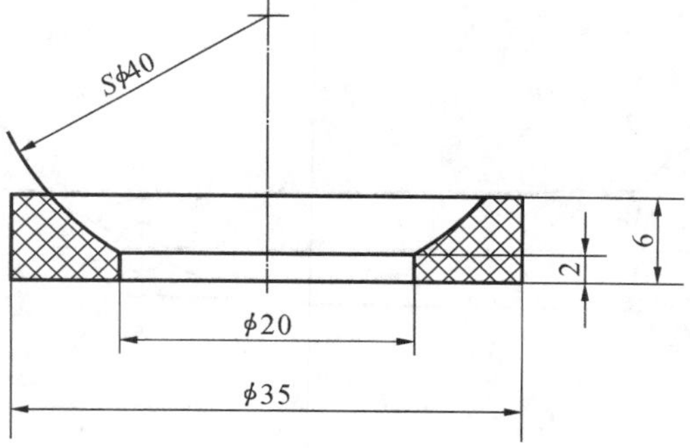

密封圈	比例	1:1	01-05
	件数	2	
制图		重量	聚四氟乙烯
描图		（厂名）	
审核			

(e)

续图 9-21

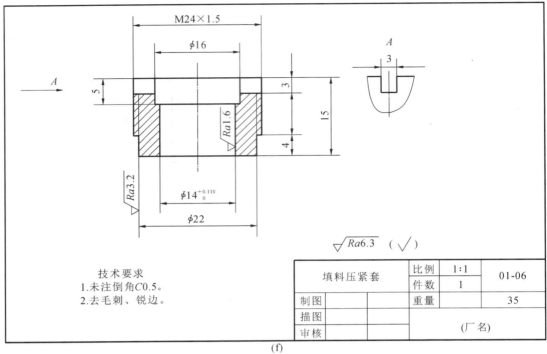

$\sqrt{Ra6.3}$ ($\sqrt{\ }$)

技术要求
1.未注倒角C0.5。
2.去毛刺、锐边。

填料压紧套	比例	1:1	01-06
	件数	1	
制图		重量	35
描图			
审核		(厂名)	

(f)

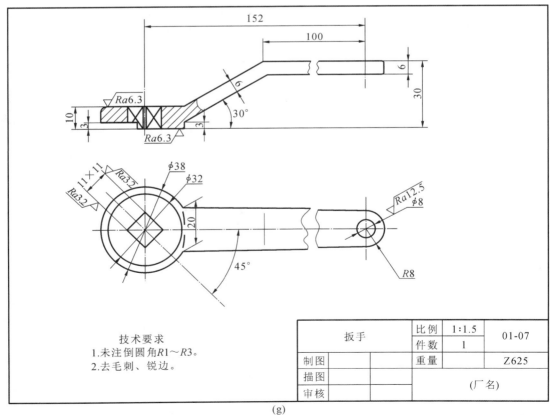

技术要求
1.未注倒圆角R1～R3。
2.去毛刺、锐边。

扳手	比例	1:1.5	01-07
	件数	1	
制图		重量	Z625
描图			
审核		(厂名)	

(g)

续图 9-21

2）其他视图的选择

根据确定的主视图,再选取能反映其他装配关系、外形及局部结构的视图。如图 9-1 所示,球阀沿前后对称面剖开的主视图,虽清楚地反映了各零件间的主要装配关系和球阀工作原理,但是球阀的外形结构以及其他一些装配关系还没有表达清楚。于是选取左视图,补充反映了它的外形结构;选取俯视图,并作局部剖视,反映了扳手与定位凸块的关系。

3. 画装配图

确定了部件的视图表达方案后,根据视图表达方案以及部件的大小与复杂程度,选取适当比例,安排各视图的位置,从而选定图幅,便可着手画图。在安排各视图的位置时,要注意留出写零部件序号、明细栏,以及注写尺寸和技术要求的位置。

画图时,应先画出各视图的主要轴线(装配干线)、对称中心线和作图基线(某些零件的基面或端面)。由主视图开始,几个视图配合进行。画剖视图时,以装配干线为准,由内向外逐个画出各个零件,也可由外向里画,视作图方便而定。图 9-22 展示了绘制球阀装配图视图底稿的画图步骤。底稿线完成后,需经校核,再加深、画剖面线、注尺寸。最后,编写零部件序号,填写明细栏,再经校核,签署姓名。完成后的球阀装配图如图 9-1 所示。

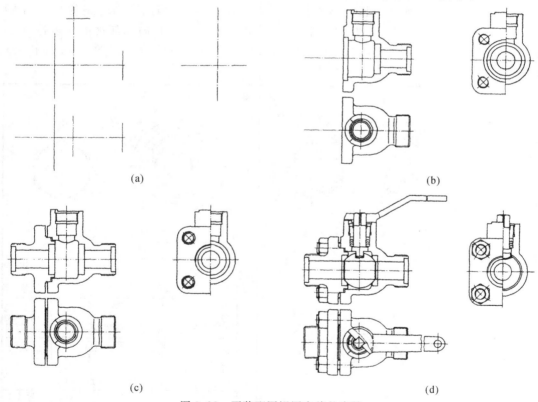

图 9-22　画装配图视图底稿的步骤

（a）画出各视图的主要轴线、对称中心线及作图基线　（b）画主要零件阀体的轮廓线,三个视图要联系起来画
（c）根据阀盖和阀体的位置画出三视图　（d）画出其他零件,再画出扳手的极限位置(图中位置不够未画)

任务 7　读装配图和拆画零件图

读装配图应特别注意从机器或部件中分离出每一个零件,并分析其主要结构形状和作

用,以及各个零件之间的位置关系、连接关系和装配关系。然后再将各个零件合在一起,分析机器或部件的作用、工作原理及防松、润滑、密封等系统的原理和结构等,必要时还应查阅有关的专业资料。

7.1　读装配图的方法和步骤

不同的工作岗位看图的目的是不同的。有的仅需要了解机器或部件的用途和工作原理;有的要了解零件的连接方法和拆卸顺序;有的要拆画零件图等。一般说来,应按以下方法和步骤读装配图。

1.概括了解

从标题栏和有关的说明书中了解机器或部件的名称和大致用途;从明细栏和图中的序号了解机器或部件的组成。

2.对视图进行初步分析

明确装配图的表达方法、投影关系和剖切位置,并结合标注的尺寸,想象出主要零件的主要结构形状。

图9-23所示为阀的装配图。该部件装配在液体管路中,用以控制管路的"通"与"不通"。该图采用了主(全剖视)、俯(全剖视)、左三个视图和一个 B 向局部视图的表达方法。有一条装配轴线,部件通过阀体上的 G1/2 螺孔、$\phi12$ 的螺栓孔和管接头上的 G3/4 螺孔装入液体管路中。

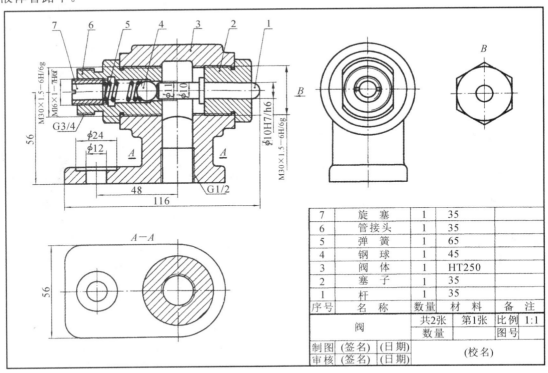

图9-23　阀的装配图

7	旋　塞	1	35	
6	管接头	1	35	
5	弹　簧	1	65	
4	钢　球	1	45	
3	阀　体	1	HT250	
2	塞　子	1	35	
1	杆	1	35	
序号	名　称	数量	材　料	备　注
阀		共2张	第1张	比例 1:1
		数量		图号
制图 (签名)(日期)			(校名)	
审核 (签名)(日期)				

3.分析工作原理和装配关系

在概括了解的基础上,应对照各视图进一步研究机器或部件的工作原理、装配关系。看图应先从反映装配关系的视图入手,分析机器或部件中零件的运动情况,从而了解工作原理。然后再根据投影规律,从反映装配关系的视图着手,分析各条装配轴线,弄清零件之间的配合要求、定位和连接方式等。

图 9-23 所示阀的工作原理从主视图看最清楚,即当杆 1 受外力作用向左移动时,钢球 4 压缩弹簧 5,阀门被打开,当去掉外力时钢球在弹簧作用下将阀门关闭。旋塞 7 可以调整弹簧作用力的大小。

阀的装配关系从主视图看也最清楚。从左侧将钢球 4、弹簧 5 依次装入管接头 6 中,然后将旋塞 7 拧入管接头,调整好弹簧压力,再将管接头拧入阀体左侧 M30×1.5 的螺孔中。右侧将杆 1 装入塞子 2 的孔中,再将塞子 2 拧入阀体右侧 M30×1.5 的螺孔中。杆 1 和管接头 6 径向有 1 mm 的间隙,管路接通时,液体由此间隙流过。

4.分析零件结构

对主要的复杂零件要进行投影分析,想象出其主要形状及结构,必要时可画出其零件图。

7.2　由装配图拆画零件图

为了看懂某一零件的结构形状,必须先把这个零件的视图从整个装配图中分离出来,然后想象其结构形状,对于表达不清的地方要根据整个机器或部件的工作原理来进行补充,然后画出其零件图。这种由装配图画出零件图的过程称为拆画零件图。其方法和步骤如下。

1.看懂装配图

将要拆画的零件从整个装配图中分离出来。例如,要拆画阀装配图中阀体 3 的零件图,首先将阀体 3 从主、俯、左三个视图中分离出来,然后想象其形状。对该零件的大致形状进行想象并不困难,但阀体内型腔的形状,因其左、俯视图没有表达,所以还不能最终确定该零件的完整形状。通过主视图中 G1/2 螺孔上方的相贯线形状得知,阀体型腔为圆柱形,轴线垂直放置,且圆柱孔的直径等于 G1/2 螺孔的直径,如图 9-24 所示。

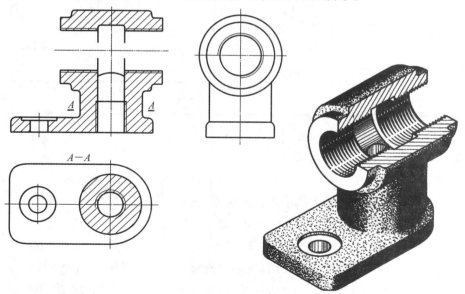

图 9-24　拆画零件图过程

2.确定视图表达方案

看懂零件的形状后,要根据零件的结构形状及在装配图中的工作位置或零件的加工位置,重新选择视图,确定表达方案。此时可以参考装配图的表达方案,但要注意不应受原装配图的限制。图9-25所示的阀体,其表达方法是:主、俯视图和装配图相同,左视图采用半剖视图。

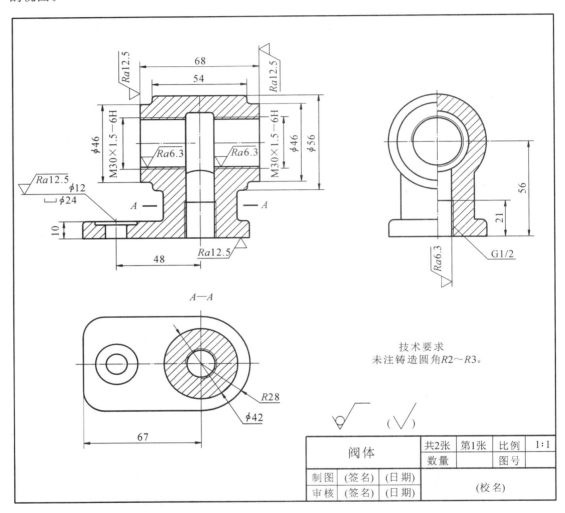

图 9-25　阀体

3.标注尺寸

由于装配图上给出的尺寸较少,而在零件图上则需注出零件各组成部分的全部尺寸,所以很多尺寸是在拆画零件图时才确定的。此时应注意以下几点:

(1)凡是在装配图上已给出的尺寸,在零件图上可直接注出;

(2)某些设计时通过计算得到的尺寸(如齿轮啮合的中心距)以及通过查阅标准手册而确定的尺寸(如键槽等的尺寸),应按计算所得数据及查表值准确标注,不得圆整;

(3)除上述尺寸外,零件的一般结构尺寸,可按比例从装配图上直接量取,并作适当圆整;

（4）标注零件的表面粗糙度、形位公差及技术要求时，应结合零件各部分的功能、作用及要求，合理选择精度，同时还应使标注数据符合有关标准。阀体的尺寸标注如图 9-25 所示。

拆画零件图是一种综合能力训练。它不仅需要具有看懂装配图的能力，而且还应具备有关的专业知识。随着计算机绘图技术的普及，拆画零件图的方法将会变得更容易。如果是由计算机绘出的机器或部件的装配图，可对被拆画的零件进行复制，然后加以整理，并标注尺寸，即可画出零件图，本节的阀体零件图，就是采用这种方法拆画的。

项目

10

AutoCAD 2015 绘图基础

知识目标

- 熟悉 AutoCAD 2015 软件的大致情况及文件管理内容;
- 了解软件中的命令和输入法的应用;
- 熟悉图层和作图辅助功能的使用;
- 掌握绘图和编辑基本命令功能的应用;
- 了解图案填充及其他输入方法的使用;
- 了解块的基本编辑过程;
- 了解尺寸标注的方法。

技能目标

- 能够正确使用 AutoCAD 2015 软件的命令和输入法进行画图;
- 能够应用图层编辑各种绘图图线;
- 能够使用块的命令对图形进行编辑;
- 能够使用尺寸标注命令对图形进行标注以及检测视图。

AutoCAD 是现代工程人员必备的绘图工具,本项目从绘图的实用性出发,主要介绍 AutoCAD 2015 的基本操作,以帮助读者掌握一些文件的管理和图层、显示的控制,并熟悉一些基本的绘图和编辑命令。在学习的同时,要求读者多上机实践,最终达到快速轻松地完成一张工程图的效果。本项目配有综合练习,读者可自行绘制。

任务 1 计算机绘图概述

随着科学技术的飞速发展,计算机的不断更新,人们的产品观念越来越复杂,产品更新换代的周期愈来愈短,依托传统的手工绘图设计、修改来完成这些产品的开发工作,在速度及精度上已逐渐不能适应市场的需求,于是计算机绘图(computer graphics)被世人所应用。

计算机绘图技术不但是工程技术人员必须掌握的基本技能之一,同时还是工程图学与计算机科学的一个重要分支。它是一门以图形硬件设备、图形专用算法和图形软件系统为研究对象的新兴交叉学科,它把计算机设计结果用图形在显示器或绘图仪上输出,也可把已有的图形或文字通过专门设备输入计算机中进行增删,修改后再输出。

由于计算机运行速度快,处理信息能力强,修改存储图形方便、灵活,加之应用软件日益丰富,因此计算机绘图目前应用非常广泛,而且越来越普及。在科研、技术、教育、国防、军工及民用各方面,计算机绘图已成为不可缺少的辅助手段。例如:飞机、汽车、船舶、机械、电子、动力产品的设计与制造,各种动态模型,以及建筑、气象、测绘、艺术、印刷,甚至服装等各部门都用到了计算机绘图技术。在设计一种新的产品时除了必要的计算外,绘图占用了大量的时间。为了缩短设计周期,使工程设计人员把主要精力放在改进设计和提高产品的性能与质量上,一旦有了新的设计方案,计算机辅助设计(CAD)就能及时地用图形表达出来,而且能方便地进行修改使之更加完善,以便快速投入生产占领市场,从而增强企业与企业之间的竞争力。

本项目仅从计算机辅助绘制工程图的需要出发,介绍市场通用的计算机辅助绘图软件——AutoCAD 2015。该软件不仅具备完善的二维功能,而且其三维造型功能也很强,并能支持 Internet 功能,是目前我国广泛使用的软件之一。

任务 2　AutoCAD 2015 软件概述

当已正确安装了 AutoCAD 2015 时,双击桌面上的 AutoCAD 2015 的快捷图标，即可启动 AutoCAD 2015,显示如图 10-1 所示的 AutoCAD 2015 初始界面。

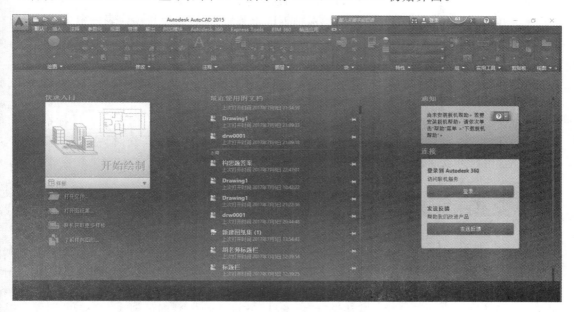

图 10-1　AutoCAD 2015 初始界面

(1) 打开文件——打开已保存的图形文件。

(2) 开始绘图——创建一个新文件。创建文件的方式如下:

样板:从预定义的样板文件中选用一种绘图模板,有的包括边框、标题栏及尺寸的设置。

默认设置:直接单击开始绘图选择默认模板。

根据需要我们可以单击相应的按钮及确定按钮,进入 AutoCAD 2015 主界面,如图 10-2 所示。

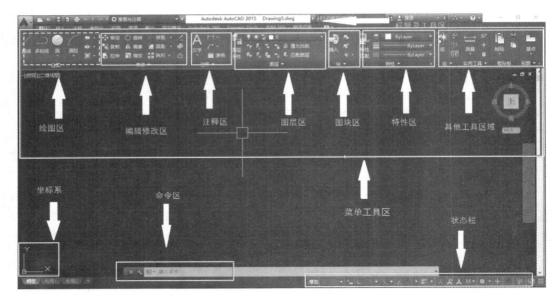

图 10-2　AutoCAD 2015 主界面

AutoCAD 2015 主界面包括如下几部分：

● 标题及工具区——显示当前所用软件的信息及图形文件名。

● 菜单工具区——包括各菜单选项、对话框或子菜单选项，每个选项代表一个命令，可选取自己需要的工具。

● 绘图区——用来显示和编辑图形的区域，其左下角箭头代表坐标系及原点。

● 命令行——用于输入命令。在命令行中直接键入命令，系统会给出相应的反馈提示信息，缺省为三行。

● 状态栏——状态栏位于屏幕的底部，它的左边是不断变化的数字，记录着鼠标指针当前所在的位置，右边是一些常用的工具按钮，表示绘图时是否打开了正交、栅格捕捉、栅格显示等功能，用户可以通过单击这些按钮在打开和关闭两种状态间转换。

任务 3　文件的管理

3.1　新建文件

当我们需要创建一张新的图样时，只需单击标准工具栏中的第一个按钮即可。一般的情况下我们在"创建图形"的"默认设置"里选择"公制（Metric）"即可创建一张新的图样。

3.2　保存文件

当我们已经完成了一张工程图，并想让这张工程图保存下来时，只需要单击按钮。如果事先没有给文件取名，此时我们只需要在"保存对话框"中给图形文件取个名字，并单击"确定"即可把这张图保存下来。

3.3 打开已有文件

在工程上有时一张图样要进行反复的修改或使用，为了方便，我们需要将事先保存好的图样调出来。这时我们只需要单击 按钮，在"打开"对话框中找到所需要的文件。

任务 4　命令和数据的输入方法

4.1 命令的输入方法

AutoCAD 提供了三种主要方式进行命令输入：一是从工具栏上单击所需要命令的按钮；二是从命令行中输入每个命令的英文；三是从菜单栏上单击每个命令所在的菜单选项。

常用键的功能如下：

鼠标左键——当光标在绘图区时，起选取对象作用，当光标在工具栏上则起发出命令的作用。

鼠标右键——当光标指向任何一工具条的按钮边界时单击右键，则弹出工具条快捷菜单条，从中可以选取所要用的工具栏；当要结束某一命令时，单击右键即可结束该命令，此时右键在 AutoCAD 中起确定作用，相当于回车键（Enter）；此外右键还有设置一些功能的作用。

Enter 键——结束命令和数据、文字的输入，在"命令："后直接回车，则重复上一次输入的命令。

Esc 键——按一次或两次可中止正在执行的命令或取消图中蓝色的"夹点"。

U（Undo）键——起取消上一次操作的作用。

F1——获得帮助。

F2——实现绘图窗口与文本窗口的切换。

F3——控制是否实现对象的自动捕捉。

F4——数字化仪控制。

F5——等轴测平面的切换。

F6——控制状态行上坐标的显示方式。

F7——栅格显示模式控制。

F8——正交模式控制。

F9——栅格捕捉模式控制。

F10——极轴模式控制。

F11——对象追踪模式控制。

4.2 坐标和数据的输入方法

1. 坐标

AutoCAD 常用三种方式表示点的坐标，分别介绍如下：

绝对坐标——相当于数学中的坐标系，在输入点的坐标时，始终以（0,0,0）为相对原点。例如（50,35），这时 X,Y,Z 方向相对于原点的距离分别为 50,35,0。

相对坐标——后一点相对于前一点在 X,Y,Z 方向的位移量。其格式为"@ △X,△Y，

ΔZ",例如"@60,-30"表示后一点相对于前一点右移60、下移30,@表示相对的意思,ΔZ默认为0。

相对极坐标——用后一点与前一点的直线距离和该直线与 X 轴的夹角表示点的相对坐标。其格式为"@距离<角度","<"表示角度,以逆时针方向为正,例如"@100<135"表示后一点相对于前一点的直线距离为100,同时这两点的连线与 X 轴成 135°角。

2.数据

数据的输入方法有两种,分别介绍如下:

键盘输入法——直接用键盘输入点的坐标、角度、半径、高度、行列距、位移量等。

鼠标输入法——将鼠标移到所要求的位置后,单击左键确定点的坐标,也可以用鼠标定两点表示长度(如半径、位移量等)、角度(由起点和终点的连线与 X 轴的夹角组成)等。

任务5　图　　层

每一个图形对象都有颜色、线型、线宽等特征属性。在绘制比较复杂的图形时,为了使图形的结构更加清晰,通常可以将图形分布在不同的层上。比如,图形实体在一层,尺寸标注在一层,而文字说明又在另一个层上,这些不同的层就叫图层。我们可以把图层想象为没有厚度的透明纸,将不同性质的图形内容绘制在不同的透明纸上,然后将这些透明纸重叠在一起就会得到完整的图形。每个图层都可以有自己的颜色、线型、线宽等特征,并且可以对图层进行打开、关闭、冻结、解冻等操作。图形的绘制在当前层上进行,在"随层"的情况下,在某一图层中生成的图形对象都具有这个图层定义的颜色、线型和线宽等特征。通过对图层进行有序的管理,可以提高绘图效率。

图 10-3　"对象特性"工具栏

5.1　图层的设置

启动 AutoCAD 2015 后,系统自动建立一个名为"0"的图层,图层的设置情况都显示在"对象特性"工具栏中,如图 10-3 所示。

在 AutoCAD 2015 中,我们可以通过 Layer 命令自行设置新的图层。

命令:Layer↙

此时弹出"图层特性管理器"对话框,如图 10-4 所示。在该对话框中可进行如下设置:

设置新图层——单击 ![按钮] 按钮,在图层列表中出现一个名为"图层1"的新图层。单击该图层的名字之后,可以修改为自己所需要的图层名。

设置当前层——图形的绘制只能在当前层上进行。选中某一图层后,单击"置为当前"按钮即可将该图层设置为当前层,或者在"对象特性"工具栏的"图层"下拉列表中,单击该图层的名字。

删除图层——选中某一图层后,单击"删除"按钮即可将其删除(注:0层和当前层不能被删除)。

显示图层的详细信息——选中某一图层后,单击"显示细节"按钮即在对话框下方显示该图层的详细信息。

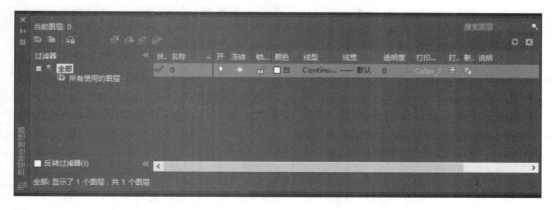

图 10-4　图层特性管理器

5.2　图层的颜色

所谓图层的颜色,实际上是指绘制在该图层上的图形对象的颜色。在如图 10-4 所示的"图层特性管理器"对话框中,先选中一个图层,然后单击该图层的"颜色"栏,弹出"选择颜色"对话框,通过该对话框可以设置图层的颜色。

在"对象特性"工具栏的"图层"下拉列表中,单击某图层的颜色标志,也可以弹出"选择颜色"对话框。

可以通过"对象特性"工具栏的"颜色控制"下拉列表,控制图形对象的颜色是否随层。在"对象特性"工具栏的"颜色控制"下拉列表中,如果选中"随层",则在该图层上绘制的图形都具有该图层的颜色。如果希望图形的颜色有别于其所属的图层,可在"颜色控制"下拉列表中选择适当的颜色。

5.3　图层的线型

在绘制图形的过程中,常常需要采用不同的线型,如实线、虚线、点画线等。所谓图层的线型,也是指绘制在该图层上的图形对象的线型。在图 10-4 所示的"图层特性管理器"对话框中,先选中一个图层,然后单击该图层的"线型"栏,弹出"选择线型"对话框,如图 10-5 所示。在该对话框的线型列表中选择需要的线型,单击"确定"按钮即可。

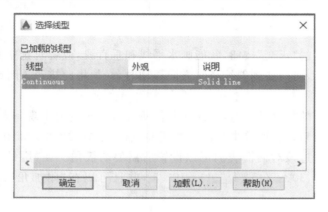

图 10-5　选择线型

如果在已装载的线型列表中没有需要的线型,可单击"加载"按钮自行装载。单击"加

载"按钮后弹出"加载或重载线型"对话框,选择需要的线型,单击"确定"按钮,即返回"选择线型"对话框,并将选中的线型装载到列表中。

可以通过"对象特性"工具栏的"线型控制"下拉列表,控制图形对象的线型是否随层。

5.4 图层的线宽

所谓线宽是指图形线条的粗细。在图 10-4 所示的"图层特性管理器"对话框中,先选中一个图层,然后单击该层的"线宽"栏,弹出"线宽"对话框,通过该对话框可以设置图层的线宽。

可以通过"对象特性"工具栏的"线宽控制"下拉列表,控制图形对象的线宽是否随层。"状态栏"中右侧的"线宽"按钮可以控制是否在屏幕上以实际的线宽显示图形对象。

任务6 选择方式与作图辅助功能

6.1 选择对象的方式

在编辑和修改图形时,我们经常遇到"选择对象:"的提示,且十字光标变为拾取光标。拾取的方法有多种,经常遇到的有单个选取和窗口选取。

单个选取——用拾取光标一个一个地选取被选择的对象,被选中的对象会变为点线。

窗口选取——窗口选取分为实窗口和虚窗口,按住左键不放从左上角往右下角拉的为实窗口,窗口内的完整实体均被选中;由右上角向左下角拉的窗口为虚窗口,窗口内的完整实体和与虚窗口相交的非完整实体都被选中。

高级选取方式——当我们要将屏幕上所有的对象都选中时,只要在"选择对象:"后输入"all",并回车即可实现所有选取;当我们要选择最后一个实体时,只要在"选择对象:"后输入"L",并回车即可实现选取。

6.2 精确作图的主要辅助工具

在绘图中,用鼠标这样的定点工具定位虽然方便,但精度不高,绘制的图形很不精确。为了解决这一问题,AutoCAD 提供了正交、极轴追踪、对象捕捉和对象追踪等一些绘图辅助功能以方便用户快捷地绘图。

1. 正交功能

打开辅助功能下的"正交"按钮,就能画水平线和垂直线,或者对选中的实体进行水平或垂直的移动和复制等,当需要画斜线或斜方向移动时,必须将此按钮关闭或用坐标控制。

2. 极轴追踪

打开辅助功能下的"极轴"按钮,就能在我们所设置的角度内出现一条追踪线,以方便我们捕捉一些所需的角。右键单击"极轴"按钮并点击"设置"即弹出如图 10-6 所示的"极轴追踪设置"对话框,通过该对话框我们可以设置所需的极角。在"增量角"中,可以找到一些特殊角,如 90°、45°、30°、22.5°、18°、11°、10°、5°,并且可以在"附加角"中新建一些不常用角,以便临时追踪。

3. 对象捕捉

打开辅助功能下的"对象捕捉"按钮,在绘图时我们可以方便、精确地捕捉一些特殊角。

当"对象捕捉"按钮处于关闭状态时,我们还可以通过"对象捕捉"工具条临时捕捉一些特殊点,如图10-7所示。此工具条的功能包括:临时追踪捕捉、从……开始捕捉、端点捕捉、中点捕捉、交点捕捉、外观交点捕捉、延伸点捕捉、圆心捕捉、圆的象限点捕捉、切点捕捉、垂足捕捉、平行线捕捉、块的插入基点捕捉、捕捉由Point生成的节点、最近点捕捉、不捕捉、打开"对象捕捉"对话框。右键单击辅助功能下的"对象捕捉"按钮并点击"设置"即弹出如图10-8所示的"对象捕捉"对话框,在这里可以选择所需要的捕捉特征,在绘图时即可自动捕捉所设置的点。

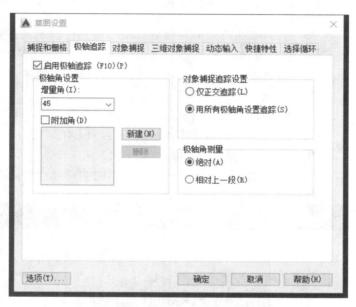

图10-6 "极轴追踪设置"对话框

图10-7 "对象捕捉"工具条

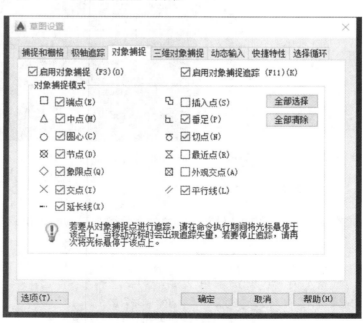

图10-8 "对象捕捉"对话框

4. 对象追踪

所谓对象追踪,就是 AutoCAD 可以自动追踪记忆同一命令操作中光标所经过的捕捉点,从而以其中某一捕捉点的 X 或 Y 坐标控制用户所需要选择的定位点。自动追踪可以用指定的角度绘制对象,或者绘制与其他对象有特定关系的对象。当自动追踪功能打开时,临时的对齐路径有助于以精确的位置和角度创建对象。

任务 7　视图的显示

在标准工具条的右侧有 4 个控制视图显示的图标,如图 10-9 所示,它们包括如下功能:

全导航控制盘——通过控制盘可以在不同的视图中导航和设置模型方向。

实时移动——沿屏幕方向平移视图。

缩放——包括范围缩放、窗口缩放、缩放上一个、实时缩放、全部缩放、动态缩放、比例缩放、中心缩放等。

动态观察——主要针对三维空间图形的观察。

图 10-9　视图显示图标

任务 8　绘图的基本命令

在 AutoCAD 2015 中,绘图工具条共有 17 个按钮,如图 10-10 所示,上面每个小图标都代表一个命令,这里从常用的命令出发,分别介绍如下。

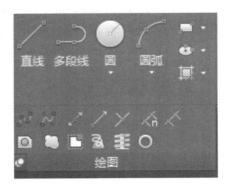

图 10-10　"绘图"工具条

8.1　直线——Line

在 AutoCAD 中可以用 Line 命令在绘图窗口的指定位置绘制各种方向上的直线。

命令:_line ↙

指定直线第一点:0,0 ↙

指定下一点或[放弃(U)]:420,0 ↙

指定下一点或[放弃(U)]:@0,297 ↙

指定下一点或[闭合(C)/放弃(U)]:@−420,0 ↙

指定下一点或[闭合(C)/放弃(U)]:C ↙

若极轴与对象追踪都打开了,我们输入坐标时就不必这样烦琐,直接输入单个坐标值即可。若哪一点画错了,立即键入"U"并回车即可将最后的线删除。上述程序执行后的绘图结果如图 10-11 所示。

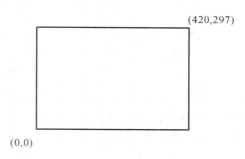

图 10-11　画四边形

8.2　圆——Circle

绘制圆的方法有 6 种,如图 10-12 所示,下面举例说明其中 2 种方法。

命令:_circle↙

指定圆的圆心或[三点(3P)/两点(2P)/相切、相切、半径(T)]:100,50↙

指定圆的半径或[直径(D)]:30↙

得到圆 C_1,圆心坐标为(100,50),半径为 30。若要用直径来表示,只要在"指定圆的半径或[直径(D)]"后输入 D 即可。

命令:_circle↙

指定圆的圆心或[三点(3P)/两点(2P)/相切、相切、半径(T)]:3P↙

指定圆上的第一点:100,50↙

指定圆上的第二点:200,60↙

指定圆上的第三点:180,80↙

得到圆 C_2,此圆是利用三点绘圆的方法绘制的,三点的坐标分为(100,50)、(200,60)、(180,80),并且这三点都分布在圆 C_2 的圆周上。上述两程序绘图结果如图 10-13 所示。

图 10-12　画圆菜单

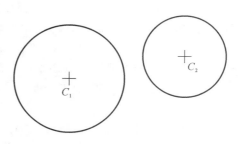

图 10-13　画圆

8.3 圆弧——Arc

绘制圆弧的方法有 11 种,如图 10-14 所示,下面举例讲解其中 3 种。

  命令:_arc ↙

  指定圆弧的起点或[圆心(CE)]:50,50 ↙

  指定圆弧的第二点或[圆心(CE)/端点(EN)]:100,0 ↙

  指定圆弧的端点:100,80 ↙

如图 10-15 所示,此段圆弧的第一点坐标为(50,50),第二点坐标为(100,0),第三点坐标为(100,80)。这是利用绘制圆弧的第一种方法绘制的,其三点坐标分别分布在此圆弧上。

当某段圆弧的已知条件为起点、圆心、端点,那么此时我们就应该用到绘制圆弧的第二种方法。

图 10-14 画圆弧菜单

图 10-15 "三点"画弧

  _arc 指定圆弧的起点或[圆心(CE)]:

  指定圆弧的第二点或[圆心(CE)/端点(EN)]:_c 指定圆弧的圆心

  指定圆弧的端点或[角度(A)/弦长(L)]:

如图 10-16 所示,此段圆弧的第一点为起点,第二点为圆心,第三点为端点。

当某段圆弧的已知条件为起点、端点、角度,那么此时我们就应该用到绘制圆弧的第五种方法。

  _arc 指定圆弧的起点或[圆心(CE)]:

  指定圆弧的第二点或[圆心(CE)/端点(EN)]:_e

  指定圆弧的端点:

  指定圆弧的圆心或[角度(A)/方向(D)/半径(R)]:_a 指定包含角:160 ↙

如图 10-17 所示,此段圆弧的第一点为起点,第二点为端点,且圆心角为 160°。

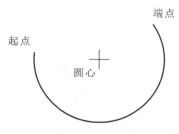

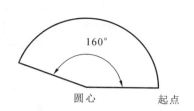

图 10-16　"起点、圆心、端点"画弧　　　　图 10-17　"起点、端点、角度"画弧

8.4　多边形——Polygon

由三条或三条以上的线段组成的封闭图形为多边形。在工程上应用正多边形的情况很多，为此 AutoCAD 提供了正多边形命令，以方便用户快速绘图。

命令:_polygon ✓
指定多边形的中心点或[边(E)]:100,100 ✓
输入选项[内接于圆(I)/外切于圆(C)]〈I〉:✓
指定圆的半径:50 ✓

这是绘制正多边形的第一种方法，此五边形内接于半径为 50 的圆，如图 10-18(a)所示。但有时工程上是以多边形的边长为已知条件，为此 AutoCAD 提供了另一种绘制多边形的方法。

命令:_polygon ✓
输入边的数目〈4〉:6 ✓
指定多边形的中心点或[边(E)]:E ✓
指定边的第一个端点:
指定边的第二个端点:50 ✓

该程序的绘图结果如图 10-18(b)所示。

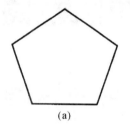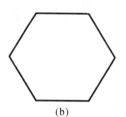

(a)　　　　　　(b)

图 10-18　两种方法绘制的多边形

8.5　矩形——Rectang

绘制矩形的方法如下。

RECTANG

图 10-19　绘制的矩形

命令:_rectang ✓
指定第一个角点或[倒角(C)/标高(E)/圆角(F)/厚度(T)/宽度(W)]:50,50 ✓
指定另一个角点:@200,120 ✓

上述程序指定矩形的左下角的坐标为(50,50)，右上角的坐标用相对坐标表示，相对于左下角 X 方向增加 200 个单位，Y 方向增加 120 个单位，如图 10-19 所示。

8.6　样条曲线——Spline

在工程图上，为了方便、简洁地把机件的形状清晰地表达出来，在断裂、视图与剖视的分界线等处都要用波浪线来表示，为此 AutoCAD 提供了绘制波浪线的功能。

命令:_spline ✓
指定第一个点或[对象(O)]:

指定下一点：

指定下一点或［闭合（C）/拟合公差（F）］〈起点切向〉：

指定下一点或［闭合（C）/拟合公差（F）］〈起点切向〉：

指定下一点或［闭合（C）/拟合公差（F）］〈起点切向〉：

指定起点切向：↙

指定端点切向：↙

图 10-20　绘制的样条曲线

此样条曲线一共用 5 个点来确定，具体如图 10-20 所示。

8.7　椭圆——Ellipse

在工程中，椭圆是一种非常重要的实体。椭圆与圆的差别在于其圆周上的点到中心的距离是变化的。在 AutoCAD 中，椭圆的形状主要用中心、长轴和短轴 3 个参数来描述。

命令：_ellipse↙

指定椭圆的轴端点或［圆弧（A）/中心点（C）］：↙

指定轴的另一个端点：@50,0↙

指定另一条半轴长度或［旋转（R）］：@11,0↙

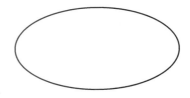

椭圆的长轴为 50 个单位，短轴为 30 个单位，如图10-21所示。

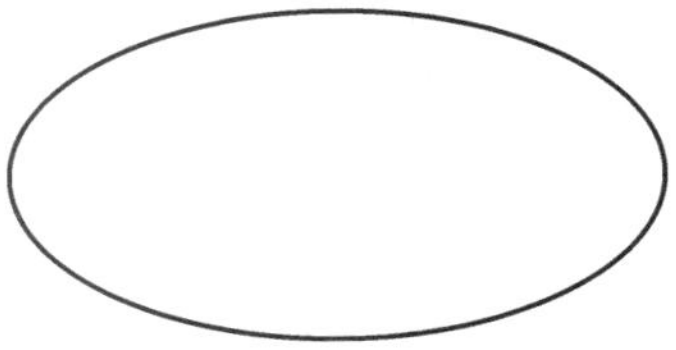

图 10-21　绘制的椭圆

任务 9　填充图案及文本的输入

9.1　填充图案

为了区分复杂剖面图形的各部分零件，可使用不同的图案加以体现，AutoCAD 2015 使用图案填充命令完成这些工作。

命令：_bhatch↙

启动 Bhatch 命令后，AutoCAD 2015 打开"图案填充创建"对话框，如图 10-22 所示。

图 10-22　图案填充创建

点击⬚按钮，会弹出"填充图案调色板"对话框，如图 10-23 所示，若从图 10-22 中的"图案"下拉列表中选择 ANSI31 图案，输入比例及角度值，单击右边的"拾取点"按钮，则对话框暂时关闭，在填充区域内部任选一点，系统分析后会显示边界，选定全部需要填充的区域后回车，又会弹出填充对话框，单击左下角的"预览"按钮可显示填充的效果，单击"确定"按钮即可完成填充。

图 10-24（a）（b）分别表示拾取填充边界（按"选择对象"）和填充区域内部点两种情况。注意：选择拾取边界时，相连的边界线必须是封闭图形，即各线段必须是首尾相连接的，否则会提示填充无效。对多重封闭的嵌套图形进行填充时，可选三种方式填充：一般式、最外层和忽略式，如图 10-24（c）所示。

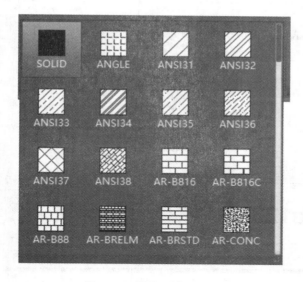

图 10-23 填充图案调色板

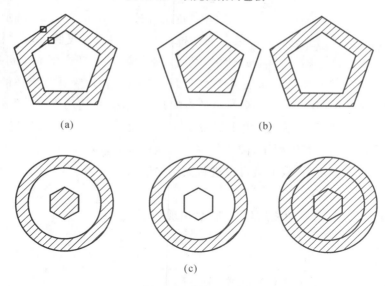

图 10-24 填充图案

（a）选填充边界 （b）选填充区域内部点 （c）三种填充方式

9.2 文字的输入

在完成一张完整的工程图时，不免有一些文字需要输入，AutoCAD 2015 给我们提供了强大的文字功能。在标注文本之前，要先给文本字体定义一个样式，文字样式是所用字体文件、字体大小、宽度系数等参数的综合。当样式设置好之后，就可用所设置好的样式进行文本的输入。定义文字样式的命令如下：

命令：_style ↙

启动 Style 命令后，在屏幕上弹出如图 10-25 所示的"文字样式"对话框，在该对话框中可以设置文字样式的参数。一般情况下，我们要新建一个文字样式来设置这些参数。

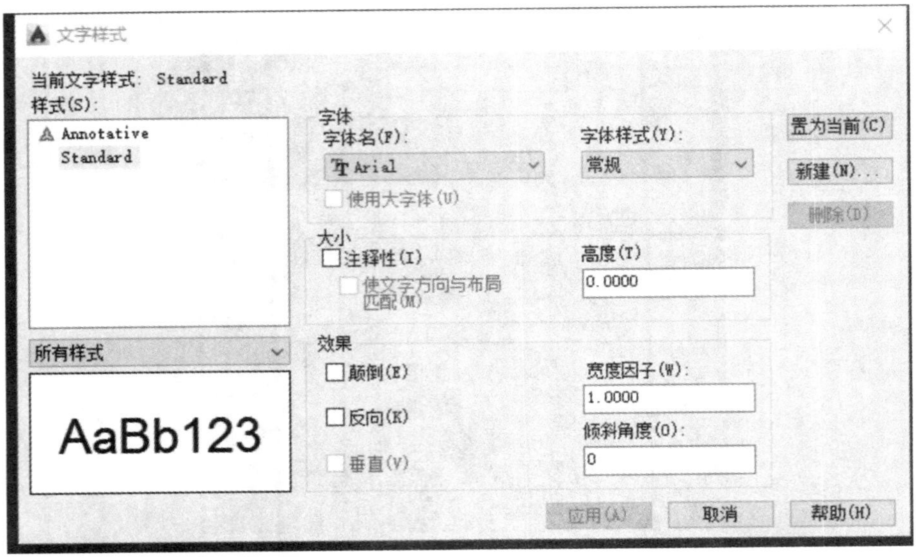

图 10-25　文字样式

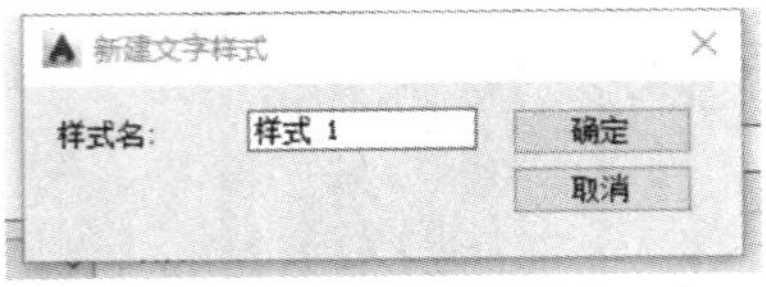

图 10-26　新建文字样式

单击"新建"按钮弹出如图 10-26 所示的"新建文字样式"对话框,在"样式名"中我们可以对新建的文字样式命名,然后点击"确定"按钮。下面就可以对"样式 1"进行样式设置。"字体名"用来选择字体的样式,里面有各种样式的字体。当选中"使用大字体"复选框时,右边的"字体样式"才会被激活。"高度"用来设置文字的高度。"效果"用来设置文字的特殊要求,例如颠倒、反向、垂直、宽度因子、倾斜角度。可通过预览来观察所设置的效果。

文字的样式设置好之后,我们就可以进行文字的输入。

命令:_dtext ↙

Dtext 为单行文本,当启动之后,命令行会出现如下提示:

当前文字样式:样式 1

当前文字高度:2.5000

指定文字的起点或[对正(J)/样式(S)]:J ↙

[对齐(A)/调整(F)/中心(C)/中间(M)/右(R)/左上(TL)/中上(TC)/右上(TR)/左中(ML)/正中(MC)/右中(MR)/左下(BL)/中下(BC)/右下(BR)]:C ↙

指定文字的中心点:(指定一点)

指定高度<2.5000>:8 ↙

指定文字的旋转角度<0>:↙

输入文字:AutoCAD 2015 ↙

输入文字:↙

对正的方式有很多种,这里是用其中的一种,以中心来确定文字的方位。

在制图中有许多特殊的符号,如直径符号、角度符号、公差符号,这些符号在键盘上是无法输入的,为此,AutoCAD 2015 提供了一些特殊的代码,下面就对这些代码介绍如下:

％％C——绘制直径符号，例如 $\phi60$ 需要输入"％％C60"；

％％D——绘制角度符号，例如 135°需要输入"135％％D"；

％％P——绘制公差符号，例如 70±0.05 需要输入"70％％P0.05"；

％％O——文字的上划线功能，例如$\overline{60}$需要输入"％％O60"；

％％U——文字的下划线功能，例如$\underline{80}$需要输入"％％U80"；

％％％——代表的特殊符号，只有在回车之后，控制码才会变成相应原特殊字符。

以上是单行文字的输入方法，下面介绍多行文字的输入方法。

命令：_mtext↙

当前文字样式：样式 1

当前文字高度：5

指定第一角点：

指定对角点或[高度(H)/对正(J)/行距(L)/旋转(R)/样式(S)/宽度(W)]：

当矩形的两个对角点确定后，弹出"多行文字编辑器"对话框，如图 10-27 所示，从对话框中可以选择字体、字高、颜色、对齐方式和各种符号，输入文本后单击"确定"按钮即可。

图 10-27　多行文字编辑器

特殊字符在多行文字中与单行文字时一样，输入完之后，点击"确定"按钮即可。AutoCAD 提供了两种文本基本编辑方法，当我们对输入的字符不满意时，可以快速便捷地编辑所需的文本。这两种方法是：DDEdit 命令和对象管理器。

命令：_ddedit↙

选择注释对象或[放弃(U)]

选择所要修改的对象，此时会弹出如图 10-28 所示的"文字编辑"对话框，我们可以重新对文字进行编辑，改为自己所需要的。注意：若原先输入的文字为"多行文字"，那么要修改时，弹出的则不是此对话框，而是"多行文字编辑器"对话框。

命令：Properties↙

在执行此命令时，事先要将对象选中，再输入此命令，则弹出如图 10-29 所示的对象管理器。此对话框中的选项较多，我们可以通过里面的任何一个选项进行对象的编辑。

"内容"——修改文本的内容；

"样式"——修改文本的文字样式；

"对正"——修改文本的排列方式；

"文字高度"——修改文本字符的字高；

"旋转"——修改文本的倾斜角度；

"宽度比例"——修改文本字体的宽度比例系数；

"倾斜"——修改字体本身的倾斜角度，但文本位置不会改变。

图 10-28　"文字编辑"对话框

图 10-29　对象管理器

任务 10　编辑的基本命令

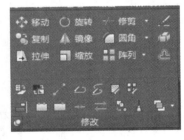

图 10-30　"修改"工具栏

在绘制一张工程图时,不免要对图形进行一些简单的编辑,例如:修剪、镜像、移动等,为此 AutoCAD 给我们提供了一系列的编辑工具,如图 10-30 所示的"修改"工具栏,总共有 17 个按钮,下面就常用的命令分别做如下介绍。

10.1　删除——Erase

在绘制一张工程图时,不免有许多地方会出现一些错误,在出了错误的情况下,我们应及时地去删除它或修改它。下面对如何去删除一些对象分析如下。

命令:_erase ↙

选择对象:

对象选择了之后,我们只需要单击右键或回车确定即可。也可以先选择对象,再单击删除按钮。

注意:在选择对象时,我们可以单个地选取也可用矩形选取,在必要的情况下我们还可以用多边形选取,只需在"选择对象:"后输入"Wp"并回车,即可实现多边形选取。当我们要选取的实体是最后一特征时,只需在"选择对象:"后输入"L"并回车。

10.2　复制——Copy

在许多软件中都有复制功能,在 AutoCAD 中也不例外。

命令:_copy ✓

选择对象:找到 1 个

选择对象:✓

指定基点或位移,或者[重复(M)]:

指定位移的第二点或〈用第一点作位移〉:

如图 10-31 所示,图(a)为源对象,图(b)为复制后的对象。如果要在一次命令中复制多个对象我们要在"指定基点或位移,或者[重复(M)]:"后输入"M"并回车进行多重复制。

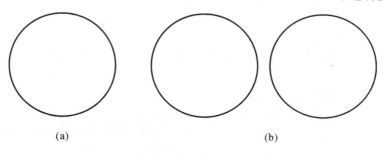

(a)   (b)

图 10-31   复制特征

(a)复制前   (b)复制后

10.3   镜像——Mirror

镜像含有复制的意义,只不过所复制的对象在相对位置上发生了变化,镜像后的对象与镜像前的对象是关于某条轴对称的。

命令:_mirror ✓

选择对象:

指定对角点:找到 4 个

选择对象:✓

指定镜像线的第一点:

指定镜像线的第二点:

是否删除源对象? [是(Y)/否(N)]〈N〉:✓

如图 10-32(a)所示,我们不难发现,这里的文字也发生了变化,但工程上一般并不需要文字的镜像。我们只需要设置一个内部参数,在命令行中输入 Mirrtext 来设置参数,具体如下:

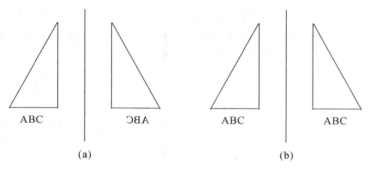

(a)   (b)

图 10-32   镜像特征

(a)参数值为 1   (b)参数值为 0

203

命令：mirrtext ↙

输入 mirrtext 的新值〈1〉:0 ↙

将"文字镜像"参数从 1 设为 0。当 mirrtext＝1 时，文本"全部镜像"；当 mirrtext＝0 时，文本"部分镜像"。

10.4 偏移——Offset

偏移命令即复制一个等距离的实体，如等距离线（或多段线）、同心圆或多边形等，具体如下。

命令：_offset ↙

指定偏移距离或［通过（T）］〈1.0000〉:5 ↙

选择要偏移的对象或〈退出〉:

指定点以确定偏移所在一侧:

选择要偏移的对象或〈退出〉:↙

如图 10-33 所示，矩形和圆弧偏移后的物体与偏移前的物体在形状上相似，但不相等。

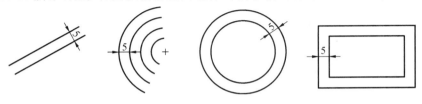

图 10-33　偏移特征

10.5 移动——Move

用户在绘制图形的过程中，如果所绘制图形的位置不满足要求，用户可以使用移动对象命令将要移动的图形对象移动到所需要的位置。

命令：_move ↙

选择对象:

指定对角点:找到 10 个

选择对象:↙

指定基点或位移:

指定位移的第二点或〈用第一点作位移〉:

如图 10-34 所示，第一个五角星在直线的左端点，移动后的五角星在直线的右端点。如果要求移动一个具体的位置，我们可在"指定位移的第二点"后输入一个具体的数据。在这里我们可以用绝对坐标或者相对坐标，具体的可根据需要而定。

图 10-34　移动特征

10.6 阵列——Array

阵列也是复制的一种特征，不同的是，它可以复制呈规则分布的实体，以方便用户快速绘图。阵列分为两种,即矩形阵列和环形阵列。

1. 矩形阵列

命令:_arrayclassic ✓

弹出阵列对话框,并选中"矩形阵列",如图 10-35 所示。点击"选择对象"按钮,指定对角点,并在"矩形阵列"对话框中输入图 10-35(a)所示的数据,单击"确定"即可得到如图 10-36(a)所示的图形。

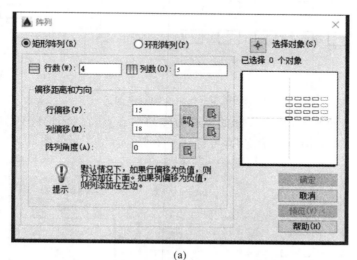

(a)

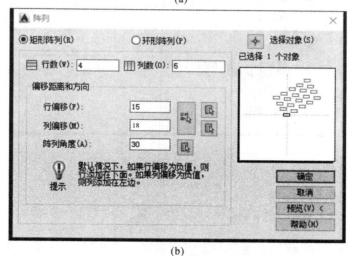

(b)

图 10-35 "矩形阵列"对话框

图 10-36(a)是由"要阵列的对象"阵列而成的,图中一共有 4 行、5 列,行间距为 15 个单位,列间距为 18 个单位(注:与 X 轴平行的为行,与 Y 轴平行的为列)。

如果我们在"矩形阵列"对话框中的"阵列角度"中输入 30,如图 10-35(b)所示,仍选择小矩形作为被阵列的对象,并单击"确定",则所得图形如图 10-36(b)所示。

2. 环形阵列

命令:_array ✓

弹出阵列对话框,并选中"环形阵列",如图 10-37(a)所示。点击"选择对象"按钮,选择

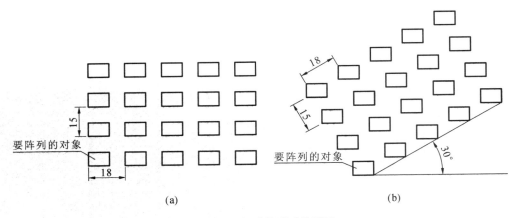

图 10-36　矩形阵列后的图形

图 10-38(a)所示的小矩形,指定大圆的中心为阵列中心点,在"环形阵列"对话框输入如图 10-37(b)所示的数据,并单击"确定"即可得到如图 10-38(b)所示的图形。

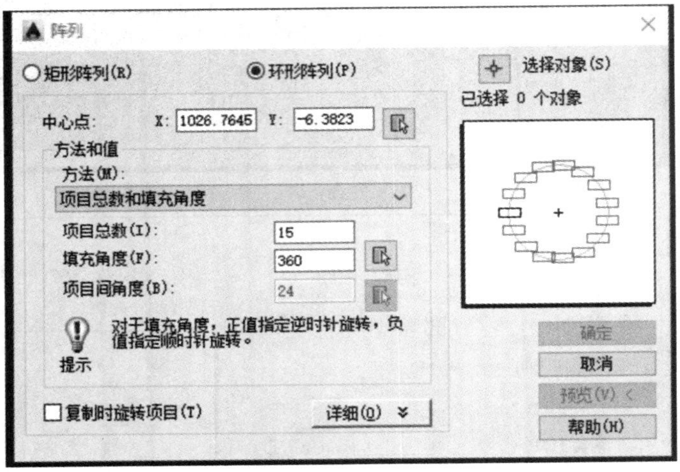

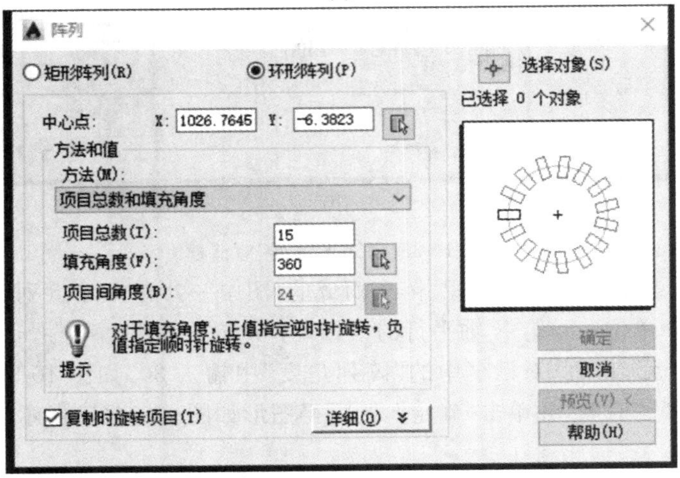

图 10-37　"环形阵列"对话框

注意:当我们选中"复制时旋转项目"复选框时,小矩形在自身阵列时,同时还绕着大圆的圆心旋转,如图10-38(c)所示。

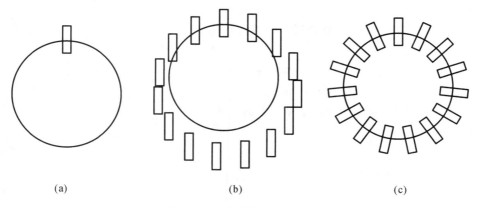

(a)   (b)   (c)

图10-38　环形阵列后的图形

10.7　旋转——Rotate

旋转是一种移动特征,要旋转图形,首先需要选择实体目标,然后输入所旋转的角度。

　　命令:_rotate↙

　　UCS当前的正角方向:ANGDIR=逆时针 ANGBASE=0

　　选择对象:

　　指定对角点:找到1个

选择图10-39(a)中的所有图为被旋转的对象。

　　选择对象:↙

　　指定基点:(指定图中所标注的点为基点)

　　指定旋转角度或[参照(R)]:45↙

旋转前与旋转后的对象如图10-39所示。

注意:逆时针为正,顺时针为负。

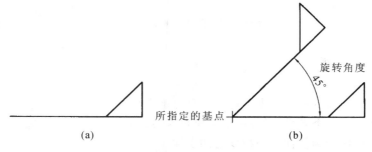

(a)   (b)

图10-39　旋转特征

10.8　缩放——Scale

在工程制图中,经常需要按比例缩放图形中的实体。比如在商讨某一设计方案时,通常需要工艺流程图,在重点确定某一部分时,常常要将该部分按一定的比例放大。另外,对于某一复杂图形,当结构表达不清楚时,需要用局部视图来表示。为此 AutoCAD 提供了缩放命令,并在 X、Y 和 Z 方向上按同一比例放大或缩小图形对象。

  命令:_scale ↙

  选择对象:

  指定对角点:找到 1 个(选择图 10-40(a))

  选择对象:↙

  指定基点:(指定六边形的左下角为基点)

  指定比例因子或[参照(R)]:0.8 ↙

所得图形如图 10-40(b)所示,是缩放前的 0.8。

  命令:_scale ↙

  选择对象:

  指定对角点:找到 1 个

  选择对象:↙

  指定基点:(指定六边形的左下角为基点)

  指定比例因子或[参照(R)]:1.5 ↙

所得图形如图 10-40(c)所示,是缩放前的 1.5 倍。此外也可以用鼠标任意输入比例。

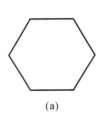  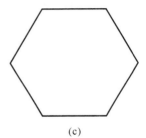

  (a)   (b)   (c)

图 10-40 缩放特征

10.9 拉伸——Stretch

AutoCAD 提供了 Stretch 命令,以方便用户对图形进行拉伸和压缩。

  命令:_stretch ↙

  以交叉窗口或交叉多边形选择要拉伸的对象…

  选择对象:

  指定对角点:找到 3 个

  选择对象:↙

  指定基点或位移:(指定正方形的右下角为基点)

  指定位移的第二个点或〈用第一个点作位移〉:20 ↙

如图 10-41(a)所示为拉伸前与拉伸后的实体。

  命令:_stretch ↙

  以交叉窗口或交叉多边形选择要拉伸的对象…

  选择对象:

  指定对角点:找到 3 个

  选择对象:↙

  指定基点或位移:(指定长方形的右下角为基点)

指定位移的第二个点或〈用第一个点作位移〉：—25 ↙

如图10-41(b)所示为拉伸前与拉伸后的实体。

注意：当选择了被拉伸的对象时，AutoCAD是以鼠标所指定的方向为正方向。

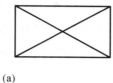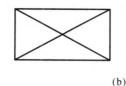

(a)　　　　　　　　　　　　　　(b)

图10-41　拉伸前后的对象

10.10　修剪——Trim

在绘图时，当若干线条相交且想在交点处精确地剪去多余的线段，可用Trim命令实现，先选择剪切边界，再去选择被剪的实体。可以修剪的对象为：直线、开放的二维和三维多段线、射线、参照线、样条线、构造线、圆、圆弧、椭圆及椭圆弧。

命令：_trim ↙

当前设置：投影＝UCS,边＝无

选择剪切边...

选择对象：

指定对角点：找到3个(要想将图10-42(a)剪为图10-42(b),这3条线都应为剪切边界)

选择对象：↙

选择要修剪的对象,按住Shift键选择要延伸的对象,或[投影(P)/边(E)/放弃(U)]:

选择要修剪的对象,按住Shift键选择要延伸的对象,或[投影(P)/边(E)/放弃(U)]:

选择要修剪的对象,按住Shift键选择要延伸的对象,或[投影(P)/边(E)/放弃(U)]:

选择要修剪的对象,按住Shift键选择要延伸的对象,或[投影(P)/边(E)/放弃(U)]:

选择要修剪的对象,按住Shift键选择要延伸的对象,或[投影(P)/边(E)/放弃(U)]:

选择要修剪的对象,按住Shift键选择要延伸的对象,或[投影(P)/边(E)/放弃(U)]:

选择要修剪的对象,按住Shift键选择要延伸的对象,或[投影(P)/边(E)/放弃(U)]:

分别将要修剪的对象依次选中,所得图形如图10-42(b)所示。

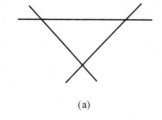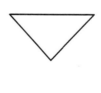

(a)　　　　　　　　　　(b)

图10-42　修剪特征(1)

命令：_trim ↙

当前设置：投影＝UCS,边＝无

选择剪切边...

选择对象：找到1个

选择对象：找到1个,总计2个(依次选择两个圆为剪切边界)

选择对象:↙

选择要修剪的对象,按住 Shift 键选择要延伸的对象,或[投影(P)/边(E)/放弃(U)]:

选择要修剪的对象,按住 Shift 键选择要延伸的对象,或[投影(P)/边(E)/放弃(U)]:

选择要修剪的对象,按住 Shift 键选择要延伸的对象,或[投影(P)/边(E)/放弃(U)]:

分别将要修剪的部分依次选中,修剪前后对照如图 10-43 所示。

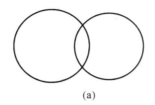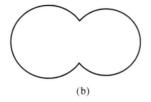

(a)　　　　　　　　　　　　　　(b)

图 10-43　修剪特征(2)

10.11　延伸——Extend

AutoCAD 中的 Extend 命令用于延伸各类曲线。在进行延伸操作时,首先要选择一个延伸边界,然后选择被延伸到该边界的对象,如图 10-44(a)所示。

命令:_extend ↙

当前设置:投影＝UCS,边＝无

选择边界的边...

选择对象:找到 1 个(选中图 10-44(b)中的垂线)

选择对象:↙

选择要延伸的对象,按住 Shift 键选择要修剪的对象,或[投影(P)/边(E)/放弃(U)]:

选择要延伸的对象,按住 Shift 键选择要修剪的对象,或[投影(P)/边(E)/放弃(U)]:

选择要延伸的对象,按住 Shift 键选择要修剪的对象,或[投影(P)/边(E)/放弃(U)]:

分别选择两条被延伸的对象,所得图形如图 10-44(c)所示。

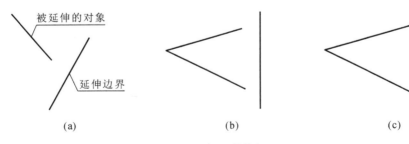

(a)　　　　　　　　　　(b)　　　　　　　　　　(c)

图 10-44　延伸特征

10.12　拉长——Lengthen

Lengthen(拉长)命令和 Trim(修剪)及 Extend(延伸)命令的功能相似,它用于改变直线、多段线、圆弧、椭圆弧等非封闭曲线的长度。

命令:_lengthen ↙

选择对象或[增量(DE)/百分数(P)/全部(T)/动态(DY)]:de↙

输入长度增量或[角度(A)]〈0.0000〉:15↙

选择要修改的对象或[放弃(U)]:(选择图 10-45(a)中直线的右端)

选择要修改的对象或[放弃(U)]:(如图10-45(b)所示)

上述的拉长方式为增量拉长,图(b)中的直线与图(a)中的相比,增长了15个单位,在增量中,我们可以任意输入一个所需要的增量。

命令:_lengthen ↙

选择对象或[增量(DE)/百分数(P)/全部(T)/动态(DY)]:P ↙

输入长度百分数〈100.0000〉:80 ↙

选择要修改的对象或[放弃(U)]:(选择图10-45(a)中直线的右端)

选择要修改的对象或[放弃(U)]:(如图10-45(c)所示)

这里所用的拉长方式为百分数拉长,图(c)中的直线长度为图(a)中的80%。如果在百分数后输入100,直线的长度将保持不变,大于100,为增长,小于100,为缩短。

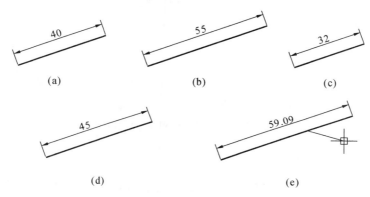

图10-45 拉伸特征

命令:_lengthen ↙

选择对象或[增量(DE)/百分数(P)/全部(T)/动态(DY)]:T ↙

指定总长度或[角度(A)]〈1.0000〉:45 ↙

选择要修改的对象或[放弃(U)]:

选择要修改的对象或[放弃(U)]:

此处用的拉长方式为全部拉长,在"指定总长度"后所输入的数为最终直线的总长度,图10-45(a)中直线的总长为40,当我们将总长度设为45并选择图(a)中直线,就得到图(d)中直线,且直线的长度为45个单位。

命令:_lengthen ↙

选择对象或[增量(DE)/百分数(P)/全部(T)/动态(DY)]:DY ↙

选择要修改的对象或[放弃(U)]:

指定新端点:

选择要修改的对象或[放弃(U)]:

这里所用的拉长方式为动态拉长,选择被拉长的对象后,即可用鼠标任意确定所要的长度,如图10-45(e)所示。这种拉长方式不能得到某一具体长度。

注意:上述的所有拉长方式,在选择要修改的对象时,我们选中哪端即在哪端拉长或缩短。

10.13 打断——Break

在绘图过程中,有时需要将一个实体(如直线、圆等)从某一点断开,甚至需要删掉实体

的某一部分，为此 AutoCAD 为用户提供了打断命令。

命令：_break

选择对象：

指定第二个打断点或［第一点（F）］：

选择对象的点为打断第一点，第二点为打断第二点，如图 10-46（a）所示。

（a）   （b）

图 10-46　打断特征

命令：_break

选择对象：

指定第二个打断点或［第一点（F）］：F↙

指定第一个打断点：（起点）

指定第二个打断点：（终点）

与上一种方式不同的是选择对象的点不是被打断点，如图 10-46（b）所示。

10.14　倒直角——Chamfer

只要两条直线已相交于一点（或可以相交于一点），就可以使用倒直角命令为这两条直线倒角。具体如下：

命令：_chamfer ↙

（"修剪"模式）当前倒角距离 1＝10.0000，距离 2＝10.0000

选择第一条直线或［多段线（P）/距离（D）/角度（A）/修剪（T）/方法（M）］：d ↙

指定第一个倒角距离〈10.0000〉：5 ↙

指定第二个倒角距离〈5.0000〉：↙

选择第一条直线或［多段线（P）/距离（D）/角度（A）/修剪（T）/方法（M）］：

选择第二条直线：

命令：_chamfer ↙

（"修剪"模式）当前倒角距离 1＝5.0000，距离 2＝5.0000

选择第一条直线或［多段线（P）/距离（D）/角度（A）/修剪（T）/方法（M）］：

选择第二条直线：

如图 10-47（a）所示，被倒角的倒距为 5，当第一个倒距设置好以后，第二个倒距默认与第一个相等，当需要设置不同的值时，只需在"指定第二个倒角距离"后输入所要的值。

命令：_chamfer ↙

（"修剪"模式）当前倒角距离 1＝5.0000，距离 2＝5.0000

选择第一条直线或［多段线（P）/距离（D）/角度（A）/修剪（T）/方法（M）］：t ↙

输入修剪模式选项［修剪（T）/不修剪（N）］〈修剪〉：n ↙

选择第一条直线或［多段线（P）/距离（D）/角度（A）/修剪（T）/方法（M）］：

选择第二条直线：

命令:_chamfer ↙

("不修剪"模式)当前倒角距离 1＝5.0000,距离 2＝5.0000

选择第一条直线或[多段线(P)/距离(D)/角度(A)/修剪(T)/方法(M)]:

选择第二条直线:

这里设置为"不修剪"模式,结果如图 10-47(b)所示。

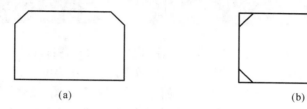

(a)　　　　　　　　　　　　(b)

图 10-47　倒直角特征

10.15　倒圆角——Fillet

倒圆角和倒直角有些相似,它要求用一段弧在两实体之间光滑过渡。AutoCAD 提供了倒圆角命令以实现圆角连接功能。

命令:_fillet ↙

当前模式:模式＝修剪,半径＝10.0000

选择第一个对象或[多段线(P)/半径(R)/修剪(T)]:r ↙

指定圆角半径⟨10.0000⟩:6 ↙

选择第一个对象或[多段线(P)/半径(R)/修剪(T)]:

选择第二个对象:

命令:_fillet ↙

当前模式:模式＝修剪,半径＝6.0000

选择第一个对象或[多段线(P)/半径(R)/修剪(T)]:

选择第二个对象:

以上所设的圆角半径为 6,如图 10-48(a)所示。

(a)　　　　　　　　　　　　(b)

图 10-48　倒圆角特征

命令:_fillet ↙

当前模式:模式＝修剪,半径＝6.0000

选择第一个对象或[多段线(P)/半径(R)/修剪(T)]:t ↙

输入修剪模式选项[修剪(T)/不修剪(N)]⟨修剪⟩:n ↙

选择第一个对象或[多段线(P)/半径(R)/修剪(T)]:

选择第二个对象:

命令:_fillet ↙

当前设置：模式＝不修剪，半径＝6.0000

选择第一个对象或［多段线（P）/半径（R）/修剪（T）］：

选择第二个对象：

这里设置为"不修剪"模式，如图 10-48（b）所示。

任务 11　图块的基本编辑

图块是一组图形实体的总称。在一个图块中，各图形实体均有各自的图层、线型、颜色等特征，但 AutoCAD 总是把图块作为一个单独的、完整的对象来操作。用户可以根据实际需要将图块按给定的缩放系数和旋转角度插入到指定的任一位置，也可以对整个图块进行复制、旋转、移动、缩放、镜像、阵列、删除等操作。图块必须定义块名，一旦命名后，就可以作为一个整体按需要多次插入到当前图形中的任何位置。创建图块的目的是提高绘图效率和节省存储空间。

11.1　创建图块

要定义一个图块，首先要绘制组成图块的实体，然后用创建图块命令定义图块的插入点，并选择构成图块的实体。

如果要把粗糙度符号建成图块，首先在绘图区中将它画好，过程如下：

图 10-49　粗糙度符号

命令：_line

指定第一点：指定点 A 为第一点，如图10-49所示

指定下一点或［放弃（U）］：@－5＜0 ↙

指定下一点或［放弃（U）］：@5＜－60 ↙

指定下一点或［闭合（C）/放弃（U）］：@10＜60 ↙

指定下一点或［闭合（C）/放弃（U）］：↙

命令：_block ↙

弹出"块定义"对话框如图 10-50 所示。

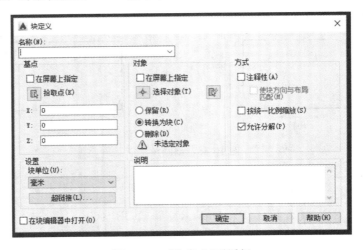

图 10-50　"块定义"对话框

在"名称"中输入图块的名字"BJD"，单击"拾取点"，拾取图 10-49 所示的"插入点"，再单击"选择对象"按钮，并拾取粗糙度符号的三条边，确定后，该粗糙度符号创建为图块。

命令:_block

指定插入基点:

选择对象:找到 1 个

选择对象:找到 1 个,总计 2 个

选择对象:找到 1 个,总计 3 个

选择对象:↙

11.2 插入图块

图块的重复使用是通过插入图块的方式实现的。所谓的插入图块,就是将已经定义好的图块插入当前图形文件中。在插入图块(或文件)时,用户必须确定四组特征参数,即插入的图块名、插入点的位置、插入的比例系数和图块的旋转角度。

命令:_insert ↙

指定插入点或[比例(S)/X/Y/Z/旋转(R)/预览比例(PS)/PX/PY/PZ/预览旋转(PR)]:

输入 X 比例因子,指定对角点,或[角点(C)/XYZ]⟨1⟩:1 ↙

输入 Y 比例因子或⟨使用 X 比例因子⟩:1

指定旋转角度⟨0⟩:↙

根据具体的条件输入所需要的参数,如图 10-51 所示。

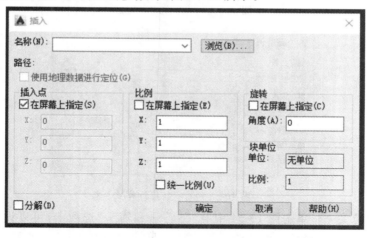

图 10-51 插入图块对话框

任务 12 尺寸的标注

尺寸标注是工程图中表达一个零件形状的重要参数。在标注尺寸之前首先要确定尺寸数字的字体、字高、对齐方式、箭头的形状和大小、尺寸线间距、尺寸精度等内容,这就需要设置尺寸标注样式。标注样式是一组标注系统变量的集合,可以通过对话框直观地修改这些变量。

12.1 尺寸标注样式的设置

设置标注样式,首先从菜单栏"格式"中选择"标注样式"选项,则会弹出"标注样式管理器"对话框,如图 10-52 所示,对话框中显示了当前所用的 ISO-25 样式,但不一定适合,如箭头、数字过大,需要重新设置。在标注样式管理器对话框中单击"新建"按钮,则会弹出"创建新标注样式"对话框,如图 10-53 所示,新样式名为"副本 ISO-25"(可改为其他的名字),选择用于"所有标注",以后根据需要可从其下拉列表中对半径、直径、角度尺寸标注分别进行设置。再单击"继续"按钮,则会弹出创建该副本样式对话框,如图 10-54 所示。

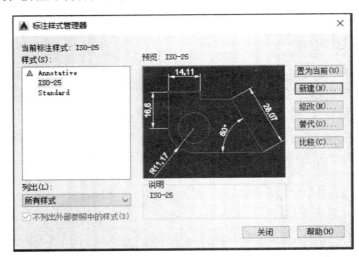

图 10-52　标注样式管理器

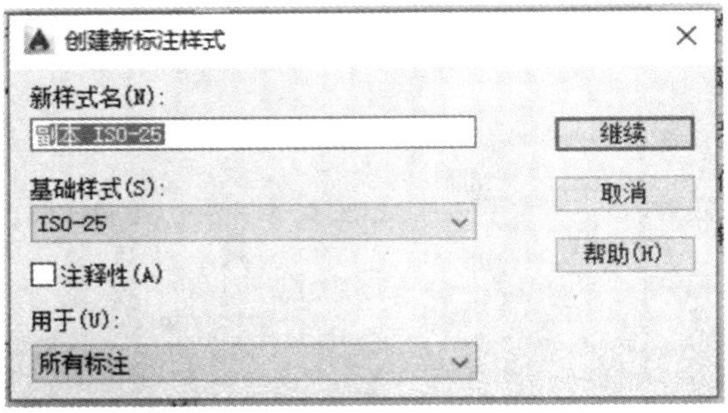

图 10-53　创建新标注样式

线、符号和箭头——单击图 10-54 中"线""符号和箭头"选项卡,可以设置基线间距(两平行尺寸线的间距);选择是否要消除一侧或两侧尺寸线及箭头;尺寸界线超出尺寸线的距离,尺寸界线与标注起点的偏移量;选择是否要消除一侧或两侧的尺寸界线;并能选择箭头式样和大小以及圆心标记的大小。

文字——单击图 10-54 中的"文字"选项卡,在弹出的新页面中的"文字外观"栏可以设置文字的样式、文字的颜色、文字的高度;在"文字位置"栏中可以设置文字的放置方式和文字从尺寸线的偏移量;在"文字对齐"栏中可以设置文字的对齐方式。

调整——单击图 10-54 中的"调整"选项卡,在弹出的新页面上,可以调整文字和箭头的位置。当两尺寸界线之间没有足够的空间放置箭头和尺寸数字时,可选择把某一个(选择"文字")标注在尺寸界线外面。此外,"调整(T)"栏中可将尺寸数字位置设置为"标注时手动放置文字位置",这样文字可以按用户的要求随意拖放。

主单位——单击图 10-54 中的"主单位"选项卡,在弹出的新页面上,可设置尺寸标注精

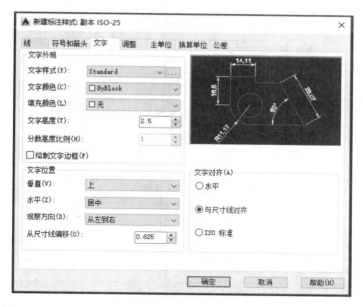

图 10-54　新建标注样式:副本 ISO-25

度。若只需标注整数尺寸,则在"精度"栏里选取 0;若图样按 1：2 绘制,则在"比例因子"栏里设置为 2;在前缀与后缀中可以输入所需要的符号,如要输入"$\phi80H7/s6$",只需在前缀框中输入"％％C",在后缀框中输入"H7/s6"。

换算单位——单击图 10-54 中的"换算单位"选项卡,在弹出的新页面上,各项都处于未被激活的状态,当选中"显示换算单位"复选框,各项都被激活,此时的对话框与"主单位"中的选项相似,读者可以根据自己的需要来设置。

公差——单击图 10-54 中的"公差"选项卡,在弹出的新页面上,可以设置公差的显示方式、公差的精度、偏差值等。

以上各项设置完毕后,单击"确定"按钮,返回标注样式管理器对话框。若要改变角度尺寸标注,可单击管理器左侧"副本 ISO-25"标注样式,再单击"新建",再次弹出创建新标注样式对话框(见图 10-53),打开"用于(U):所有标注"下拉列表,选择"角度标注",单击"继续"按钮,在弹出的"新建标注样式:副本 ISO-25:角度"对话框中,点击"文字"选项卡,在弹出的新页面上,将"文字对齐"栏设置为"水平",点击"确定"后,把新的标注样式"置为当前",并关闭该对话框。

12.2　尺寸标注方法

为了能精确地标注尺寸,一般需要与捕捉工具配合使用,如捕捉交点、端点等。此外,还要使用尺寸标注工具条,如图 10-55 所示,从下拉列表中选择"副本 ISO-25",工具条的主要功能如表 10-1 所示。

图 10-55　尺寸标注工具条

表 10-1　尺寸标注命令

序号	命令	含义
1	Dimlinear	水平或垂直的线性尺寸
2	Dimaligned	标注非正交尺寸和圆的直径、弧的弦长
3	Dimordinate	按坐标标注尺寸,须用 UCS 命令在零件上指定原点以后使用
4	Dimradius	标注半径尺寸
5	Dimdiameter	标注直径尺寸
6	Dimangular	标注角度(锐角或其补角)
7	Qdim	快速标注尺寸
8	Dimbaseline	基线标注
9	Dimcontinue	连续标注
10	Qleader	快速创建引线标注和引线注释
11	Tolerance	打开形位公差符号选择框
12	Dimcenter	标注圆或圆弧的十字中心符号
13	Dimedit	尺寸标注的文字可进行更新、旋转或设置线性尺寸中尺寸界线的倾斜角度
14	Dimtedit	整个尺寸标注的位置可随鼠标移动,尺寸数字可转角和移动
15	Dim Update	尺寸标注样式修改后,用其对图中已标注的尺寸样式进行更新,键入 Exit 可退出该命令
16	Dimstyle	打开尺寸标注样式(Dimension Style)对话框

下面对一些常用的标注方法叙述如下。

(1) 线性标注——标注水平尺寸和垂直尺寸,如图 10-56 所示。

命令:_dimlinear ↙

指定第一条尺寸界线原点或〈选择对象〉:

指定第二条尺寸界线原点:

指定尺寸线位置或

[多行文字(M)/文字(T)/角度(A)/水平(H)/垂直(V)/旋转(R)]:

标注文字＝27

命令:_dimlinear ↙

指定第一条尺寸界线原点或〈选择对象〉:

指定第二条尺寸界线原点:

指定尺寸线位置或

[多行文字(M)/文字(T)/角度(A)/水平(H)/垂直(V)/旋转(R)]:

标注文字＝36

(2) 对齐标注——标注与任意两点连线相平行的尺寸,也可标注圆的直径、弧的弦长,如图 10-57 所示。

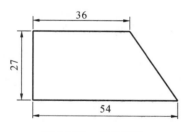

图 10-56　线性标注

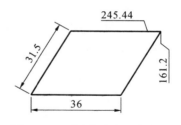

图 10-57　对齐标注与坐标标注

命令:_dimaligned ↙

指定第一条尺寸界线原点或〈选择对象〉:

指定第二条尺寸界线原点:

指定尺寸线位置或

[多行文字(M)/文字(T)/角度(A)]:

标注文字＝31.5

命令:_dimaligned

指定第一条尺寸界线原点或〈选择对象〉:

指定第二条尺寸界线原点:

指定尺寸线位置或

[多行文字(M)/文字(T)/角度(A)]:

标注文字＝36

（3）坐标标注——标注任意一点相对于原点的坐标值,如图 10-57 所示。

命令:_dimordinate ↙

指定点坐标:

指定引线端点或[X 基准(X)/Y 基准(Y)/多行文字(M)/文字(T)/角度(A)]:x

指定引线端点或[X 基准(X)/Y 基准(Y)/多行文字(M)/文字(T)/角度(A)]:

标注文字＝161.2

命令:_dimordinate ↙

指定点坐标:

指定引线端点或[X 基准(X)/Y 基准(Y)/多行文字(M)/文字(T)/角度(A)]:y

指定引线端点或[X 基准(X)/Y 基准(Y)/多行文字(M)/文字(T)/角度(A)]:

标注文字＝245.44

（4）半径与直径标注——标注圆弧或圆的半径和直径,如图 10-58 所示。

命令:_dimradius ↙

选择圆弧或圆:

标注文字＝10

指定尺寸线位置或[多行文字(M)/文字(T)/角度(A)]:

命令:_dimradius ↙

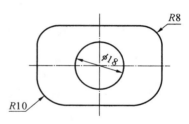

图 10-58　半径与直径标注

选择圆弧或圆：

标注文字＝8

指定尺寸线位置或［多行文字（M）/文字（T）/角度（A）］：

命令：_dimdiameter ↙

选择圆弧或圆：

标注文字＝18

指定尺寸线位置或［多行文字（M）/文字（T）/角度（A）］：

（5）角度标注——标注直线与直线的锐角或其补角、圆弧的圆心角，如图 10-59 所示。

命令：_dimangular ↙

选择圆弧、圆、直线或〈指定顶点〉：

选择第二条直线：

指定标注弧线位置或［多行文字（M）/文字（T）/角度（A）］：

标注文字＝30

命令：_dimangular ↙

选择圆弧、圆、直线或〈指定顶点〉：

指定标注弧线位置或［多行文字（M）/文字（T）/角度（A）］：

标注文字＝110

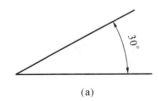
(a)

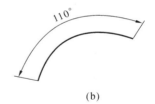
(b)

图 10-59　角度标注

（6）快速引线标注——快速创建引线标注和引线注释。

命令：_qleader ↙

指定第一个引线点或［设置（S）］〈设置〉：s ↙

弹出如图 10-60 所示的"引线设置"对话框，在"注释"中进行图示的设置；在"引线和箭头"中将箭头设置为"无"，角度中的第一段设置为"45°"；在"附着"中将"最后一行加下划线"复选框选中。

指定第一个引线点或［设置（S）］〈设置〉：

指定下一点：

指定下一点：

指定文字宽度〈0〉：↙

输入注释文字的第一行〈多行文字（M）〉：2×45％％D ↙

输入注释文字的下一行：↙

完成后的标注如图 10-61 所示。

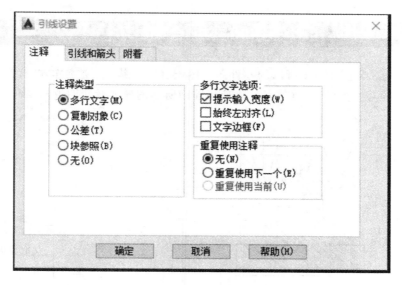

图 10-60 "引线设置"对话框

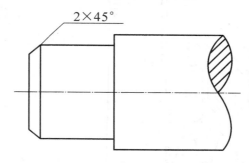

图 10-61 快速引线标注

（7）圆心标记——标注圆或圆弧的十字中心符号，如图 10-62 所示。

　　命令:_dimcenter ↙

　　选择圆弧或圆：

　　命令:_dimcenter ↙

　　选择圆弧或圆：

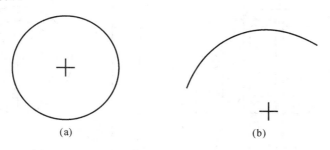

图 10-62 圆心标记

任务 13　综合练习

绘制图 10-63 和图 10-64 所示的零件图。图层、线型、线宽、文字样式、标注样式等读者可以根据自己的喜好去设置。（笔者建议使用前面所学的样式及作图方法绘制）

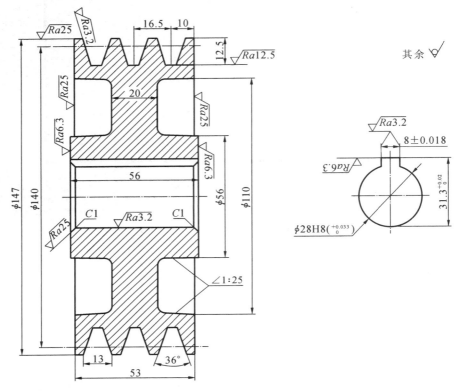

图 10-63　带轮

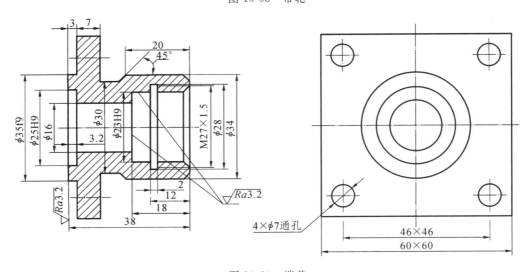

图 10-64　端盖

附 录

一、螺纹

（一）普通螺纹（GB/T 193—2003 、 GB/T 196—2003）

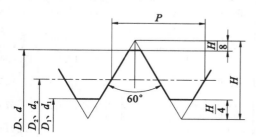

图中：$H=0.866025404P$

$$D_2=D-2\times\frac{3}{8}H=D-6495P$$

$$d_2=d-2\times\frac{3}{8}H=d-6495P$$

$$D_1=D-2\times\frac{5}{8}H=D-1.0825P$$

$$d_1=d-2\times\frac{5}{8}H=d-1.0825P$$

标记示例

公称直径 24 mm,螺距 1.5 mm,右旋的细牙普通螺纹：

M24×1.5

公称直径与螺距标准组合系列见附表1。

附表1   （mm）

公称直径 D,d		螺距 P		公称直径 D,d		螺距 P		公称直径 D,d		螺距 P	
第一系列	第二系列	粗牙	细牙	第一系列	第二系列	粗牙	细牙	第一系列	第二系列	粗牙	细牙
3		0.5	0.35	12		1.75	1.5,1.25,1		33	3.5	(3),2,1.5
	3.5	0.6			14	2	1.5,1.25*,1	36		4	3.2,1.5
4		0.7	0.5	16			1.5,1		39		
	4.5	0.75			18			42		4.5	
5		0.8		20		2.5	2,1.5,1		45		
6		1	0.75		22			48		5	4,3,2,1.5
	7			24		3			52		
8		1.25	1,0.75		27			56		5.5	
10		1.5	1.25,1,0.75	30		3.5	(3),2,1.5,1		60		

注：① 优先选用第一系列,其次选择第二系列,最后选择第三系列,尽可能地避免使用括号内的螺距;

② 公称直径 D,d 为 1～2.5 和 64～300 的部分未列入,第三系列全部未列入;

③ M14×1.25 仅用于发动机的火花塞;

④ 中径 D_2,d_2 未列入。

基本尺寸见附表2。

附表2 (mm)

公称直径（大径）D,d	螺距 P	中径 D_2,d_2	小径 D_1,d_1	公称直径（大径）D,d	螺距 P	中径 D_2,d_2	小径 D_1,d_1	公称直径（大径）D,d	螺距 P	中径 D_2,d_2	小径 D_1,d_1
3	0.5	2.675	2.459	10	1.5	9.026	8.376	18	2.5	16.376	15.294
	0.35	2.773	2.621		1.25	9.188	8.647		2	16.701	15.835
3.5	0.6	3.110	2.850		1	9.350	8.917		1.5	17.026	16.376
	0.35	3.273	3.121		0.75	9.513	9.188		1	17.350	16.917
4	0.7	3.545	3.242	12	1.75	10.863	10.106	20	2.5	18.376	17.294
	0.5	3.675	3.459		1.5	11.026	10.376		2	18.701	17.835
4.5	0.75	4.013	3.688		1.25	11.188	10.647		1.5	19.026	18.376
	0.5	4.175	3.859		1	11.350	10.917		1	19.350	18.917
5	0.8	4.480	4.134	14	2	12.701	11.835	22	2.5	20.376	19.294
	0.5	4.675	4.459		1.5	13.026	12.376		2	20.701	19.835
6	1	5.530	4.917		1.25	13.188	12.647		1.5	21.026	20.070
	0.75	5.513	5.188		1	13.350	12.917		1	21.350	20.917
7	1	6.350	5.917	16	2	14.701	13.835	24	3	22.051	20.752
	0.75	6.513	6.188						2	22.701	21.835
8	1.25	7.188	6.647		1.5	15.026	14.376		1.5	23.026	22.376
	1	7.350	6.917		1	15.350	14.917		1	23.350	22.917
	0.75	7.513	7.188								

注：公称直径 D,d 为 1~2.5 和 27~300 的部分未列入，第三系列全部未列入。

（二）管螺纹

$55°$密封管螺纹 $\begin{cases} \text{第 1 部分} & \text{圆柱内螺纹与圆锥外螺纹（GB/T 7306.1—2000）} \\ \text{第 2 部分} & \text{圆锥内螺纹与圆锥外螺纹（GB/T 7306.2—2000）} \end{cases}$

$55°$非密封管螺纹（GB/T 7307—2001）

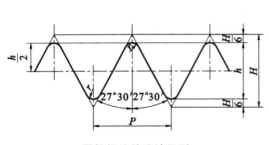

圆柱螺纹的设计牙型

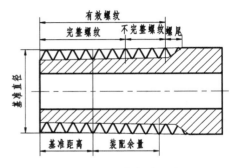

圆锥外螺纹的有关尺寸

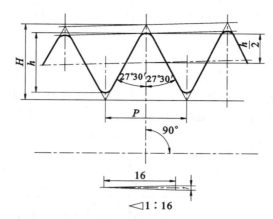

圆锥螺纹的设计牙型

标记示例

GB/T 7306.1

尺寸代号3/4,右旋,圆柱内螺纹:$R_p3/4$

尺寸代号3,右旋,圆锥外螺纹:R_t3

尺寸代号3/4,左旋,圆柱内螺纹:$R_p3/4$ LH

GB/T 7306.2

尺寸代号3/4,右旋,圆锥内螺纹:$R_c3/4$

尺寸代号3,右旋,圆锥外螺纹:R_23

尺寸代号3/4,左旋,圆锥内螺纹:$R_c3/4$ LH

GB/T 7307

尺寸代号2,右旋,圆柱内螺纹:G2

尺寸代号3,右旋,A级圆柱外螺纹:G3A

尺寸代号2,左旋,圆柱内螺纹:G2 LH

尺寸代号4,左旋,B级圆柱外螺纹:G4B-LH

管螺纹的尺寸代号及基本尺寸见附表3。

附表3　　　　　　　　　　　　　　　　　　　　　　　　　　　　　　　（mm）

尺寸代号	每25.4 mm内所含的牙数 n	螺距 P	牙高 h	基 本 直 径			基准距离（基本）	外螺纹的有效螺纹不小于
				大径 $d=D$	中径 $d_2=D_2$	小径 $d_1=D_1$		
1/16	28	0.907	0.581	7.723	7.142	6.561	4	6.5
1/8	28	0.907	0.581	9.728	9.147	8.566	4	6.5
1/4	19	1.337	0.856	13.157	12.301	11.445	6	9.7
3/8	19	1.337	0.856	16.662	15.806	14.950	6.4	10.1
1/2	14	1.814	1.162	20.955	19.793	18.631	8.2	13.2
3/4	14	1.814	1.162	26.441	25.279	24.117	9.5	14.5
1	11	2.309	1.479	33.249	31.770	30.291	10.4	16.8
1¼	11	2.309	1.479	41.910	40.431	38.952	12.7	19.1
1½	11	2.309	1.479	47.803	46.324	44.845	12.7	19.1
2	11	2.309	1.479	59.614	58.135	56.656	15.9	23.4
2½	11	2.309	1.479	75.184	73.705	72.226	17.5	26.7
3	11	2.309	1.479	87.884	86.405	84.926	20.6	29.8
4	11	2.309	1.479	113.030	111.551	110.072	25.4	35.8
5	11	2.309	1.479	138.430	136.951	135.472	28.6	40.1
6	11	2.309	1.479	163.830	162.351	160.872	28.6	40.1

注:第五列中所列的是圆柱螺纹的基本直径和圆锥螺纹在基准平面内的基本直径;第六、七列只使用于圆锥螺纹。

（三）梯形螺纹（GB/T 5796.2—2005，GB/T 5796.3—2005）

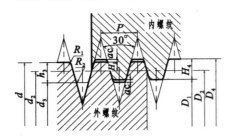

标记示例

公称直径 40 mm，导程 14 mm，螺距 7 mm 的双线左旋梯形螺纹；

Tr40×14(P7)　LH

直径与螺距系列、基本尺寸见附表 4。

附表 4　　　　　　　　　　　　　　　　　　　　（mm）

| 公称直径 d | | 螺距 P | 中径 $d_2=D_2$ | 大径 D_4 | 小径 | | 公称直径 d | | 螺距 P | 中径 $d_2=D_2$ | 大径 D_4 | 小径 | |
第一系列	第二系列				d_3	D_1	第一系列	第二系列				d_3	D_1
8		1.5	7.250	8.300	6.200	6.500	11		2	10.000	11.500	8.500	9.000
	9	1.5	8.250	9.300	7.200	7.500			3	9.500	11.500	7.500	8.000
		2	8.000	9.500	6.500	7.000	12		2	11.000	12.500	9.500	10.000
10		1.5	9.250	10.300	8.200	8.500			3	10.500	12.500	8.500	9.000
		2	9.000	10.500	7.500	8.000	28		3	26.500	28.500	24.500	25.000
	14	2	13.000	14.500	11.500	12.000			5	25.500	28.500	22.500	23.000
		3	12.500	14.500	10.500	11.000			8	24.000	29.000	19.000	20.000
16		2	15.000	16.500	13.500	14.000	30		3	28.500	30.500	26.500	29.000
		4	14.000	16.500	11.500	12.000			6	27.000	31.000	23.000	24.000
	18	2	17.000	18.500	15.500	16.000			10	25.000	31.000	19.000	20.500
		4	16.000	18.500	13.500	14.000	32		3	30.500	32.500	28.500	29.000
20		2	19.000	20.500	17.500	18.000			6	29.000	33.000	25.000	26.000
		4	18.000	20.500	15.500	16.000			10	27.000	33.000	21.000	22.000
	22	3	20.500	22.500	18.500	19.000	34		3	32.500	34.500	30.500	31.000
		5	19.500	22.500	16.500	17.000			6	31.000	35.000	27.000	28.000
		8	18.000	23.000	13.000	14.000			10	29.000	35.000	23.000	24.000
24		3	22.500	24.500	20.500	21.000	36		3	34.500	36.500	32.500	33.000
		5	21.500	24.500	18.500	19.000			6	33.000	37.000	29.000	30.000
		8	20.000	25.000	15.000	16.000			10	31.000	37.000	25.000	26.000
	26	3	24.500	26.500	22.500	23.000	38		3	36.500	38.500	34.500	35.000
		5	23.500	26.500	20.500	21.000			7	34.500	39.000	30.000	31.000
		8	22.000	27.000	17.000	18.000			10	33.000	39.000	27.000	28.000
							40		3	38.500	40.500	36.500	37.000
									7	36.500	41.000	32.000	33.000

注：① 优先选用第一系列，其次选用第二系列，新产品设计中，不宜选用第三系列；

　　② 公称直径 d＝42～300 未列入，第三系列全部未列入。

二、常用的标准件

（一）螺钉

开槽圆柱头螺钉（GB/T 65—2000）

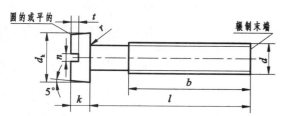

标记示例

螺纹规格 $d=$M5、公称长度 $l=20$ mm、性能等级为 4.8 级,不经表面处理的 A 级开槽圆柱头螺钉:

螺钉　GB/T 65　M5×20

相关参数见附表 5。

附表 5

（mm）

螺纹规格 d	M4	M5	M6	M8	M10
P（螺距）	0.7	0.8	1	1.25	1.5
b	38	38	38	38	38
d_k	7	8.5	10	13	16
k	2.6	3.3	3.9	5	6
n	1.2	1.2	1.6	2	2.5
r	0.2	0.2	0.25	0.4	0.4
t	1.1	1.3	1.6	2	2.4
公称长度 l	5～40	6～50	8～60	10～80	12～80
l 系列	5,6,8,10,12,(14),16,20,25,30,35,40,45,50,(55),60,(65),70,(75),80。				

注:① 公称长度 $l≤40$ 的螺钉,制出全螺纹;

② 括号内的规格尽可能不采用;

③ 螺纹规格 $d=$M1.6～M10,公称长度 $l=2～80$ mm,$d<$M4 的螺钉未列入;

④ 材料为钢的螺钉性能等级有 4.8、5.8 级,其中 4.8 级为常用。

开槽盘头螺钉（GB/T 67—2008）

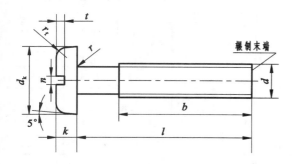

标记示例

螺纹规格 $d=$M5、公称长度 $l=20$ mm、性能等级为 4.8 级,不经表面处理的 A 级开槽盘头螺钉:

螺钉　GB/T 67　M5×20

相关参数见附表 6。

附表 6 　　　　　　　　　　　　　　　　　　　　　　　　（mm）

螺纹规格 d	M3	M4	M5	M6	M8	M10
P（螺距）	0.5	0.7	0.8	1	1.25	1.5
b	25	38	38	38	38	38
d_k	5.6	8	9.5	12	16	20
k	1.8	2.4	3	3.6	4.8	6
n	0.8	1.2	1.2	1.6	2	2.5
r	0.1	0.2	0.2	0.25	0.4	0.4
l	0.7	1	1.2	1.4	1.9	2.4
r_f	0.9	1.2	1.5	1.8	2.4	3
公称长度 l	4～30	5～40	6～50	8～60	10～80	12～80
l 系列	4,5,6,8,10,12,(14),16,20,25,30,35,40,45,50,(55),60,(65),70,(75),80					

注：① 括号内的规格尽可能不采用；
　　② 螺纹规格 $d=$ M1.6～M10，公称长度 2～80 mm，$d<$ M3 的螺钉未列入；
　　③ M1.6～M3 的螺钉，公称长度 $l\leqslant30$ mm 时，制出全螺纹；
　　④ M4～M10 的螺钉，公称长度 $l\leqslant40$ mm 时，制出全螺纹；
　　⑤ 材料为钢的螺钉，性能等级有 4.8、5.8 级，其中 4.8 级为常用。

开槽沉头螺钉（GB/T68—2000）

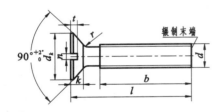

标记示例

螺纹规格 $d=$ M5、公称长度 $l=20$ mm、性能等级为 4.8 级，不经表面处理的 A 级开槽沉头螺钉：

螺钉　GB/T 68　M5×20

相关参数见附表 7。

附表 7 　　　　　　　　　　　　　　　　　　　　　　　　（mm）

螺纹规格 d	M1.6	M2	M2.5	M3	M4	M5	M6	M8	M10
P（螺距）	0.35	0.4	0.45	0.5	0.7	0.8	1	1.25	1.5
b	25	25	25	25	38	38	38	38	38
d_k	3.6	4.4	5.5	6.3	9.4	10.4	12.6	17.3	20
k	1	1.2	1.5	1.65	2.7	2.7	3.3	4.65	5
n	0.4	0.5	0.6	0.8	1.2	1.2	1.6	2	2.5
r	0.4	0.5	0.6	0.8	1	1.3	1.5	2	2.5
t	0.5	0.6	0.75	0.85	1.3	1.4	1.6	2.3	2.6
公称长度 l	2.5～16	3～20	4～25	5～30	6～40	8～50	8～60	10～80	12～80
l 系列	2.5,3,4,5,6,8,10,12,(14),16,20,25,30,35,40,50,(55),60,(65),70,(75),80								

注：① 括号内的规格尽可能不采用；
　　② M1.6～M3 的螺钉，公称长度 $l\leqslant30$ mm 时，制出全螺纹；
　　③ M4～M10 的螺钉，公称长度 $l\leqslant45$ mm 时，制出全螺纹；
　　④ 材料为钢的螺钉性能等级有 4.8、5.8 级，其中 4.8 级为常用。

内六角圆柱头螺钉(GB/T 70.1—2008)

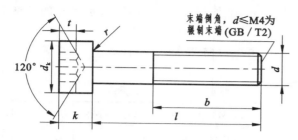

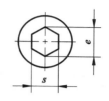

标 记 示 例

螺纹规格 $d=$M5、公称长度 $l=20$ mm、性能等级为 8.8 级,表面氧化的内六角圆柱头螺钉:

$$螺钉 \quad GB/T\ 70.1 \quad M5×20$$

相关参数见附表8。

附表 8

（mm）

螺纹规格 d	M3	M4	M5	M6	M8	M10	M12	M16	M20
P(螺距)	0.5	0.7	0.8	1	1.25	1.5	1.75	2	2.5
b(参考)	18	20	22	24	28	32	36	44	52
d_k	5.5	7	8.5	10	13	16	18	24	30
k	3	4	5	6	8	10	12	16	20
t	1.3	2	2.5	3	4	5	6	8	10
s	2.5	3	4	5	6	8	10	14	17
e	2.87	3.44	4.58	5.72	6.86	9.15	11.43	16.00	19.44
r	0.1	0.2	0.2	0.25	0.4	0.4	0.6	0.6	0.8
公称长度 l	5～30	6～40	8～50	10～60	12～80	16～100	20～120	25～160	30～200
$l≤$表中数值时,制出全螺纹	20	25	25	30	35	40	45	55	65
l 系列	2.5,3,4,5,6,8,10,12,16,20,25,30,35,40,45,50,55,60,65,70,80,90,100,11,120,130,140,150,160,180,200,220,240,260,280,300								

注:螺纹规格 $d=$M1.6～M64;六角槽端允许倒圆或制出沉孔;材料为钢的螺钉的性能等级有 8.8,10.9,12.9 级,8.8 级为常用。

开槽锥端紧定螺钉　　　　开槽平端紧定螺钉　　　　开槽长圆柱端紧定螺钉

（GB/T 71—1985）　　　　（GB/T 73—1985）　　　　（GB/T 75—1985）

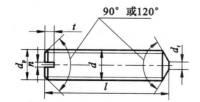

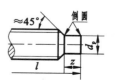

标 记 示 例

螺纹规格 d＝M5、公称长度 l＝12 mm、性能等级为 14H 级，表面氧化的开槽平端紧定螺钉：

螺钉　GB/T 73　M5×12—14H

相关参数见附表9。

附表 9　　　　　　　　　　　　　　　　　　　　　　　　　　　　（mm）

螺纹规格 d		M1.6	M2	M2.5	M3	M4	M5	M6	M8	M10	M12
P（螺距）		0.35	0.4	0.45	0.5	0.7	0.8	1	1.25	1.5	1.75
n（公称）		0.25	0.25	0.4	0.4	0.6	0.8	1	1.2	1.6	2
t		0.74	0.84	0.95	1.05	1.42	1.63	2	2.5	3	3.6
d_t		0.16	0.2	0.25	0.3	0.4	0.5	1.5	2.5	3	
d_p		0.8	1	1.5	2	2.5	3.5	4	5.5	7	8.5
z		1.05	1.25	1.5	1.75	2.25	2.75	3.25	4.3	5.3	6.3
公称长度 l	GB/T 71—1985	2～8	3～10	3～12	4～16	6～20	8～25	8～30	10～40	12～50	14～60
	GB/T 73—1985	2～8	3～10	4～12	4～16	5～20	6～25	8～30	8～40	10～50	12～60
	GB/T 75—1985	2.5～8	4～10	5～12	6～16	8～20	10～25	12～30	16～40	20～50	25～60
l 系列		2.5,5,3,4,5,6,8,10,12,(14),16,20,25,30,35,40,45,50,(55),60									

注：① 括号内的规格尽可能不采用；
　　② d_f 不大于螺纹小径；本表中 n 摘录的是公称值，t、d_t、d_p、z 摘录的是最大值；l 在 GB/T 71 中，当 d＝M2.5、l＝3 mm 时，螺钉两端倒角均为 120°，其余均为 90°；l 在 GB/T 73 和 GB/T 75 中，分别列出了头部倒角为 90°和 120°的尺寸，本表只摘录了头部倒角为 90°的尺寸；
　　③ 紧定螺钉性能等级有 14H、22H 级，其中 14H 级为常用，H 表示硬度，数字表示最低的维氏硬度的 1/10；
　　④ GB/T 71、GB/T 73 规定 d＝M1.2～M12，GB/T 75 规定 d＝M1.6～M12；如需用前两种紧定螺钉 M12 时，有关资料可查阅这两个标准。

（二）螺栓

六角头螺栓—C级　（GB/T 5780—2000）　　　　六角头螺栓—A级和B级　（GB/T 5782—2000）

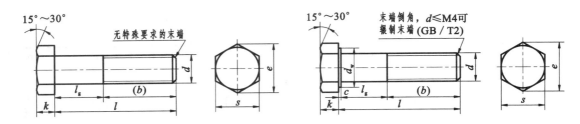

标 记 示 例

螺纹规格 d＝M12、公称长度 l＝80 mm、性能等级为 8.8 级，表面氧化、A 级的六角头螺栓：

螺栓　GB/T 5782　M12×80

相关参数见附表10。

附表 10

（mm）

螺纹规格 d			M3	M4	M5	M6	M8	M10	M12	M16	M20	M24	M30	M36	M42
b 参 考	l≤125		12	14	16	18	22	26	30	38	46	54	66	—	—
	125<l≤200		18	20	22	24	28	32	36	44	52	60	72	84	96
	l>200		31	33	35	37	41	45	49	57	65	73	85	97	109
c			0.4	0.4	0.5	0.5	0.6	0.6	0.6	0.8	0.8	0.8	0.8	0.8	1
d_w	产品 等级	A	4.57	5.88	6.88	8.88	11.63	14.63	16.63	22.49	28.19	33.61	—	—	—
		B、C	4.45	5.74	6.74	8.74	11.47	14.47	16.47	22	27.7	33.25	42.75	51.11	59.95
e	产品 等级	A	6.01	7.66	8.79	11.05	14.38	17.77	20.03	26.75	33.53	39.98	—	—	—
		B、C	5.88	7.50	8.63	10.89	14.20	17.59	19.85	26.17	32.95	39.55	50.85	60.79	72.02
k（公称）			2	2.8	3.5	4	5.3	6.4	7.5	10	12.5	15	18.7	22.5	26
r			0.1	0.2	0.2	0.25	0.4	0.4	0.6	0.6	0.8	0.8	1	1	1.2
s（公称）			5.5	7	8	10	13	16	18	24	30	36	46	55	65
l（商品规格范围）			20~ 30	25~ 40	25~ 50	30~ 60	40~ 80	45~ 100	50~ 120	65~ 160	80~ 200	90~ 240	110~ 300	140~ 360	160~ 600
l 系列			12,16,20,25,30,35,40,45,50,(55),60,(65),70,80,90,100,110,120,130,140,150, 160,180,200,220,240,260,280,300,320,340,360,380,400,420,440,460,480,500												

注：① A 级用于 d≤24 mm 和 l≤10d 或≤150 mm 的螺栓，B 级用于 d>24 mm 和 l>10d 或>150 mm 的螺栓；
② 螺纹规格 d 范围：GB/T 5780 为 M5~M64，GB/T 5782 为 M1.6~M64，表中未列入 GB/T 5780 中尽可能不采用的非优先系列的螺纹规格；
③ 表中 d 和 e 的数据，属 GB/T 5780 的螺栓查阅产品等级为 C 的行，属 GB/T 5782 的螺栓则分别按产品等级 A、B 分别查阅相应的 A、B 行；
④ 公称长度 l 的范围：GB/T 5780 为 25~500，GB/T 5782 为 12~500，尽可能不用第一系列中带括号的长度；
⑤ 材料为钢的螺栓性能等级有 5.6、8.8、9.8、10.9 级，其中 8.8 级为常用。

（三）双头螺柱

双头螺柱—$b_m=1d$（GB/T 897—1988）

双头螺柱—$b_m=1.25d$（GB/T 898—1988）

双头螺柱—$b_m=1.5d$（GB/T 899—1988）

双头螺柱—$b_m=2d$（GB/T 900—1988）

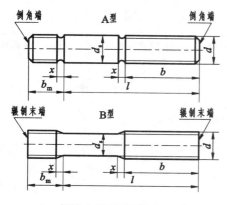

d_s≈螺纹中径（仅适用于 B 型）

标记示例

两端均为粗牙普通螺纹，d=10 mm，l=50 mm，性能等级为 4.8 级，不经表面处理，B 型，$b_m=1d$ 的双头螺柱：

　　螺柱　GB/T 897　M10×50

旋入端为粗牙普通螺纹，紧固端为螺距 P=1 mm 的细牙普通螺纹，d=10 mm，l=50 mm，性能等级为 4.8 级，不经表面处理，A 型，$b_m=1.25d$ 的双头螺柱：

　　螺柱　GB/T 898　AM10—M10×1×50

相关参数见附表 11。

附表 11 　　　　　　　　　　　　　　　　　　　　　　　　　　　　　　（mm）

螺纹规格 d	公　称		d_s		x max	b	l 公称
	GB/T 897—1988	GB/T 898—1988	max	min			
M5	5	6	5	4.7		10	16～(22)
						16	25～50
M6	6	8	6	5.7		10	20、(22)
						14	25、(28)、30
						18	(32)～(75)
M8	8	10	8	7.64		12	20、(22)
						16	25、(28)、30
						22	(32)～90
M10	10	12	10	9.64		14	25、(28)
						16	30、(38)
						26	40～120
					1.5P	32	130
M12	12	15	12	11.57		16	25～30
						20	(32)～40
						30	45～120
						36	130～180
M16	16	20	16	15.57		20	30～(38)
						30	40～50
						38	60～120
						44	130～200
M20	20	25	20	19.48		25	35～40
						35	45～60
						46	(65)～120
						52	123～200

注：① 本表未列入 GB/T 899—1988、GB/T 900—1988 两种规格，需用时可查阅这两个标准。GB/T 897、GB/T 898 规定的螺纹规格 d＝M5～M48，如需用 M20 以上的双头螺柱，也可查阅这两个标准；

② P 表示粗牙螺纹的螺距；

③ l 的长度系列：16，(18)，20，(22)，25，(28)，30(32)，35，(38)，40，45，50，(55)，60，(65)，70，(75)，80，90，(95)，100～260(十进位)，280，300。括号内的数值尽可能不采用；

④ 材料为钢的螺柱，性能等级有 4.8、5.8、6.8、8.8、10.9、12.9 级，其中 4.8 级为常用。

（四）螺母

六角螺母—C 级（GB/T 41—2000）

Ⅰ 型六角螺母—A 和 B 级（GB/T 6170—2000）

标记示例

螺纹规格 D＝M12、性能等级为 5 级，不经表面处理、C 级的六角螺母：

螺母 GB/T 41 M12

螺纹规格 D＝M12、性能等级为 8 级，不经表面处理、A 级的 I 型六角螺母：

螺母 GB/T 6170 M12

相关参数见附表 12。

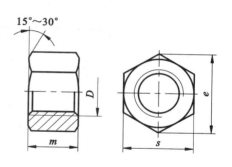

附表 12

（mm）

螺纹规格 D		M3	M4	M5	M6	M8	M10	M12	M16	M20	M24	M30	M36	M42
e	GB/T 41—2000	—	—	8.63	10.89	14.20	17.59	19.85	26.17	32.95	39.55	50.85	60.79	72.02
	GB/T 6170—2000	6.01	7.66	8.79	11.05	14.38	17.77	20.03	26.75	32.95	39.55	50.85	60.79	72.02
s	GB/T 41—2000	—	—	8	10	13	16	18	24	30	36	46	55	65
	GB/T 6170—2000	5.5	7	8	10	13	16	18	24	30	36	46	55	65
m	GB/T 41—2000	—	—	5.6	6.1	7.9	9.5	12.2	15.9	18.7	22.3	26.4	31.5	34.9
	GB/T 6170—2000	2.4	3.2	4.7	5.2	6.8	8.4	10.8	14.8	18	21.5	25.6	31	34

注：A 级用于 $D \leqslant 16$；B 级用于 $D > 16$。产品等级 A、B 由公差取值决定，A 级公差数值小。材料为钢的螺母：GB/T 6170 的性能等级有 6、8、10 级，8 级为常用；GB/T 41 的性能等级为 4 和 5 级。螺纹端内无内倒角，但也允许内倒角。GB/T 41—2000 规定螺母的螺纹规格为 M5～M64；GB/T 6170—2000 规定螺母的螺纹规格为 M1.6～M64。

（五）垫圈

小垫圈 A 级（GB/T 848—2002）　　平垫圈 倒角型 A 级（GB/T 97.2—2002）

平垫圈 A 级（GB/T 97.1—2002）

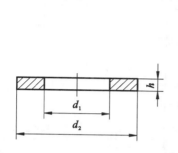

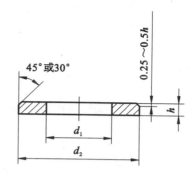

标 记 示 例

标准系列、公称规格 8 mm，由钢制造的硬度等级为 200HV 级，不经表面处理、产品等级为 A 级的平垫圈：

垫圈 GB/T 97.1 8

相关参数见附表 13。

附表13 （mm）

公称规格（螺纹大径）d		1.6	2	2.5	3	4	5	6	8	10	12	16	20	24	30	36
d_1	GB/T 848—2002	1.7	2.2	2.7	3.2	4.3	5.3	6.4	8.4	10.5	13	17	21	25	31	37
	GB/T 97.1—2002	1.7	2.2	2.7	3.2	4.3	5.3	6.4	8.4	10.5	13	17	21	25	31	37
	GB/T 97.2—2002	—	—	—	—	—	5.3	6.4	8.4	10.5	13	17	21	25	31	37
d_2	GB/T 848—2002	3.5	4.5	5	6	8	9	11	15	18	20	28	34	39	50	60
	GB/T 97.1—2002	4	5	6	7	9	10	12	16	20	24	30	37	44	56	66
	GB/T 97.2—2002						10	12	16	20	24	30	37	44	56	66
h	GB/T 848—2002	0.3	0.3	0.5	0.5	0.5	1	1.6	1.6	1.6	2	2.5	3	4	4	5
	GB/T 97.1—2002	0.3	0.3	0.5	0.5	0.8	1	1.6	1.6	2	2.5	3	3	4	4	5
	GB/T 97.2—2002	—	—	—	—	—	1	1.6	1.6	2	2.5	3	3	4	4	5

注：① 硬度等级有200HV、300HV级，材料有钢和不锈钢两种；GB/T 97.1 和 GB/T 97.2 规定，200HV 适用于不超过8.8 级的 A 级和 B 级的或不锈钢的六角头螺栓、六角螺母和螺钉等，300HV 适用于 10 级的 A 级和 B 级的六角头螺栓、螺钉和螺母；GB/T 848 规定，200HV 适用于 8.8 级或不锈钢制造的圆柱头螺钉、内六角螺钉等，300HV 适用于不超过 10.9 级的内六角圆柱头螺钉等；

② d 的范围：GB/T 848 为 1.6～36 mm，GB/T 97.1 为 1.6～64 mm，GB/T 97.2 为 5～64 mm；

③ 表中所列的 $d \leqslant 36$ mm 的优选尺寸，$d > 36$ mm 的优选尺寸和非优选尺寸，可查阅这三个标准。

标准型弹簧垫圈（GB/T 93—1987）

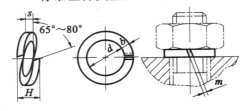

标记示例

规格 16 mm，材料为 65Mn，表面氧化的标准型弹簧垫圈：

垫圈 GB/T 93 16

相关参数见附表14。

附表14 （mm）

公称规格（螺纹大径）	3	4	5	6	8	10	12	(14)	16	(18)	20	(22)	24	(27)	30
d	3.1	4.1	5.1	6.1	8.1	10.2	12.2	14.2	16.2	18.2	20.2	22.5	24.5	27.5	30.5
H	1.6	2.2	2.6	3.2	4.2	5.2	6.2	7.2	8.2	9	10	11	12	13.6	15
$s(b)$	0.8	1.1	1.3	1.6	2.1	2.6	3.1	3.6	4.1	4.5	5	5.5	6	6.8	7.5
$m \leqslant$	0.4	0.55	0.65	0.8	1.05	1.3	1.55	1.8	2.05	2.25	2.5	2.75	3	3.4	3.75

注：括号内的规格尽可能不采用；m 应大于零。

（六）键

平键和键槽的剖面尺寸（GB/T 1095—2003）

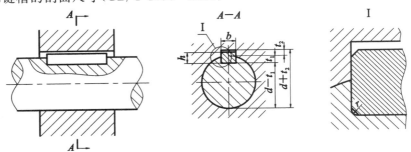

普通平键键槽的剖面尺寸与公差见上图和附表15。

附表 15 　　　　　　　　　　　　　　　　　　　　　　　　　　　　　　　　　(mm)

轴尺寸 d	键尺寸 b×h	宽度 公称尺寸	正常连接 轴N9	正常连接 毂JS9	紧密连接 轴和毂P9	松连接 轴H9	松连接 毂D10	轴 t_1 公称尺寸	轴 t_1 极限偏差	毂 t_2 公称尺寸	毂 t_2 极限偏差	半径 r min	半径 r max
自6~8	2×2	2	−0.004 −0.029	±0.0125	−0.006 −0.031	+0.025 0	+0.060 +0.020	1.2		1.0		0.08	0.16
>8~10	3×3	3						1.8		1.4			
>10~12	4×4	4	0 −0.030	±0.015	−0.012 −0.042	+0.030 0	+0.078 +0.030	2.5	+0.10	1.8	+0.10	0.08	0.16
>12~17	5×5	5						3.0		2.3			
>17~22	6×6	6						3.5		2.8			
>22~30	8×7	8	0 −0.036	±0.018	−0.015 −0.051	+0.036 0	+0.098 +0.040	4.0		3.3		0.16	0.25
>30~38	10×8	10						5.0		3.3			
>38~44	12×8	12	0 −0.043	±0.0215	−0.018 −0.061	+0.0430 0	+0.120 +0.050	5.0	+0.20	3.3	+0.20		
>44~50	14×9	14						5.5		3.8			
>50~58	16×10	16						6.0		4.3		0.25	0.40
>58~65	18×11	18						7.0		4.4			
>65~77	20×12	20	0 −0.052	±0.026	−0.022 −0.074	+0.052 0	+0.149 +0.065	7.5		4.9			
>75~85	22×14	22						9.0		5.4			
>85~95	25×14	25						9.0		5.4		0.40	0.60
>95~110	28×16	28						10.0		6.4			
>110~130	32×18	32	0 −0.062	±0.031	−0.026 −0.088	+0.062 0	+0.180 +0.080	11.0		7.4			
>130~150	36×20	36						12.0		8.4			
>150~170	40×22	40						13.0	+0.30	9.4	+0.30	0.70	1.00
>170~200	45×25	45						15.0		10.4			
>200~230	50×28	50						17.0		11.4			
>230~260	56×32	56	0 −0.074	±0.037	−0.032 −0.106	+0.074 0	+0.220 +0.100	20.0		12.4			
>260~300	63×32	63						20.0		12.4		1.20	1.60
>300~340	70×36	70						22.0		14.4			
>340~390	80×40	80						25.0		15.4			
>390~430	90×45	90	0 −0.087	±0.0435	−0.037 −0.124	+0.087 0	+0.260 +0.120	28.0		17.4		2.00	2.50
430~470	100×50	100						31.0		19.4			

注:① 在零件图中,轴槽深用 $d-t_1$ 标注,$d-t_1$ 的极限偏差值应取负号,轮毂槽深用 $d+t_2$ 标注;
② 普通型平键应符合 GB/T 1096 规定;
③ 平键轴槽的长度公差用 H14;
④ 轴槽、轮毂槽的键槽宽度 b 两侧的表面粗糙度参数 Ra 值推荐位 1.6~3.2 μm;轴槽地面、轮毂槽底面的表面粗糙度参数 Ra 值为 6.3 μm;
⑤ 这里未述及的有关键槽的其他技术条件,需要时可查阅该标准。

普通型平键(GB/T 1096—2003)

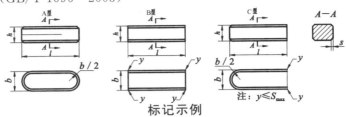

标记示例

$b=16$ mm、$h=10$ mm、$l=100$ mm 的普通 A 型平键:GB/T 1096 键 $16\times10\times100$

$b=16$ mm、$h=10$ mm、$l=100$ mm 的普通 B 型平键:GB/T 1096 键 $B16\times10\times100$

$b=16$ mm、$h=10$ mm、$l=100$ mm 的普通 C 型平键:GB/T 1096 键 $C16\times10\times100$

普通平键的尺寸与公差见上图和附表 16。

附表 16 （mm）

宽度 b	公称尺寸		2	3	4	5	6	8	10	12	14	16	18	20	22
	极限偏差(h8)		0 −0.014		0 −0.018			0 −0.022		0 −0.027				0 −0.033	
高度 h	公称尺寸		2	3	4	5	6	7	8		8	9	11	12	14
	极限偏差	矩形 (h11)	—		—			0 −0.090				0 −0.110			
		方形 (h8)	0 −0.014		0 −0.018			—							
倒角或倒圆 s			0.16～0.25			0.25～0.40			0.40～0.60				0.60～0.80		

长度 l 公称尺寸	极限偏差(h14)													
6	0 −0.36			—	—	—	—	—	—	—	—	—	—	—
8					—	—	—	—	—	—	—	—	—	—
10						—	—	—	—	—	—	—	—	—
12	0 −0.43						—	—	—	—	—	—	—	—
14							—	—	—	—	—	—	—	—
16								—	—	—	—	—	—	—
18								—	—	—	—	—	—	—
20	0 −0.52		—						—	—	—	—	—	—
22			—	标准					—	—	—	—	—	—
25			—						—	—	—	—	—	—
28			—							—	—	—	—	—
32	0 −0.62		—								—	—	—	—
36			—		—						—	—	—	—
40			—		—				长度			—	—	—
45			—										—	—
50			—										—	—
56	0 −0.74		—											—
63			—											
70			—											
80			—											
90	0 −0.87			—						范围				
100				—										
110				—										
125	0 −1.00													
140														
160														
180														
200	0 −1.15													
220														
250														

注:① 标准中规定了宽度 $b=2\sim100$ mm 的普通 A 型、B 型、C 型的平键,本表未列入 $b=25\sim100$ mm 的普通型平键,需用时可查阅该标准;

② 普通型平键的技术条件应符合 GB/T 1568 的规定,需用时可查阅该标准,材料常用 45 钢;

③ 键槽的尺寸应符合 GB/T 1095 的规定。

（七）销

圆柱销—不淬硬钢和奥氏体不锈钢(GB/T 119.1—2000,参见附表17)

圆柱销—淬硬钢和马氏体不锈钢(GB/T 119.2—2000,参见附表17)

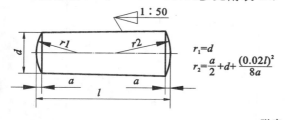

标记示例

公称直径 $d=6$ mm、公差为 m6、公称长度 $l=30$ mm、材料为钢,不经淬火,不经表面处理的圆柱销:

销　GB/T 119.1　6m6×30

公称直径 $d=6$ mm、公差为 m6、公称长度 $l=30$ mm、材料为钢、普通淬火(A 型)、表面氧化处理的圆柱销:

销　　GB/T 119.2　6×30

附表 17　　　　　　　　　　　　　　　　(mm)

公称直径 d		3	4	5	6	8	10	12	16	20	25	30	40	50
C=		0.50	0.50	0.80	1.2	1.6	2.0	2.5	3.0	3.5	4.0	5.0	6.3	8.0
公称长度 l	GB/T 119.1	8~30	8~40	10~50	12~60	14~80	18~95	22~140	26~180	35~200	50~200	60~200	80~200	95~200
	GB/T 119.2	8~30	10~40	12~50	14~60	18~80	22~100	26~100	40~100	50~100				
l 系列		8,10,12,14,16,18,20,22,24,26,28,30,32,35,40,45,50,55,60,65,70,75,80,85, 90,95,100,120,140,160,180,200…												

注:① GB/T 119.2—2000 规定圆柱销的公称直径 $d=0.6~50$ mm,公称长度 $l=2~200$ mm,公差有 m6 和 h8;

② GB/T 119.2—2000 规定圆柱销的公称直径 $d=1~20$ mm,公称长度 $l=3~100$ mm,公差仅有 m6;

③ 圆柱销常用 35 钢,当圆柱销公差为 h8 时,表面粗糙度参数 $Ra≤1.6$ μm;为 m6 时,$Ra≤0.8$ μm。

圆锥销(GB/T 117—2000,参见附表18)

$r_1=d$

$r_2=\dfrac{a}{2}+d+\dfrac{(0.02l)^2}{8a}$

标记示例

公称直径 $d=10$ mm、公称长度 $l=60$ mm、材料为 35 钢、热处理硬度(28～38) HRC、表面氧化处理的 A 圆柱销:

销　GB/T 117　10×60

附表 18　　　　　　　　　　　　　　(mm)

公称直径 d	4	5	6	8	10	12	16	20	25	30	40	50
a≈	0.5	0.63	0.8	1	1.2	1.6	2	2.5	3	4	5	6.3
公称长度 l	14~55	18~60	22~90	22~120	26~160	32~180	40~200	45~200	50~200	55~200	60~200	65~200
l 系列	2,3,4,5,6,8,10,12,14,16,18,20,22,24,26,28,30,32,35,40,45,50,55,60,65,70,75, 80,85,90,95,100,120,140,160,180,200…											

注:① 标准规定圆锥销的公称直径 $d=0.6~50$ mm;

② 有 A 型和 B 型:A 型为磨削,锥面表面粗糙度参数 $Ra=0.8$ μm;B 型为切削或冷镦,锥面表面粗糙度参数 $Ra=3.2$ μm;A 型和 B 型圆锥端面的表面粗糙度参数 $Ra=6.3$ μm。

237

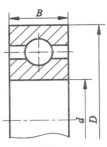

类型代号 6

（八）滚动轴承

深沟球轴承（GB/T 276—2013，参见附表19）

标记示例

内圈孔径 $d=60$ mm、尺寸系列代号为(0)2 的深沟球轴承：

滚动轴承 6212 GB/T 276—2013

附表19

(mm)

轴承代号	尺 寸			轴承代号	尺 寸		
	d	D	B		d	D	B
尺寸系列代号(1)0				尺寸系列代号(0)3			
606	6	17	6	633	3	13	5
607	7	19	6	634	4	16	5
608	8	22	7	635	5	19	6
609	9	24	7	6300	10	35	11
6000	10	26	8	6301	12	37	12
6001	12	28	8	6302	15	42	13
6002	15	32	9	6303	17	47	14
6003	17	35	10	6304	20	52	15
6004	20	42	12	63/22	22	56	16
60/22	22	44	12	6305	25	62	17
6005	25	47	12	63/28	28	68	18
60/28	28	52	12	6306	30	72	19
6006	30	55	13	63/32	32	75	20
60/32	32	58	13	6307	35	80	21
6007	35	62	14	6308	40	90	23
6008	40	68	15	6309	45	100	25
6009	45	75	16	6310	50	110	27
6010	50	80	16	6311	55	120	29
6011	55	90	18	6312	60	130	31
6012	60	95	18				
尺寸系列代号(0)2				尺寸系列代号(0)4			
623	3	10	4				
624	4	13	5				
625	5	16	5	6403	17	62	17
626	6	19	6	6404	20	72	19
627	7	22	7	6405	25	80	21
628	8	24	8	6406	30	90	23
629	9	26	8	6407	35	100	25
6200	10	30	9	6408	40	110	27
6201	12	32	10	6409	45	120	29
6202	15	35	11	6410	50	130	31
6203	17	40	12	6411	55	140	33
6204	20	47	14	6412	60	150	35
62/22	22	50	14	6413	65	160	37
6205	25	52	15	6414	70	180	42
62/28	28	58	16	6415	75	190	45
6206	30	62	16	6416	80	200	48
62/32	32	65	17	6417	85	210	52
6207	35	72	17	6418	90	225	54
6208	40	80	18	6419	95	240	55
6209	45	85	19	6420	100	250	58
6210	50	90	20	6422	110	280	65
6211	55	100	21				
6212	60	110	22				

圆锥滚子轴承(GB/T 297—2015,参见附表20)

标记示例

内圈孔径 d＝35 mm、尺寸系列代号为03 的圆锥滚子轴承:

滚动轴承 30307 GB/T 297—2015

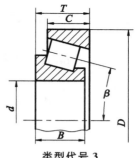

类型代号 **3**

附表 20 (mm)

轴承型号	尺寸					轴承型号	尺寸				
	d	D	T	B	C		d	D	T	B	C
尺寸系列代号 02						**尺寸系列代号 23**					
30202	15	35	11.75	11	10	32303	17	47	20.25	19	16
30203	17	40	13.25	12	11	32304	20	52	22.25	21	18
30204	20	47	15.25	14	12	32305	25	62	25.25	24	20
30205	25	52	16.25	15	13	32306	30	72	28.75	27	23
30206	30	62	17.25	16	14	32307	35	80	32.75	31	25
302/32	32	65	18.25	17	15	32308	40	90	35.25	33	27
30207	35	72	18.25	17	15	32309	45	100	38.25	36	30
30208	40	80	19.75	18	16	32310	50	110	42.25	40	33
30209	45	85	20.75	19	16	32311	55	120	45.5	43	35
30210	50	90	21.75	20	17	32312	60	130	48.5	46	37
30211	55	100	22.75	21	18	32313	65	140	51	48	39
30212	60	110	23.75	22	19	32314	70	150	54	51	42
30213	65	120	24.75	23	20	32315	75	160	58	55	45
30214	70	125	26.75	24	21	32316	80	170	61.5	58	48
30215	75	130	27.75	25	22	**尺寸系列代号 30**					
30216	80	140	28.75	26	22						
30217	85	150	30.5	28	24	33005	25	47	17	17	14
30218	90	160	32.5	30	26	33006	30	55	20	20	16
30219	95	170	34.5	32	27	33007	35	62	21	21	17
30220	100	180	37	34	29	33008	40	68	22	22	18
尺寸系列代号 03						33009	45	75	24	24	19
						33010	50	80	24	24	19
30302	15	42	14.25	13	11	33011	55	90	27	27	21
30303	17	47	15.25	14	12	33012	60	95	27	27	21
30304	20	52	16.25	15	13	33013	65	100	27	27	21
30305	25	62	18.25	17	15	33014	70	110	31	31	25.5
30306	30	72	20.75	19	16	33015	75	115	31	31	25.5
30307	35	80	22.75	21	18	33016	80	125	36	36	29.5
30308	40	90	25.25	23	20	**尺寸系列代号 31**					
30309	45	100	27.25	25	22						
30310	50	110	29.25	27	23	33108	40	75	26	26	20.5
30311	55	120	31.5	29	25	33109	45	80	26	26	20.5
30312	60	130	33.5	31	26	33110	50	85	26	26	20
30313	65	140	36	33	28	33111	55	95	30	30	23
30314	70	150	38	35	30	33112	60	100	30	30	23
30315	75	160	40	37	31	33113	65	110	34	34	26.5
30316	80	170	42.5	39	33	33114	70	120	37	37	29
30317	85	180	44.5	41	34	33115	75	125	37	37	29
30318	90	190	46.5	43	36	33116	80	130	37	37	29
30319	95	200	49.5	45	38						
30320	100	215	51.5	47	39						

推力球轴承(GB/T 301—1995,参见附表21)

标记示例

内圈孔径 $d = 30$ mm、尺寸系列代号为 13 的推力球轴承:

滚动轴承 51306 GB/T 301—1995

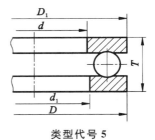

类型代号 5

附表21 (mm)

轴承代号	尺寸					轴承代号	尺寸				
	d	D	T	d_1	D_1		d	D	T	d_1	D_1
尺寸系列代号 11						尺寸系列代号 13					
51104	20	35	10	21	35	51304	20	47	18	22	47
51105	25	42	11	26	42	51305	25	52	18	27	52
51106	30	47	11	32	47	51306	30	60	21	32	60
51107	35	52	12	37	52	51307	35	68	24	37	68
51108	40	60	13	42	60	51308	40	78	26	42	78
51109	45	65	14	47	65	51309	45	85	28	47	85
51110	50	70	14	52	70	51310	50	95	31	52	95
51111	55	78	16	57	78	51311	55	105	35	57	105
51112	60	85	17	62	85	51312	60	110	35	62	110
51113	65	90	18	67	90	51313	65	115	36	67	115
51114	70	95	18	72	95	51314	70	125	40	72	125
51115	75	100	19	77	100	51315	75	135	44	77	135
51116	80	105	19	82	105	51316	80	140	44	82	140
51117	85	110	19	87	110	51317	85	150	49	88	150
51118	90	120	22	92	120	51318	90	155	50	93	155
51120	100	135	25	102	135	51320	100	170	55	103	170
尺寸系列代号 12						尺寸系列代号 14					
51204	20	40	14	22	40	51405	25	60	24	27	60
51205	25	47	15	27	47	51406	30	70	28	32	70
51206	30	52	16	32	52	51407	35	80	32	37	80
51207	35	62	18	37	62	51408	40	90	36	42	90
51208	40	68	19	42	68	51409	45	100	39	47	100
51209	45	73	20	47	73	51410	50	110	43	52	110
51210	50	78	22	52	78	51411	55	120	48	57	120
51211	55	90	25	57	90	51412	60	130	51	62	130
51212	60	95	26	62	95	51413	65	140	56	67	140
51213	65	100	27	67	100	51414	70	150	60	72	150
51214	70	105	27	72	105	51415	75	160	65	77	160
51215	75	110	27	77	110	51416	80	170	68	82	170
51216	80	115	28	82	115	51417	85	180	72	88	177
51217	85	125	31	88	125	51418	90	190	77	93	187
51218	90	135	35	93	135	51420	100	210	85	103	205
51220	100	150	38	103	150	51422	110	230	95	113	225

注:推力球轴承有51000型和52000型,类型代号都是5,尺寸系列代号分别为11、12、13、14和21、22、23、24;52000型推力球轴承的形式、尺寸可查阅GB/T 301—1995。

(九)弹簧

普通圆柱螺旋压缩弹簧尺寸及参数(两端并紧磨平或制扁)(GB/T 2089—2009)。

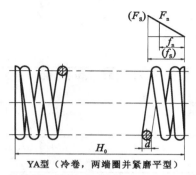

YA型（冷卷，两端圈并紧磨平型）

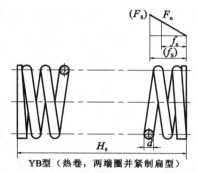

YB型（热卷，两端圈并紧制扁型）

YA 型弹簧,材料直径为 1.2 mm,弹簧中径为 8 mm,自由高度 40 mm,精度等级为 2 级,左旋的两端圈并紧磨平的冷卷压缩弹簧:

$$YA \quad 1.2 \times 8 \times 40 \quad 左 \quad GB/T\ 2089$$

YB 型弹簧,材料直径为 20 mm,弹簧中径为 140 mm,自由高度 260 mm,精度等级为 3 级,右旋的两端圈并紧制扁的热卷压缩弹簧:

$$YB \quad 20 \times 140 \times 260 - 3 \quad GB/T\ 2089$$

附表 22 摘录了 GB/T 2089 所列的少量弹簧的部分主要尺寸及参数的数值。

附表 22

材料直径 d/mm	弹簧中径 D/mm	自由高度 H_0/mm	有效圈数 n/圈	最大工作负荷 F_n/N	最大工作变形量 f_n/mm
1.2	8	28	8.5	65	14
		40	12.5		20
	12	40	6.5	43	24
		48	8.5		31
4	28	50	4.5	545	21
		70	6.5		30
	30	55	4.5	509	24
		75	6.5		36
6	38	65	4.5	1 267	24
		90	6.5		35
	45	105	6.5	1 070	49
		140	8.5		63
10	45	140	8.5	4 605	36
		170	10.5		45
	50	190	10.5	4 145	55
		220	12.5		66
20	140	260	4.5	13 278	104
		360	6.5		149
	160	300	4.5	11 618	135
		420	6.5		197
30	160	310	4.5	39 211	90
		420	6.5		131
	200	250	2.5	31 369	78
		520	6.5		204

注:① 支承圈数 $n_2 = 2$ 圈,F_n 取 $0.8 F_s$(F_s 为试验负荷的代号),f_n 取 $0.8 f_s$(f_s 为试验负荷下变形量的代号);

② GB/T 2089 中的这个表格列出了很多个弹簧,对各个弹簧还列出了更多的参数,本表仅摘录了其中的 24 个弹簧和部分参数,不够时,可查阅该标准;

③ 弹簧的材料:采用冷卷工艺时,选用材料性能不低于 GB/T4357—2009 中 C 级碳素弹簧钢丝;采用热卷工艺时,选用材料性能不低于 GB/T 1222—2016 中 60Si2MnA。

三、常用机械加工一般规范和零件结构要素

(一)标准尺寸(摘自 GB/T 2822—2005,见附表23)

附表23　　　　　　　　　　　　　　　　　　　　　　(mm)

R10	2.50,3.15,4.00,5.00,6.30,8.00,10.0,12.5,16.0,20.0,25.0,31.5,40.0,50.0,63.0,80.0,100,125,160,200,250,315,400,500,630,800,1000
R20	2.80,3.55,4.50,5.60,7.10,9.00,11.2,14.0,18.0,22.4,28.0,35.5,45.0,56.0,71.0,90.0,112,140,180,224,280,355,450,560,710,900
R40	13.2,15.0,17.0,19.0,21.2,23.6,26.5,30.0,33.5,37.5,42.5,47.5,53.0,60.0,67.0,75.0,85.0,95.0,106,118,132,150,170,190,212,236,265,300,335,375,425,475,530,600,670,750,850,950

注:① 本表仅摘录 1~1000 mm 范围内优先数系 R 系列中的标准尺寸,选用顺序为 R10、R20、R40;如需选用小于 2.50 mm 或大于 1000 mm 的尺寸时,可查阅该标准;

② 该标准适用于有互换性或系列化要求的主要尺寸,如直径、长度、高度等,其他结构尺寸也尽可能采用;

③ 如果必须将数值圆整,可在相应的 R′ 系列中选用标准尺寸,选用的顺序为 R′10、R′20、R′40,本书未摘录,需要时可查阅该标准。

(二)砂轮越程槽(摘自 GB/T 6403.5—2008,见附表24)

附表24　　　　　　　　　　　　　　　　　　　　　　(mm)

	b_1	0.6	1.0	1.6	2.0	3.0	4.0	5.0	8.0	10
	b_2	2.0		3.0		4.0		5.0	8.0	10
	h	0.1		0.2		0.3	0.4	0.6	0.8	1.2
	r	0.2		0.5		0.8	1.0	1.6	2.0	3.0
	d	~10				>10~50		>50~100		>100

注:① 越程槽内二直线相交处,不允许产生尖角;

② 越程槽深度 h 与圆弧半径 r 要满足 $r \leqslant 3h$;

③ 磨削具有数个直径的工件时,可使用同一规格的越程槽;

④ 直径 d 值大的零件,允许选择小规格的砂轮越程槽;

⑤ 砂轮越程槽的尺寸公差和表面粗糙度根据该零件的结构、性能确定。

(三)零件倒圆与倒角(摘自 GB/T 6403.4—2008)

倒圆与倒角的形式,倒圆、45°倒角的四种装配形式见附表25。

附表25　　　　　　　　　　　　　　　　　　　　　　(mm)

形式		1. R、C 尺寸系列: 0.1,0.2,0.3,0.4,0.5,0.6,0.8,1.0, 1.2,1.6,2.0,2.5,3.0,4.0,5.0,6.0,8.0, 10,12,16,20,25,32,40,50。 2. α 一般用 45°,也可用 30°或 60°
倒圆、45°倒角的四种装配形式	 $C_1 > R$　　$R_1 > R$　　$C < 0.58R_1$　　$C_1 > C$	1. 倒角为 45°; 2. R_1、C_1 的偏差为正;R、C 的偏差为负; 3. 左起第三种装配方式,C 的最大值 C_{max} 与 R_1 的关系见下表

R_1	0.1	0.2	0.3	0.4	0.5	0.6	0.8	1.0	1.2	1.6	2.0	2.5	3.0	4.0	5.0	6.0	8.0	10	12	16	20	25
C_{max}	—	0.1	0.1	0.2	0.2	0.3	0.4	0.5	0.6	0.8	1.0	1.2	1.6	2.0	2.5	3.0	4.0	5.0	6.0	8.0	10	12

注:按上述关系装配时,内角与外角取值要适当,外角的倒圆或倒角过大会影响零件工作面;内角的倒圆或倒角过小会产生应力集中。

与零件的直径 ϕ 相应的倒角 C、倒圆 R 的推荐值见附表26。

附表26 （mm）

ϕ	～3	>3～6	>6～10	>10～18	>18～30	>30～50	>50～80	>80～120	>120～180
C 或 R	0.2	0.4	0.6	0.8	1.0	1.6	2.0	2.5	3.0
ϕ	>180 ～250	>250 ～300	>320 ～400	>400 ～500	>500 ～630	>630 ～800	>800 ～1000	>1000 ～1250	>1250 ～1600
C 或 R	4.0	5.0	6.0	8.0	10	12	16	20	25

注：倒角一般用45°，也允许用30°、60°。

（四）普通螺纹倒角和退刀槽、螺纹紧固件的螺纹倒角（摘自 GB/T 3—1997、GB/T 2—2001，见附表27）

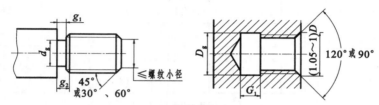

附表27 （mm）

螺距	外螺纹			内螺纹		螺距	外螺纹			内螺纹	
	g_{2max}	g_{1max}	d_g	G_1	D_g		g_{2max}	g_{1max}	d_g	G_1	D_g
0.5	1.5	0.8	$d-0.8$	2		1.75	5.25	3	$d-2.6$	7	
0.7	2.1	1.1	$d-1.1$	2.8	$D+0.3$	2	6	3.4	$d-3$	8	
0.8	2.4	1.3	$d-1.3$	3.2		2.5	7.5	4.4	$d-3.6$	10	
1	3	1.6	$d-1.6$	4		3	9	5.2	$d-4.4$	12	$D+0.5$
1.25	3.75	2	$d-2$	5	$D+0.5$	3.5	10.5	6.2	$d-5$	14	
1.5	4.5	2.5	$d-2.3$	6		4	12	7	$d-5.7$	16	

（五）紧固件通孔（摘自 GB/T 5277—1985）及沉头座尺寸（摘自 GB/T 152.2—2014、GB/T 152.3—1988、GB/T 152.4—1988，见附表28）

附表28 （mm）

螺纹规格 d		3	4	5	6	8	10	12	14	16	18	20	22	24	27	30	36
通孔直径 GB/T 5277—1985	精装配	3.2	4.3	5.3	6.4	8.4	10.5	13	15	17	19	21	23	25	28	31	37
	中等装配	3.4	4.5	5.5	6.6	9	11	13.5	15.5	17.5	20	22	24	26	30	33	39
	粗装配	3.6	4.8	5.8	7	10	12	14.5	16.5	18.5	21	24	26	28	32	35	42
六角头螺栓和六角螺母用沉孔	d_2	9	10	11	13	18	22	26	30	33	36	40	43	48	53	61	71
	d_3	—	—	—	—	—	—	16	18	20	22	24	26	28	33	36	42
GB/T 152.4—1988	d_1	3.4	4.5	5.5	6.6	9.0	11.0	13.5	15.5	17.5	20.0	22.0	24	26	30	33	39

螺纹规格 d		3	4	5	6	8	10	12	14	16	18	20	22	24	27	30	36
沉头用沉孔 GB/T 152.2—2014	d_2	6.4	9.6	10.6	12.8	17.6	20.3	24.4	28.4	32.4	—	40.4	—	—	—	—	—
	$t \approx$	1.6	2.7	2.7	3.3	4.6	5.0	6.0	7.0	8.0	—	10.0	—	—	—	—	—
	d_1	3.4	4.5	5.5	6.6	9	11	13.5	15.5	17.5	—	22	—	—	—	—	—
	α	\multicolumn{16}{c}{$90°^{-2°}_{-4°}$}
圆柱用于内六角的沉孔 GB/T 152.3—1988	d_2	6.0	8.0	10.0	11.0	15.0	18.0	20.0	24.0	26.0	—	33.0	—	40.0	—	48.0	57.0
	t	3.4	4.6	5.7	6.8	9.0	11.0	13.0	15.0	17.5	—	21.5	—	25.5	—	32.0	38.0
	d_3	—	—	—	—	—	—	16	18	20	—	24	—	28	—	36	42
	d_1	3.4	4.5	5.5	6.6	9.0	11.0	13.5	15.5	17.5	—	22.0	—	26	—	33.0	39.0
柱头用于开槽圆沉孔	d_2	—	8	10	11	15	18	20	24	26	—	33	—	—	—	—	—
	t	—	3.2	4.0	4.7	6.0	7.0	8.0	9.0	10.5	—	12.5	—	—	—	—	—
	d_3	—	—	—	—	—	—	16	18	20	—	24	—	—	—	—	—
	d_1	—	4.5	5.5	6.6	9.0	11.0	13.5	15.5	17.5	—	22.0	—	—	—	—	—

注：对于螺栓和螺母用沉孔的尺寸 t，只要能制出与通孔轴线垂直的圆平面即可，即刮平圆平面为止，常称锪平。表中的尺寸 d_1、d_2、t 的公差带都是 H13。

四、极限与配合

（一）优先配合中轴的上、下极限偏差数值（从 GB/T 1800.1—2009 和 GB/T 1800.2—2009 摘录后整理列表，见附表29）

附表29 　　　　　　　　　　　　　　　　　　　　　　　　　　　　（μm）

公称尺寸 /mm		公差带												
		c	d	f	g	h				k	n	p	s	u
大于	至	11	9	7	6	6	7	9	11	6	6	6	6	6
—	3	−60 −120	−20 −45	−6 −16	−2 −8	0 −6	0 −10	0 −25	0 −60	+6 0	+10 +4	+12 +6	+20 +14	+24 +18
3	6	−70 −145	−30 −60	−10 −22	−4 −12	0 −8	0 −12	0 −30	0 −75	+9 +1	+16 +8	+20 +12	+27 +19	+31 +23
6	10	−80 −170	−40 −76	−13 −28	−5 −14	0 −9	0 −15	0 −36	0 −90	+10 +1	+19 +10	+24 +15	+32 +23	+37 +28
10	14	−95 −205	−50 −93	−16 −34	−6 −17	0	0	0	0 −110	+12 +1	+23 +12	+29 +18	+39 +28	+44 +33
14	18				−11	−18	−43							
18	24	−110 −240	−65 −117	−20 −41	−7 −20	0	0	0	0 −130	+15 +2	+28 +15	+35 +22	+48 +35	+54 +41
24	30				−13	−21	−52						+61 +48
30	40	−120 −280	−80 −142	−25 −50	−9 −25	0	0	0	0 −160	+18 +2	+33 +17	+42 +26	+59 +43	+76 +60
40	50	−130 −290			−16	−25	−62						+86 +70
50	65	−140 −330	−100 −174	−30 −60	−10 −29	0	0	0	0 −190	+21 +2	+39 +20	+51 +32	+72 +53	+106 +87
65	80	−150 −340			−19	−30	−74					+78 +59	+121 +102

续表

公称尺寸/mm		公差带												
		c	d	f	g			h		k	n	p	s	u
大于	至	11	9	7	6	6	7	9	11	6	6	6	6	6
80	100	−170 −390	−120 −207	−36 −71	−12 −34	0 −22	0 −35	0 −87	0 −220	+25 +3	+45 +23	+59 +37	+93 +71	+146 +124
100	120	−180 −400	−120 −207	−36 −71	−12 −34	0 −22	0 −35	0 −87	0 −220	+25 +3	+45 +23	+59 +37	+101 +79	+166 +144
120	140	−200 −450	−145 −245	−43 −83	−14 −39	0 −25	0 −40	0 −100	0 −250	+28 +3	+52 +27	+68 +43	+117 +92	+195 +175
140	160	−210 −460	−145 −245	−43 −83	−14 −39	0 −25	0 −40	0 −100	0 −250	+28 +3	+52 +27	+68 +43	+125 +100	+215 +190
160	180	−230 −480	−145 −245	−43 −83	−14 −39	0 −25	0 −40	0 −100	0 −250	+28 +3	+52 +27	+68 +43	+133 +108	+235 +210
180	200	−240 −530	−170 −285	−50 −96	−15 −44	0 −29	0 −46	0 −115	0 −290	+33 +4	+60 +31	+79 +50	+151 +122	+265 +236
200	225	−260 −550	−170 −285	−50 −96	−15 −44	0 −29	0 −46	0 −115	0 −290	+33 +4	+60 +31	+79 +50	+159 +130	+287 +258
225	250	−280 −570	−170 −285	−50 −96	−15 −44	0 −29	0 −46	0 −115	0 −290	+33 +4	+60 +31	+79 +50	+169 +140	+313 +284
250	280	−300 −620	−190 −320	−56 −108	−17 −49	0 −32	0 −52	0 −130	0 −320	+36 +4	+66 +34	+88 +56	+190 +158	+347 +315
280	315	−330 −650	−190 −320	−56 −108	−17 −49	0 −32	0 −52	0 −130	0 −320	+36 +4	+66 +34	+88 +56	+202 +170	+382 +350
315	355	−360 −720	−210 −350	−62 −119	−18 −54	0 −36	0 −57	0 −140	0 −360	+40 +4	+73 +37	+98 +62	+226 +190	+426 +390
355	400	−400 −760	−210 −350	−62 −119	−18 −54	0 −36	0 −57	0 −140	0 −360	+40 +4	+73 +37	+98 +62	+244 +208	+471 +435
400	450	−440 −840	−230 −385	−68 −131	−20 −60	0 −40	0 −63	0 −155	0 −400	+45 +5	+80 +40	+108 +68	+272 +232	+530 +490
450	500	−480 −880	−230 −385	−68 −131	−20 −60	0 −40	0 −63	0 −155	0 −400	+45 +5	+80 +40	+108 +68	+292 +252	+580 +540

　（二）优先配合中孔的上、下极限偏差数值（从 GB/T 1800.1—2009 和 GB/T 1800.2—2009 摘录后整理列表，见附表30）

附表30　　　　　　　　　　　　　　　　　　　　　　　　　　　　　（μm）

公称尺寸/mm		公差带												
		C	D	F	G			H		K	N	P	S	U
大于	至	11	9	8	7	7	8	9	11	7	7	7	7	7
—	3	+120 +60	+45 +20	+20 +6	+12 +2	+10 0	+14 0	+25 0	+60 0	0 −10	−4 −14	−6 −16	−14 −24	−18 −28
3	6	+145 +70	+60 +30	+28 +10	+16 +4	+12 0	+18 0	+30 0	+75 0	+3 −9	−4 −16	−8 −20	−15 −27	−19 −31
6	10	+170 +80	+76 +40	+35 +13	+20 +5	+15 0	+22 0	+36 0	+90 0	+5 −10	−4 −19	−9 −24	−17 −32	−22 −37

续表

公称尺寸/mm 大于	至	C 11	D 9	F 8	G 7	H 7	H 8	H 9	H 11	K 7	N 7	P 7	S 7	U 7
10	14	+205 / +95	+93 / +50	+43 / +16	+24 / +6	+18 / 0	+27 / 0	+43 / 0	+110 / 0	+6 / -12	-5 / -23	-11 / -29	-21 / -39	-26 / -44
14	18	+205 / +95	+93 / +50	+43 / +16	+24 / +6	+18 / 0	+27 / 0	+43 / 0	+110 / 0	+6 / -12	-5 / -23	-11 / -29	-21 / -39	-26 / -44
18	24	+240 / +110	+117 / +65	+53 / +20	+28 / +7	+21 / 0	+33 / 0	+52 / 0	+130 / 0	+6 / -15	-7 / -28	-14 / -35	-27 / -48	-33 / -54
24	30	+240 / +110	+117 / +65	+53 / +20	+28 / +7	+21 / 0	+33 / 0	+52 / 0	+130 / 0	+6 / -15	-7 / -28	-14 / -35	-27 / -48	-40 / -61
30	40	+280 / +120	+142 / +80	+64 / +25	+34 / +9	+25 / 0	+39 / 0	+62 / 0	+160 / 0	+7 / -18	-8 / -33	-17 / -42	-34 / -59	-51 / -76
40	50	+290 / +130	+142 / +80	+64 / +25	+34 / +9	+25 / 0	+39 / 0	+62 / 0	+160 / 0	+7 / -18	-8 / -33	-17 / -42	-34 / -59	-61 / -86
50	65	+330 / +140	+174 / +100	+76 / +30	+40 / +10	+30 / 0	+46 / 0	+74 / 0	+190 / 0	+9 / -21	-9 / -39	-21 / -51	-42 / -72	-76 / -106
65	80	+340 / +150	+174 / +100	+76 / +30	+40 / +10	+30 / 0	+46 / 0	+74 / 0	+190 / 0	+9 / -21	-9 / -39	-21 / -51	-48 / -78	-91 / -121
80	100	+390 / +170	+207 / +120	+90 / +36	+47 / +12	+35 / 0	+54 / 0	+87 / 0	+220 / 0	+10 / -25	-10 / -45	-24 / -59	-58 / -93	-111 / -146
100	120	+400 / +180	+207 / +120	+90 / +36	+47 / +12	+35 / 0	+54 / 0	+87 / 0	+220 / 0	+10 / -25	-10 / -45	-24 / -59	-66 / -101	-131 / -166
120	140	+450 / +200	+245 / +145	+106 / +43	+54 / +14	+40 / 0	+63 / 0	+100 / 0	+250 / 0	+12 / -28	-12 / -52	-28 / -68	-77 / -117	-155 / -195
140	160	+460 / +210	+245 / +145	+106 / +43	+54 / +14	+40 / 0	+63 / 0	+100 / 0	+250 / 0	+12 / -28	-12 / -52	-28 / -68	-85 / -125	-175 / -215
160	180	+480 / +230	+245 / +145	+106 / +43	+54 / +14	+40 / 0	+63 / 0	+100 / 0	+250 / 0	+12 / -28	-12 / -52	-28 / -68	-93 / -133	-195 / -235
180	200	+530 / +240	+285 / +170	+122 / +50	+61 / +15	+46 / 0	+72 / 0	+115 / 0	+290 / 0	+13 / -33	-14 / -60	-33 / -79	-105 / -151	-229 / -265
200	225	+550 / +260	+285 / +170	+122 / +50	+61 / +15	+46 / 0	+72 / 0	+115 / 0	+290 / 0	+13 / -33	-14 / -60	-33 / -79	-113 / -159	-241 / -287
225	250	+570 / +280	+285 / +170	+122 / +50	+61 / +15	+46 / 0	+72 / 0	+115 / 0	+290 / 0	+13 / -33	-14 / -60	-33 / -79	-123 / -169	-267 / -313
250	280	+620 / +300	+320 / +190	+137 / +56	+69 / +17	+52 / 0	+81 / 0	+130 / 0	+320 / 0	+16 / -36	-14 / -66	-36 / -88	-138 / -190	-295 / -347
280	315	+650 / +330	+320 / +190	+137 / +56	+69 / +17	+52 / 0	+81 / 0	+130 / 0	+320 / 0	+16 / -36	-14 / -66	-36 / -88	-150 / -202	-330 / -382
315	155	+720 / +360	+350 / +210	+151 / +62	+75 / +18	+57 / 0	+89 / 0	+140 / 0	+360 / 0	+17 / -40	-16 / -73	-41 / -98	-169 / -226	-369 / -426
355	400	+760 / +400	+350 / +210	+151 / +62	+75 / +18	+57 / 0	+89 / 0	+140 / 0	+360 / 0	+17 / -40	-16 / -73	-41 / -98	-187 / -244	-414 / -471
400	450	+840 / +440	+385 / +230	+165 / +68	+83 / +20	+63 / 0	+97 / 0	+155 / 0	+400 / 0	+18 / -45	-17 / -80	-45 / -108	-209 / -272	-467 / -530
450	500	+880 / +480	+385 / +230	+165 / +68	+83 / +20	+63 / 0	+97 / 0	+155 / 0	+400 / 0	+18 / -45	-17 / -80	-45 / -108	-229 / -292	-517 / -580

五、常用材料以及常用热处理、表面处理名词解释

（一）金属材料（见附表 31）

附表 31

标准	名称	牌号		应用举例	说　明
GB/T 700—2006	碳素结构钢	Q215	A 级	用于制作金属结构件、拉杆、套圈、铆钉、螺栓。短轴、心轴、凸轮（载荷不大的）、垫圈、渗碳零件及焊接件	"Q"为碳素结构钢屈服点"屈"字的汉语拼音首位字母，后面的数字表示屈服点的值。如 Q235 表示碳素结构钢的屈服点为 235 N/mm² 新旧牌号对照：Q215—A2(A2F) Q235—A3 Q275—A5
			B 级		
		Q235	A 级	用于制作金属结构件，心部强度要求不高的渗碳或氰化零件，吊钩、拉杆、气缸、齿轮、螺栓、螺母、连杆、楔、盖及焊接件	
			B 级		
			C 级		
			D 级		
		Q275		用于制作轴、轴销、刹车杆、螺母、螺栓、垫圈、连杆、齿轮以及其他强度较高的零件	
GB/T 699—2015	优质碳素结构钢	10		用作拉杆、卡头、垫圈、铆钉及用作焊接零件	牌号的两位数字表示钢中平均碳含量的质量分数，45号钢即表示碳的平均含量 0.45%；碳的质量分数≤0.25%的碳钢属低碳钢（渗碳钢）；碳的质量分数在 0.25%～0.6%之间的碳钢属中碳钢（调质钢）；碳的质量分数＞0.6%的碳钢属高碳钢；锰的质量分数较高的钢，须标注化学元素符号"Mn"
		15		用于受力不大和韧度较高的零件、渗碳零件及紧固件（如螺栓、螺钉等）、法兰盘和化工容器	
		35		用于制造曲轴、转轴、轴销、杠杆、连杆、螺栓、螺母、垫圈、飞轮（多在正火、调质下使用）	
		45		用作要求综合机械性能高的各种零件，通常经正火或调质处理后使用。用于制造轴、齿轮、齿条、链轮、螺栓、螺母、销钉、键、拉杆等	
		60		用于制造弹簧、弹簧垫圈、凸轮、轧辊等	
		15Mn		制作心部力学性能要求较高且须渗碳的零件	
		65Mn		用作要求耐磨性高的圆盘、衬板、齿轮、花键轴、弹簧、弹簧垫圈等	
GB/T 3077—1999	合金结构钢	20Mn2		用作渗碳小齿轮、小轴、活塞销、柴油机套筒、气门推杆、缸套等	钢中加入一定量的合金元素，提高了钢的力学性能和耐磨性，也提高了钢的淬透性，保证金属在较大截面上获得高的力学性能
		15Cr		用于要求心部韧度较高的渗碳零件，如船舶主机用螺栓、活塞销、凸轮、凸轮轴、汽轮机套环，机车小零件等	
		40Cr		用于受变载、中速、中载、强烈磨损而无很大冲击的重要零件，如重要的齿轮、轴、曲轴、连杆、螺栓、螺母等	
		35SiMn		耐磨、耐疲劳性均佳，适用于小型轴类、齿轮及 430 ℃以下的重要紧固件等	
		20CrMnTi		工艺性优，强度、韧度均高，可用于承受高速、中等或重负荷以及冲击、磨损等的重要零件，如渗碳齿轮、凸轮等	

标准	名称	牌号	应用举例	说　明
GB/T 11352—2009	一般工程用铸造碳钢	ZG 230—450	轧机机架、铁道车辆摇枕、侧梁、机座、箱体、锤轮、450 ℃以下的管路附件等	"ZG"为"铸钢"汉语拼音的首位字母，后面的数字表示屈服点和抗拉强度。如 ZG230—450 表示屈服点为 230 N/mm^2、抗拉强度为 450 N/mm^2
		ZG 310—570	适用于各种形状的零件，如联轴器、齿轮、气缸、轴、机架、齿圈等	
GB/T 9439—2010	灰铸铁	HT150	用于小负荷和对耐磨性有一定要求的零件，如端盖、外罩、手轮、一般机床的底座、床身、滑台、工作台和低压管件等	"HT"为"灰铁"的汉语拼音的首位字母，后面的数字表示抗拉强度。如 HT200 表示抗拉强度为 200 N/mm^2 的灰铁
		HT200	用于中等负荷和对耐磨性有一定要求的零件，如机床床身、立柱、飞轮、汽缸、泵体、轴承座、活塞、齿轮箱、阀体等	
		HT250	用于中等负荷和对耐磨性有一定要求的零件，如阀壳、油缸、汽缸、联轴器、机体、齿轮、齿轮箱外壳、飞轮、液压泵和滑阀的壳体等	
GB/T 1176—2013	5—5—5 锡青铜	ZCuSn5 Pb5Zn5	耐磨性和耐蚀性均好，易加工，铸造性和气密性较好，用于较高负荷、中等滑动速度下工作的耐磨、耐蚀零件，如轴瓦、衬套、缸套、活塞、离合器、涡轮等	"Z"为"铸造"汉语拼音的首位字母，各化学元素后面的数字表示该元素的质量分数，如 ZCuAl10Fe3 表示 $w_{Al} = 8.1\% \sim 11\%$，$w_{Fe} = 2\% \sim 4\%$，其余为 Cu 的铸造铝青铜
	10—3 铝青铜	ZCuAl10 Fe3	力学性能好，耐磨性、耐蚀性、抗氧化性好，可以焊接，不易钎焊；可用以制造强度高、耐磨、耐蚀的零件，如涡轮、轴承、衬套、管嘴、耐热管配件等	
	25—6 —3—3 铝黄铜	ZCuZn25 AlFe3 Mn3	有很好的力学性能，铸造性良好，耐蚀性较好，可以焊接；适用于高强耐磨零件，如桥梁支承板、螺母、螺杆、耐磨板、滑块、涡轮等	
GB/T 1176—2013	38— 2—2 锰黄铜	ZCuZn 38 Mn2Pb2	有较好的力学性能和耐蚀性，耐磨性较好，切削性良好。可用于一般用途的构件，如套筒、衬套、轴瓦、滑块等	
GB/T 1173—2013	铸造铝合金	ZAlSi12 代号 ZL102	用于制造形状复杂、负荷小、耐蚀的薄壁零件和工作温度≤200 ℃的高气密性零件	$w_{Si} = 10\% \sim 13\%$ 的铝硅合金
GB/T 3190—2008	硬铝	ZA12 （原牌号 LY12）	焊接性良好，适于制作高载荷的零件及构件（不包括冲压件和锻件）	ZA12 表示 $w_{Cu} = 3.8\% \sim 4.9\%$，$w_{Mg} = 1.2\% \sim 1.8\%$，$w_{Mn} = 0.3\% \sim 0.9\%$ 的硬铝
	工业纯铝	1060 （原牌号 L2）	塑性、耐蚀性高，焊接性好，强度低；适于制作贮槽、热交换器、防污染及深冷设备等	1060 表示含杂质的质量分数 ≤ 0.4% 的工业纯铝

（二）非金属材料（见附表 32）

附表 32

标　准	名　称	牌　号	应 用 举 例	说　明
GB/T 539—2008	耐油石棉橡胶板	NY250 HNY300	供航空发动机用的煤油、润滑油及冷气系统结合处的密封衬垫材料	
GB/T 5574—2008	耐酸碱橡胶板	2707 2807 2709	具有耐酸碱性能，在温度−30～+60 ℃的20%浓度的酸碱液体中工作，用于冲制密封性能较好的垫圈	较高硬度 中等硬度
	耐油橡胶板	3707 807 3709 3809	可在一定温度的全损耗系统用油、变压器油、汽油等介质中工作，适用于冲制各种形状的垫圈	较高硬度
	耐热橡胶板	4708 4808 4710	可在−30～+100 ℃且压力不大的条件下，预热空气、蒸汽介质中工作，用于冲制各种垫圈及隔热垫板	较高硬度 中等硬度

（三）常用的热处理和表面处理名词解释（见附表 33）

附表 33

名称	代　号	说　明	目　的
退火	5111	将钢件加热到临界温度以上，保温一段时间，然后以一定的速度缓慢冷却	用于消除铸、锻、焊零件的内应力，以利切削加工，细化晶粒，改善组织，增加韧度
正火	5121	将钢件加热到临界温度以上，保温一段时间，然后在空气中冷却	用于处理低碳和中碳结构钢及渗碳零件，细化晶粒，增加强度和韧度，减少内应力，改善切削性能
淬火	5131	将钢件加热到临界温度以上，保温一段时间，然后急速冷却	提高钢件强度和耐磨性。但淬火后会引起内应力，使钢变脆，所以淬火后必须回火
回火	5141	淬火后的钢件重新加热到临界温度以下某一温度，保温一段时间，然后冷却到室温	降低淬火后的内应力和脆性，提高钢的塑性和冲击韧度
调质	5151	淬火后在 450～600 ℃进行高温回火	提高韧度及强度，重要的齿轮、轴及丝杆等零件需要调质
表面淬火	5210	用火焰或高频电流将钢件表面迅速加热到临界温度以上，急速冷却	提高钢件表面的硬度及耐磨性，而心部又保持一定的韧度，使零件既耐磨又能承受冲击，常用来处理齿轮等
渗碳	5310	将钢件在渗碳剂中加热，停留一段时间，使碳渗入钢的表面后，再淬火和低温回火	提高钢件表面的硬度、耐磨性、抗拉强度等。主要适用于低碳、中碳（$w_C < 0.40\%$）结构钢的中小型零件
渗氮	5330	将零件放入氨气内加热，使氮原子渗入零件表面，获得含氮强化层	提高钢件表面硬度、耐磨性、疲劳强度和抗蚀能力；适用于合金钢、碳钢、铸铁件，如机床主轴、丝杆、重要液压元件中的零件

续表

名称	代号	说明	目的
时效处理	时效	机件精加工前,加热到 100～150 ℃,保温 5～20 h,空气冷却;铸件可天然时效处理,露天放一年以上	消除内应力,稳定机件形状和尺寸,常用于处理精密机件,如精密轴承、精密丝杠等
发蓝发黑	发蓝或发黑	将零件置于氧化介质内加热氧化,使表面形成一层氧化铁保护膜	防腐蚀,美化,常用于螺纹连接件
镀镍	镀镍	用电解方法,在钢件表面镀一层镍	防腐蚀,美化
镀铬	镀铬	用电解方法,在钢件表面镀一层铬	提高钢件表面的硬度、耐磨性和耐蚀能力,也用于修复零件上磨损了的表面
硬度	HBW(布氏硬度) HRC(洛氏硬度) HV(维氏硬度)	材料抗硬物压入其表面的能力,依测定方法不同而有布氏、洛氏、维氏度等几种	用于检验材料经热处理后的硬度;HBW 用于退火、正火、调质的零件及铸件;HRC 用于经淬火、回火及表面渗碳、渗氮等处理的零件;HV 用于薄层硬化零件

注:代号也可用拉丁字母表示;对常用的热处理和表面处理需进一步了解时,可查阅有关国家标准和行业标准。

参 考 文 献

〔1〕 大连理工大学工程画教研室.机械制图〔M〕.5 版.北京:高等教育出版社,2003.

〔2〕 候洪生.机械工程图学〔M〕.2 版.北京:科学出版社,2008.

〔3〕 谋康焘.机械制图〔M〕.上海:上海交通大学出版社,2004.

〔4〕 鲁屏宇.工程图学〔M〕.北京:机械工业出版社,2010.

〔5〕 刘朝儒,吴志军,高政一,等.机械制图〔M〕.4 版.北京:高等教育出版社,2001.

〔6〕 黄正轴,张贵社.机械制图习题集〔M〕.北京:人民邮电出版社,2010.

〔7〕 周永伦,欧宇.机械制图〔M〕.重庆:西南师范大学出版社,2010.